KB178441

사피엔스의 죽음

스페인 최고의 소설가와
✝✝ 고생물학자의 죽음 탐구 여행 ✝✝

사피엔스의 죽음

LA MUERTE CONTADA POR UN SAPIENS A UN NEANDERTAL

후안 호세 미야스 · 후안 루이스 아르수아가 지음

남진희 옮김 ─ 김준홍 감수

틈새책방

죽음을 '선물'로
이해하게 됐다

우리는 21세기에 살고 있다. 문해력만 있으면 문화인으로 살 수 있던 20세기와 달리 이제는 '과학 문해력'이 있어야 문화인이다. 엄청난 과학 지식을 쌓자는 말이 아니다. 과학 지식은 매우 빠른 속도로 축적되기에 과학자조차 이를 다 소화할 수 없다. '과학 문해력'을 갖는다는 것은 과학자들이 세상을 대하는 태도와 대화법을 익힌다는 의미다.

과학자들은 수학이라는 이상한 비자연어로 대화한다. 일반인이 이해하기 어렵다. 그런데 만약 일반인이 사용하는 자연어로 대화하는, 과학적인 대화의 예를 볼 수 있다면 어떨까? 가장 모범이 되는 사례를 우리는 이 책 《사피엔스의 죽음》에서 볼 수 있다. 소설가와 고생물학자의 대화에서 과학자의 대화법을 볼 수 있다. 다행히 고생물학은 수학 대신 자연어를 사용하는 분야라 훨씬 자연스럽다.

두 사람은 보통 교양인들이 과학에 관심을 가질 때 가장 먼저 선택하는 '진화'를 소재로 이야기한다. 진화론에서 중요하게 다뤄지는 자연 선택과 관련한 다양한 소재가 등장한다. 각을 잡고 가르치지는 않는다. 마치 소설을 읽듯이 책장을 넘길 수 있다. 당연하다. 직접 글을 쓴 저자는 고생물학자가 아니라 소설가이기 때문이다. 묘한 긴장 관계에 있는 두 사람의 대화를 엿보는 재미가 쏠쏠하다.

책의 주제는 결국 노화와 죽음이다. 수십 년 동안 진화에 천착해 온 내가 이 책에서 가장 큰 깨달음을 얻었다. 결코 과장이 아니다. 죽음이란 자연이 우리에게 선사한 선물이며, 대부분의 자연 상태의 동물들과 달리 노화 과정을 거칠 수 있는 인간의 삶이 얼마나 복된 일인지 깨달았다.

과학자의 대화법을 엿보고 싶은 분, 진화의 여러 개념에 대한 확실한 설명을 듣고 싶은 분, 그리고 삶에 대해 되돌아보고 정리할 때가 된 노년 독자들에게 강력히 추천한다.

이정모 (전 국립과천과학관장)

진화론 콘사이스

《루시의 발자국》의 2편 격인 《사피엔스의 죽음》은 성격이 달라도 너무 다른 고생물학자 아르수아가와 소설가 미야스가 티격태격하면서 진화와 관련된 이야기를 풀어 가는 책이다. 자연을 감성적으로 바라보는 미야스와 달리, 아르수아가는 냉철하고 이성적이고 수학적으로 바라본다. 대부분의 일반인들은 자연을 목적론적(어떤 형질이 ○○을 위해서 진화했다는 생각)으로 바라보는 경향이 있는데, 소설가 미야스도 바로 그런 생각을 갖고 있다. 아르수아가는 그러한 미야스를 다그치면서 자연은 개체 간의 경쟁에 자연 선택이 작용하여 이르게 된 평형 상태라고 설명한다.

이 책에서 아르수아가가 미야스에 가르쳐 주고자 하는 것은 신다윈주의[*]의 세 가지 난제들, 즉 성, 죽음, 이타성에 대한 진화

---

[*]   1930년대에 이르러 다윈의 이론이 멘델의 이론과 결합한 이후의 다윈주

적 설명이다. 하지만 마지막에 중요한 뭔가를 보여 주지 않고 다음 회로 넘기는 드라마처럼 이타성 및 사회성에 대한 내용은 다음 책의 주제로 남겨 둔다.

　해제에서 책의 줄거리를 살펴보는 것보다는 책 내용의 이해에 도움이 될 만한 진화론을 조금 설명하고자 한다. 본문에서는 대화 속에 자연스럽게 스며들어 있지만, 짧게 요약본으로 제시하여 독자들에게 작은 사전처럼 참고할 수 있는 자료가 되었으면 좋겠다.

　❖ 생애사 이론life history theory은 성장을 끝내고 번식을 시작하는 나이와 번식의 터울, 번식 기간, 수명 등 생존과 번식에 관련된 타이밍에 영향을 미치는 변수를 연구하는 분야다. 생애사 전략은 느린 생애사 전략부터 빠른 생애사 전략까지 하나의 스펙트럼이라고 볼 수 있으며, 포유류에 한정해서 볼 때 가장 느린 생애사 전략의 대표적인 종은 인간이며, 빠른 생애사 전략의 대표적인 종은 주머니쥐opossum다. 주머니쥐는 생후 1년부터 번식을 시작하고, 1년에 두 번씩 많은 자식을 한꺼번에 낳는다. 수명은 3년 정도 된다.

　현재는 생애사를 결정하는 각 변수들 간의 정확한 인과적인

의를 신다윈주의라 한다. 신다윈주의 이후 모든 진화적인 변화는 유전자 빈도의 변화로 기술된다. (감수자 주)

메커니즘은 규명되지 않았지만 대략적인 상관관계는 밝혀졌다. 예를 들어, 느린 생애사 전략 종들은 번식 속도가 느리고, 두뇌가 크며, 임신 기간이 길고, 몸무게가 무거우며, 오래 살고, 사망률이 낮고, 한배에 적은 수의 자식을 낳는다. 빠른 생애사 전략을 취하는 종들은 기술한 변수들이 정확히 반대 방향에 있다고 보면 된다. 생애사 변수 중에서 가장 결정적인 변수는 사망률이다. 논리적으로 생각해 보아도 사망률이 높은 상황에서 자식을 적게 갖는 것은 위험한 전략이다.

이러한 생애사 이론으로 몇 가지 설명이 어려운 현상들이 있는데, 아르수아가도 언급하는 조류가 같은 몸무게의 포유류보다 더 오래 사는 것이나, 수명이 짧은 문어가 똑똑한 것 등은 현대 생애사 이론으로 설명하기 어렵다.

❖ 아르수아가도 지적하듯이, 어떤 생애사 전략을 취하든 생물 종의 최종 목표는 다음 세대의 번식기가 되었을 때 살아 있는 자식이 2명 이상 되도록 하는 것이다. 대부분의 생물 종들이 2명 정도의 평형 상태에 머물러 있으며, 포유류를 제외한 종에서는 평균 수명 50세를 넘기는 종이 제법 있으나, 포유류 대부분의 평균 수명이 50세 이하임을 고려했을 때 인간은 매우 특이한 동물outlier이다.

아르수아가는 인간이 살아남는 자식 2명의 벽을 허문 것은 농업과 목축의 시작 때문이라고 주장한다. 생산량이 기존의 수렵 및 채집 방식보다 훨씬 높기 때문이다. 그 연장선상에서 바라볼 때, 1950년 이후의 인구 대폭발은 생산량을 폭발적으로 늘린 산업 혁명과 비료의 발견 때문이다. 산업 혁명 이전에는 모든 에너지의 원천이 인력과 가축력이었지만, 화석 연료 엔진의 발명으로 인해 인류는 엄청난 에너지를 얻게 되었다. 식물이 자라는 데 필수 요소 중 하나는 질소인데, 질소 고정 비료의 발명 덕분에 농업 생산량이 급격하게 상승했다.

이에 더하여, 아르수아가는 인간이 거의 유일하게 생식기 이상으로 수명이 긴 이유가 '할머니 가설' 때문이라고 주장한다. 할머니 가설에 따르면, 모든 암컷들이 폐경을 경험하는 종은 인간이 유일한데, 그 이유는 그 이후에도 손자 손녀들의 양육을 도와서 간접 적합도[*]를 높일 수 있기 때문이다. 요는 할머니 가설은 폐경과 수명의 증가를 한꺼번에 설명하고자 한다.

하지만 일부 진화학자들은 할머니 가설에 비판적이다. 인

---

[*] 해밀턴의 혈족 선택 이론에 의하면 포괄적 적합도(inclusive fitness)를 최대화해야 한다. 적합도에는 내가 직접 자식을 많이 낳아서 내 유전자를 퍼트리는 '직접 적합도'와, 그보다 확률은 떨어지지만—보다 정확히는 관계도(coefficient of relatedness)에 따라서 그 확률이 계산된다—내 혈족들을 통해서 나와 같은 유전자의 복제본을 퍼트리는 방법인 '간접 적합도'가 있다. 혈족 선택에 따르면, 직접 적합도와 간접 적합도를 종합적으로 고려해야 하는데, 다시 말해서 포괄적 적합도를 최대화해야 한다. 예를 들어, 내가 손해를 감수하면서 내 형제 자매들의 번식을 돕는 행위는 직접 적합도에는 손해지만, 간접 적합도에는 이득이므로 그 손해보다 이득이 큰 경우에는 혈족 선택이 선호될 수 있다. (감수자 주)

간의 난소뿐만 아니라 포유류의 난소에는 한계 수명이 있으며, 인간이 그 수명보다 더 오래 살게 되었기 때문에 그러한 수명의 한계가 폐경으로 드러났다는 주장이 최근에는 더 각광받고 있다.

❖ 죽음의 진화적 원인에 대해서는 여러 가설들이 있는데, 아르수아가의 가설이 지지를 가장 많이 받는다. 그 가설에 따르면, 자연 선택은 번식 시기가 지난 다음에 발현하는 형질에 대해서는 관심을 두지 않으며, 늙어서 발현하는 돌연변이가 지속적으로 축적되어서 지금의 사태에 이르게 되었다. 그 돌연변이 중 일부는 젊었을 때 좋은 영향을 미치지만, 늙어서는 좋지 않은 영향을 미치는 다면발현pleiotropy 유전자다. 인간은 뇌를 사용하고 문명을 건설해서 외부에서 발생하는 사망률이 매우 낮아졌기 때문에 과거에는 드러나지 않았던, 축적된 "늙어서 해로운 유전자"가 드러나게 된 것이다.

❖ 아르수아가가 건강을 지키는 방법으로 제시한 것들 중 대다수가 '팔레오 다이어트paleo diet' 방법론에 기대고 있다. 팔레오 다이어트를 주장하는 사람들은 인간은 인류 진화사의 대부분 기간 동안 농업과 문명이 아닌 수렵 채집 사회에서 살아 왔기 때문에 지금도 구석기 스타일에 가깝게 먹고 살아갈수록 더 건강해진다고 주장한다. 자연 선택이 환경의 변화를 따라잡는

속도에는 한계가 있으며, 농업과 현대 문명이 발달한 지난 1만 년은 생물학적 적응이 진화하기에는 너무 짧은 시간이기 때문이다. 예를 들어, 아르수아가는 끊임없는 절제를 통한 다이어트를 하려는 미야스를 다그치며, 구석기 스타일로 불규칙한 금식을 할 필요가 있다고 주장한다.

❖ 아르수아가가 자연 선택을 바라보는 또 다른 일면은 《이기적 유전자》를 쓴 도킨스와 닮았다. 대체로 그는 집단 선택 혹은 종 선택을 배격하며, 대부분의 형질이 유전자의 연속성을 얻기 위한 전략이며, 개체는 배아의 계통 유지를 위한 껍데기에 불과하다고 주장한다.

재미있는 부분은 책의 후반부에서 유전적 다양성을 증진시키기 위한 전략으로 긴 진화적 시간의 스케일에서는 종 수준의 선택인 유성 생식이 진화하기도 한다고 주장하는 부분이다. 빠르게 진화하는 병원균에 대비하여 새로운 면역 체계를 진화시키는 데 유성 생식이 무성 생식보다 훨씬 유리하기 때문이다.

김준홍 (포항공대 인문사회학부 교수)

차
례

일러두기 ───────────────────────────────

본문의 각주는 감수자와 옮긴이의 주석이 섞어 있다. 감수자 주석은 따로 표
기했다. 나머지는 옮긴이 주석이다.

사피엔스의 죽음

0

카르페 디엠

저녁 식사의 두 번째 코스를 막 즐기기 시작했는데, 후안 루이스 아르수아가는 갑자기 앞으로 얼마나 더 살 수 있을지 궁금하지 않느냐고 물어 왔다.

"먼저 우리 포도주가 얼마나 남아 있는지나 말해 주세요." 화이트 와인을 시원하게 해 주던 얼음 통이 금방이라도 옆으로 쓰러질 것 같았다.

고생물학자는 병을 들었다.

"조금밖에 없네요. 한 병 더 주문해야 할 것 같아요."

"그럽시다!" 술기운에 나는 기꺼이 만용을 부렸다.

아직은 온기가 남아 있던 10월 초순, 우리는 지난번에 내놓은 《루시의 발자국》을 홍보하기 위해 방문했던 세비야에 머무르고 있었다. 출판사는 우리에게 시내 한복판의 호텔을 잡아주었다. 저녁 식사를 하던 호텔 테라스에서 바라보니 지나치다 싶을 정도로 조명을 받은 대성당과 히랄다Giralda 탑*의 웅장한 위용이 확연하게 들어왔다. 습기를 머금은 바람이 눈에 보이지 않는 건축물이 되어 풍경을 완성하고 있었다.

고생물학자는 핸드폰을 꺼내 앱을 열고 나에 관한 너덧 가지 정보를 입력하더니, 살 수 있는 날이 앞으로 12년 3개월 정도 남았다며 앱에 뜬 숫자를 읽어 줬다.

"끝자리는 떼고요." 아이러니한 웃음을 지으며 한마디 덧붙였다.

"끝자리를 뗐다고요?" 나는 뭔가 계산을 하는 듯한 표정을 지으며 고생물학자의 말을 반복했다. "그 정도라면 소설 두 권과 이제 시작한 우리 두 번째 작품은 충분히 쓸 수 있겠네요. 좋은 정보를 줘서 고마워요."

"무슨 말씀을요. 몇 년 정도는 줄어들 수도, 늘어날 수도 있어요. 이것이 선생님 연배에 있는 스페인 남자들의 평균 여명餘命이니까요."

"그럼 우리 책을 마무리 짓지 못할 수도 있겠네요."

"그럴 수도 있어요. 그래서 좀 서둘러야 해요." 그는 우리가 나눠 먹고 있던 농어의 흰 살을 입으로 가져갔다.

그는 스페인 특유의 공간 공포horror vacui** 때문에 도시를

❋　　스페인 세비야에 있는 대성당의 종탑.

❋❋　자기 앞에 펼쳐진 공백에 대한 공포감.

대표하는 기념비적인 건축물에 지나치게 조명을 하는 것 같다
고 투덜대며 한마디 덧붙였다.

"앱을 열었으니까 말인데, 혹시 무엇 때문에 죽을지 알고 싶
지 않으세요?"

"별로요." 나는 시큰둥하게 받았다. "농어가 딱 먹기 좋네
요."

"잠깐만요." 내 회의적인 태도는 무시한 채 그는 계속 말을
이어 갔다. "우선 심혈관 질환이 있어요. 그다음에는 암에 걸
릴 수도 있고요. 70대까지는 심혈관 질환과 악성 종양이 죽음
의 원인으로 엇비슷하게 나오는데, 그보다 더 나이를 먹으면
심혈관 질환이 급격히 증가해요."

"그다음에는요?"

"세 번째는 호흡기 합병증인데, 한 번쯤은 분명히 들어 봤
을 거예요. 영어로는 줄여서 COPD Chronic Obstructive Pulmonary
Disease라고 부르는 '만성 폐쇄성 폐질환'의 일종이에요. 다른 원
인은 좀 거리가 있는 것 같아요. 요약하면, 선생님 연배라면 대
체로 노환으로 죽는 거죠."

"그렇군요." 나는 잔을 채워 달라는 손짓을 하며 가볍게 대
꾸했다. "12년 하고 3개월 정도라면, 잘만 활용하면 뭐든 할 수
있겠네요."

"우리도 마찬가지일 텐데 85세가 된 사람들에게는 안 좋은
소식이 있어요."

"뭔데요?"

"우리를 포함해서 절반 정도는 일종의 치매를 앓을 거예요. 하긴 이미 앓고 있는 사람도 있겠죠. 그러니까 친구, 카르페 디엠 Carpe Diem, 지금 이 순간에 충실하라을 명심해야 해요."

"우리가 언제부터 친구가 되었죠?"

"그냥 제 말투예요."

"그렇더라도 이건 명확하게 해 둘 필요가 있을 것 같네요. 우리는 친구가 아니에요. 디저트 먹을래요?"

"향이 좋은 포도주를 곁들인 달달한 게 있을 거예요. 뭐가 있나 한번 볼까요?"

나는 대성당의 이중 아치와 히랄다 탑의 꼭대기를 찬찬히 뜯어보았다. 두 기념비적인 건물의 나이를 더하면 16세기나 17세기 정도는 될 것이다. 하지만 우주 생성 차원에서 보면 한 점 먼지밖에 안 되는 시간이다. 그렇다면 내 나이 역시 지구의 역사에서도, 그리고 인간과 인간이 이룬 업적을 다룬 역사에서도 눈 깜빡할 시간도 안 될 것이다. 두 편의 소설을 마치면—두 편이 될지, 아니면 한 편으로 끝날지는 죽음이나 치매가 결정할 테지만—대리석으로 만든 납골함에 담긴 1킬로그램의 재가 될 게 뻔했다(아직 확실히 결심한 것은 아니지만, 당연히 화장火葬을 먼저 생각하고 있다).

고생물학자는 향수에 젖은 듯한 내 몸짓을 영원에 대한 갈망으로 받아들인 게 분명했다. 그는 단맛에 빠진 어린아이의 표정으로 디저트—'모스타촌mostachón'이라는 이름의 맛이 기가 막힌 일종의 카스텔라—를 적극적으로 공략하기 시작했다.

　"마드리드로 돌아가면" 그는 스푼을 허공에 휘둘렀다. "선생님에게 '영원'을 보여드릴게요. 틀림없이 마음에 들지는 않을 거예요."

1
—
불멸의 존재

좋아하지 않을 거란 그의 말이 맞았다.

'벌거숭이두더지쥐'를 '영원'이란 이름으로 부른 것이었는데, 주로 땅속에 굴을 파고 사는 12센티미터 정도의 삐쩍 마른 쥐에 불과했다. 나는 동물들이 암을 비롯한 여타 질병에도 잘 걸리지 않는다는 사실을 알고 있었지만, 털이 전혀 없는 두더지쥐의 모습은 항암 치료를 위해 화학 요법을 과하게 받은 것처럼 보였다. 두더지쥐의 피부는 겉보기에도 예민해 보였는데, 햄스터의 장밋빛에서 도토리의 암갈색까지 다양한 색을 띠고 있었다. 삽처럼 생긴 데다 엄청나게 크고 불안정해 보이는 두 개의 앞니가 얼굴의 반을 차지한 탓에 바보 천치까지는 아니지만 멍청한 굼벵이 같다는 느낌을 줬다.

이야기한 것처럼, 두더지쥐는 겉보기에는 개미굴과 매우 흡사한 지하 굴을 따라 돌아다녔는데, 땅속에 만들어지기는 했지만 투명한 엷은 판(메타크릴 수지인지 유리인지는 잘 모르겠다)으로 만든 상자의 종단면 덕에 우리는 두더지쥐의 모습을 잘 관찰할 수 있었다. 투명판 때문에 편안한 서식지라기보다는, 제자리를 찾지 못하고 신경을 곤두세운 채 오가는 동물들의 모습을 있는 그대로 보여 주는 진열장 같다는 느낌을 주었다. 비록 감고 있기는 했지만, 두더지쥐도 눈이 있다는 사실을 깨달았다. 고생물학자에게 눈이 퇴화한 것이냐고 물었다. 내가 '퇴화'란 단어를 좋아한 탓인지도 모른다.

"볼 수는 있어요. 하지만 어두운 곳에서 살기 때문에 촉각과 후각을 더 믿는 편이지요."

특이한 점이 있다면 방문객인 우리 역시 호기심의 대상인 두더지쥐의 굴과 비슷하게 생긴 곳에, 즉 좁고 침침하고 바닥까지 울퉁불퉁한 터널 안에 있다는 사실이었다. 이 터널은 지하 세계에 특화된 덕에 '신비한 지하 세계'로 알려진 곳으로, 마드리드의 파우니아Faunia 동물원 안에 있었다. 쥐들이 우리를 볼 수 있다면, 쥐들 눈으로 본 우리 행동 역시 쥐들의 행동과 그리 크게 다를 것 같지 않았다. 아이들이 설치류처럼 어두컴컴한 굴을 뛰어다니며 여기저기에 부딪히는 것을 보자 그런 생각이 들었다.

"이 녀석을 불멸의 존재라고 말한 거예요?" 아르수아가에게 물어보았다.

"선생님에게 눈으로 보여 줄 수 있는 불멸의 존재에 가장 가깝지요. 집에서 사는 쥐들은 대체로 3년 정도를 사는데, 벌거숭이두더지쥐는 30년 정도 살거든요. 열 배나 오래 사는 거죠. 몸집에 비하면 정말 놀랄 만큼 오래 사는 거예요."

"몸집과 수명이 상관이 있나요?"

"그럼요. 모기는 30일 정도 사는데 비해 코끼리는 90세까지 살 수 있거든요."

"아무리 그래도 불멸은 아니잖아요!" 실망했다는 듯이 말을 툭 내뱉었다.

"만일 선생님에게 다른 사람의 수명보다 열 배나 긴 1000년을 줬다고 상상해 보세요. 다른 사람들은 선생님을 죽지 않는 사람으로 생각하지 않을까요? 선생님도 어느 정도는 불멸이라는 느낌이 들지 않겠어요?"

잠깐 생각해 봤다. 1000년이라니, 끔찍한 세월이 아닐 수 없었다. 성경에 나오는 전설적인 인물 므두셀라*보다 더 오래 사는 셈이었다. 결국 나도 수긍할 수밖에 없었다.

"내가 그 나이가 된다면 어떤 상태가 될까요?" 나는 이 점이 궁금했다.

"그것이 문제지요. 두더지쥐는 늙지 않아요. 암이나 다른 병에 걸리지 않거든요."

✿　《성경》에 언급된 인물 중 가장 장수한 인물. 969세에 사망한 것으로 알려졌다.

"그럼 우발적인 사고로만 죽는 건가요?"

"죽음과 관련된 외적인 요인만 제거할 수 있다면, 두더지쥐는 정말 문자 그대로 죽지 않는 불멸의 존재라고 말할 수 있을 거예요."

"그런데 너무 못생기긴 했네요." 나는 토를 달았다.

바로 그 순간, 굴에 다른 쥐들보다 조금 더 큰, 혹 비슷한 것이 달린 녀석이 나타났다.

"저 녀석은 척추 옆굽음증을 앓고 있는 건가요?"

"아니요! 아니에요. 저 친구가 여왕이에요." 이번 동물원 방문에 우리와 동행하던 동물원장이자 생물학 분야를 책임지고 있는 아구스틴 로페스가 웃으며 대답했다. "혹처럼 보이는 것은 척추가 접힌 것인데, 이런 식으로 척추를 확장하거나 넓히고 있어요. 다시 말해 복강의 크기를 키우는 것이지요. 그래야만 더 많은 새끼를 가질 수 있으니까요."

"번식 빈도는 생쥐와 비슷한가요?" 나는 계속해서 질문을 던졌다.

"1년에 세 번 정도 새끼를 낳을 수 있지요. 암컷은 12개의 젖꼭지가 있어요."

"새끼에 대한 관심은 끊고 살아야겠네요. 아니면 완전히 죄수처럼 꽁꽁 묶어서 가둬 두던가요."

"'죄수'라는 단어보다는 '통제된 환경'이라고 하는 것이 어떨까요?"

그 순간 나는 우리처럼 나이가 많은 노인네들이 '죄수'처럼 살아가는 양로원을 떠올리며 '통제된 환경'이라는 완곡한 팻말이 입구에 붙어 있는 모습을 상상했지만, 아무 말도 하지 않았다. 대신 다시 질문을 꺼내 들었다.

"통제된 환경에서는 어떤 일이 일어나죠?"

"스스로를 구속하기 시작하지요."

"어떻게요?"

"새끼들의 일부를 잡아먹어요."

"가장 좋은 점이 떠올랐는데요." 얼른 아르수아가 끼어들었는데, 벌거숭이두더지쥐에 대한 내 인상이 나빠지는 것을 막으려는 것 같았다. "이들은 진眞사회성 동물※이에요."

"벌처럼 말인가요?" 나는 깜짝 놀랐다.

"그럼요! 탁월한 진사회성을 가진 동물로 벌이나 흰개미와 같은 곤충들을 들 수 있어요. 이들은 계급에 따라 나뉠 뿐만 아니라, 각각의 계급은 하나의 활동만 발달시키지요. 여왕이 있고, 아이는 낳지 못하고 일만 하는 계급이 있고, 재생산을 맡은 수컷이 있어요."

"다른 암컷이 새끼를 낳는 것을 어떻게 막죠?"

※ 　새끼를 함께 돌보고, 집단 내 성체들이 여러 세대를 아우르고, 집단 내에서 번식하는 개체들과 번식하지 않는 개체들로 나뉘어져 있으며, 이들 사이에 노동 분담이 이루어지는 사회성 동물을 일컫는다. (감수자 주)

아구스틴이 설명을 해 주었다. "이런 동물들은 후각을 통해 자기들끼리 서로를 인식할 수 있도록 똥이나 오줌과 같은 자기 배설물을 몸에 묻히죠. 여왕은 집단 내 다른 계급의 재생산 능력을 억제하는 호르몬을 오줌을 통해 방출해요. 여왕이 죽으면 누가 그 자리를 차지할 것인지를 놓고 한바탕 싸움이 일어나요."

똑같지는 않지만, 개미나 벌과 아주 유사한 사회 조직을 갖춘 포유동물이 우리 눈앞에 있다는 사실만으로도 엄청난 충격을 받을 수밖에 없었다. 보르헤스^{**}의 말마따나 신학이 판타지 문학 장르에 속한다면, 생물학은 공포 문학 장르에 속할 것 같다는 생각이 들었다. 보르헤스를 생각하다 보니 그의 단편 소설 〈불멸El inmortal〉이 생각났고, 이어서 주인공이 벌거숭이 두더지쥐의 굴처럼 생긴 지하의 미궁을 헤매던 장면이 떠올랐다. 그 미궁은 '불멸의 도시Ciudad de los Inmortales'로 연결되어 있었는데, 이곳에서는 삶에 의미를 부여하는 것이 죽음이란 점

** 호르헤 루이스 보르헤스(Jorge Luis Borges, 1899~1986)는 20세기 아르헨티나를 대표하는 소설가, 시인, 평론가다. 20세기 지성사에서 가장 박학다식한 작가이자 라틴 문학의 대표 작가로 알려진 그는 신비주의 카발라, 기호학, 형이상학, 해체주의, 신화 등 다양한 분야에 관심을 보였고, 간결하고 건조한 문체를 바탕으로 작품을 써냄으로써 리얼리즘의 상상력의 한계를 뛰어넘었다. 인류의 신화, 종교, 철학에 대한 기억을 담은 그의 작품은 특히 포스트모더니즘 문학에 많은 영향을 끼쳤다. 대표작으로는 《불한당들의 세계사》, 《알레프》, 《픽션들》 등이 있다.

에서, 불멸이란 오히려 사형을 선고받는 것과 똑같다는 사실을 주인공은 깨닫는다.

어두운 터널 반대쪽에서 달려오고 있던 두 아이가 갑자기 걸음을 멈추고, 회랑 반대 방향으로 걸어가던 벌거숭이두더지쥐 두 마리를 관찰하기 시작했다. 이로 인해 오른쪽에 있던 쥐가 깜짝 놀라 엄청나게 압박을 받았는지 왼쪽에 있던 쥐 위로 넘어가려고 했다.

"위쪽에 있는 쥐가 더 계급이 높아요." 아구스틴이 알려 주었다.

아이들은 묘한 표정으로("보이는 것만 믿자."라는 말을 주고받는 것 같았다) 아무 말 없이 1초 동안 서로를 바라보더니, 쥐들이 굴을 민첩하게 달려가듯이 우리 인간이 만든 굴을 계속해서 달려갔다.

두 아이의 모습을 지켜보고 있던 아르수아가 입을 열었다. "저 안에서 일어나고 있는 일이 여기 밖에서도 똑같이 일어나는군요."

"터널과 메타-터널인 셈이네요." 이야기 속에 똑같은 다른 이야기가 들어 있는, 그런 이야기를 그리며 나도 한마디 덧붙였다.

"무슨 말씀이죠?" 이번에는 아르수아가 질문을 던졌다.

"러시아의 마트료시카 세트요."

생각이 마트료시카에 미치자 밀실이 주는 공포가 밀려왔고,

쌀쌀한 날씨에도 불구하고 불안과 긴장에서 비롯된 땀 두어 방울이 목을 타고 셔츠 깃 쪽으로 흘러내리는 것을 느꼈다.

그 순간 아구스틴이 끼어들었다.

"이곳에는 두 종류의 벌거숭이두더지쥐가 있어요. 이 녀석들은 소말리아에서 왔고요. 또 다른 녀석들은 남아프리카에서 왔지요. 그렇지만 정말 비슷하게 생겼어요. 자연 상태에서는 300여 마리로 이루어진 집단 하나가 축구장 몇 개나 되는 공간을 차지하지요. 이 녀석들의 활동을 관찰하기 위해 카메라 여러 대를 설치했어요. 어떤 카메라에는 자는 모습이, 또 어떤 것에는 식량을 저장하는 모습과 쓰레기 처리장을 준비하는 모습이 잡히기도 해요…. 개미굴처럼요."

"암세포가 자라지 않는다고 했었죠?"

"그럼요!" 아구스틴이 대답했다. "심근 경색도, 콜레스테롤도 없어요. 오늘날까지 그 누구도 벌거숭이두더지쥐의 죽음과 관련해서 내적인 원인을 찾아내지 못했어요. 그뿐만 아니라 늙지도 않아요. 한마디로 병도 걸리지 않고, 산소 농도가 낮아도 18분 정도는 버틸 수 있어요. 저 굴도 산소가 희박하거든요. 덕분에 히말라야와 비슷한 환경에서도 별문제 없이 살아갈 수 있지요."

"그렇군요!" 두더지쥐처럼 이쪽저쪽으로 뛰어다니는 아이들의 왁자지껄한 소리를 통해 우리가 입구보다는 출구 가까이 있을 것 같다는 추측을 하며 고개를 끄덕였다. 더 불안해지면 어느 쪽으로 달려갈까? 앞으로 갈까? 아니면 뒤로 갈까?

"그뿐만 아니라 고통에 대한 개념도 없어요." 바로 그 순간 고생물학자가 입을 열었다.

"사실 문지방을 통과하려고 극단적으로 납작 엎드리기도 하고, 다리가 잘려도 전혀 고통을 느끼지 않아요." 아구스틴이 한마디 거들었다.

"이 녀석들은 다리가 아주 짧군요." 나는 두더지쥐가 고통을 느끼지 못하는 모습을 정당화하기 위한 것인지는 잘 모르겠지만 엉뚱한 사실을 지적했다.

"맞아요!" 아구스틴이 동의했다. "터널에서 민첩하게 움직일 수 있는 쪽으로 진화했어요. 앞으로나 뒤로나 똑같이 움직일 수 있어요. 이 점은 포식자를 만났을 때 엄청난 장점이 될 수 있지요. 전체 생물 종에서 보기 드물게 희귀한 녀석이죠."

"개미핥기요." 갑자기 생각이 났다.

"헉슬리의 《멋진 신세계》에 사는 인간이 바로 개미라는 사실을 잊지 마세요." 아르수아가가 덧붙였다.

"가장 예민한 감도를 지닌 곳이 바로 저 기괴하게 큰 앞니예요." 아구스틴이 손가락으로 가리켰다. "굴을 팔 때 따로따로 움직일 수 있는 저 삽같이 생긴 것 말이에요. 최고의 터널 파기용 기계인 셈인데, 그 어떤 동물보다도 제일 먼저 지진을 감지할 수 있어요."

공포 소설은 끝이 없었다.

"이젠 그만 나갑시다." 내가 채근했다.

"잠깐만요." 아르수아가가 나를 제지했다. "선생님은 저 녀석들처럼 명확한 분업 체계를 갖춘 군집 생활을 하는 조직에 어떤 명사를 붙여 주고 싶나요? 이타성, 협력, 교환 중에서요."

"내 생각에는 이타주의의 한 형태라고 보고 싶어요."

"선생님의 생각을 물어본 것이 아니라, 무엇일까를, 다시 말해 사실을 물어본 거예요. 난생 동물이 되고 싶었을 수도 있지만, 실제로는 탯줄 달린 포유류인 것처럼요. 생물학에서는 사물들 하나하나가 자기만의 모습이 있어요. 자, 선생님이 정확하게 잡아내는지 한번 볼까요?"

"좋아요. 그러면 나는 이타성이라고 할게요."

"좋아요. 그럼 지금부터 다음에 어떤 이야기를 할지 미리 알려드리죠. 예를 들어, 이 쥐들은 잠을 잘 때, 신체의 표면적을 최소화하여 체온을 유지하기 위해 둥글게 한데 모여 잠을 자지요. 이것은 모두가 동시에 혜택을 볼 수 있으니까 누구나 이해하기 쉬운 협력의 형태지요. 시공간의 흐름을 따라 펼쳐지는 또 다른 유형으로 호의의 교환도 있어요. 내가 선생님에게 호의를 베풀면, 선생님이 나에게 빚을 지는 것처럼요. 우리는 동시에 서로에게 호의를 베풀지는 않아요. 내가 이런 말을 하는 이유는 한눈에도 이타성으로 보이는 것이 있기 때문이지요. 게임 이론에서 볼 수 있듯이, 어떤 사람이 타인의 비용을 전제로 이와 똑같은 이익을 얻을 때 이타성이 발생하는 거예요. 선생님이 잃는 것을 다른 사람이 얻게 될 때 말이에요. 이것이 진정한 이타성이지요. 만일 다른 사람이 호의를 빚지고 있다면 이것은 이타성이 아니라 교환이지요. 내 말 이해하겠어요?"

"네. 하지만 당신이 나를 어디로 데려갈지 몰라서 이 터널을 겨우겨우 따라가는 것처럼 겨우겨우 이해하고 있어요."

"조금만 더 참아 보세요."

"알았어요. 그건 그렇고, 이제는 밖으로 나갈 수 있을까요?"

"조금만 더 이야기하고요. 선생님에게 다른 형태의 '영원'을 보여 주고 싶어요. 좋아하실지 한번 볼까요?"

짙게 깔린 어둠에 적응했지만, 방금 봤던 생물의 기이한 광경에 여전히 압도된 채 아무 말 없이 입을 꼭 다물고 천천히 앞으로 나아갔다. 우리는 젊은 한 쌍의 부부와 마주쳤는데, 남자가 회랑만큼이나 폭이 넓은 유모차를 밀고 있었기 때문에 어쩔 수 없이 벽에 붙어서 길을 내주어야 했다. 유모차에는 두 살 정도 먹은 아이가 몸을 흔들고 있었다. 한 줄기 섬광에 그 아이의 장밋빛 얼굴에서 삽처럼 생긴 앞니를 볼 수 있었고, 덕분에 쥐처럼 생겼다는 생각을 했다. 메타-터널에 있는 것이나 터널에 있는 우리 모두 살과 뼈로 이루어진 존재란 생각이 들었다. 우리 모두 뼈라는 프레임에 살이라고 부르는 이상한 물질이 붙어서 이루어진 존재인 셈이다.

고기, 살, 뼈. 갑자기 채식주의자들이 이해가 되었다.

다행히 우리 인간은 이를 보상하기 위해 형이상학을 만들었다.

몇 미터 나아가자, 고생물학자와 아구스틴은 우리 앞길을 가로막고 나선 조그만 진열장 앞에 걸음을 멈추었다. 나도 고개를 내밀고 바라보았다. 물탱크가 있었는데, 아무런 움직임이 없는 수조 한가운데에 이상하게 생긴 생명체가 회랑과 우리를 향해 눈을 돌린 채 휴식을 취하고 있었다. 길이는 12~15센티미터쯤이었고, 다리는 아주 짧았다. 유백색乳白色에, 유충들이나 가질 법한 꼬리가 달려, 애매하게 만들다가 만 것 같다는 인상을 주었다.

"유충처럼 생겼네요." 내가 입을 열었다.

"이건 도롱뇽이에요." 아르수아가 이야기했다.

하느님, 맙소사! 정말 도롱뇽이었다! 코르타사르Julio Cortazar[*]의 공포 소설이 머리에 떠올랐다. 양서류의 눈빛에 사로잡혀, 매일 수족관에 찾아가 이 동물을 관찰하고, 또 관찰당하기도 했던 어떤 사람의 이야기였다. 그는 수족관 앞에서 몇 시간씩 보내면서 그 동물과 자기 사이에서 일어나는 뭔가를 이해해 보려고 노력했는데, 어느 날 그곳을 막 떠나려는 순간 양

---

[*] 홀리오 코르타사르(1914~1984)는 벨기에 태생의 아르헨티나 소설가다. 상상과 현실 사이에서 유희하는 소설을 썼다. 의도적으로 혼란스럽고 불분명한 사건 전개를 통해 독자가 수많은 해석을 놓고 고민하도록 했다. 1949년에 《왕들》을 발표했고, 환상적인 단편집 《동물우의담》(1951)과 《유희의 종말》(1956)로 명성을 얻었다.

서류의 눈에서 그곳을 떠나는 자기 모습을 보았다고 했다.

"그런데 유충인가요? 아닌가요?" 내가 질문을 던졌다.

"유충이에요. 하지만 믿을 수 없는 사실은 성적인 측면에서만 이야기한다면 이런 유충 상태를 벗어나지 않고도 성충이 될 수 있다는 거죠."

"젖먹이 상태를 벗어나지 않고도 섹스도 하고 번식도 할 수 있다는 거죠?" 내 생각을 분명하게 정리하고 싶었다.

"섹스하는 아기라고 할까요." 고생물학자가 이야기했다. "상상할 수 있겠어요? 영원한 젊음을요. 또 영원의 또 다른 변이를 말이에요. 영원한 늙음의 변이보다는 낫지 않나요? 다리를 잘 살펴보세요. 이것은 태아의 다리예요. 예전에는 상당히 넓은 늪지였는데, 이제는 몇 군데 흔적만 남긴 채 말라 버린 멕시코 분지에서 사는 멸종 위기종이에요."

나는 도롱뇽을 꼼꼼히 뜯어보았다. 칠흑같이 까만 눈동자가 유백색의 살 한 가운데에 두 개의 바늘 끝처럼 반짝이고 있었다. 코르타사르의 소설 속 주인공과 비슷한 현기증을 느꼈다. 그 벌레 아닌 벌레가 나의 정체성을 열망하는, 아니 빨아당기는 것만 같았다. 그것을 바라보는 것 자체가 심연을 들여다보는 것 같아 두렵다는 생각이 들었다.

"이젠 충분히 봤죠?" 나는 눈을 뗐다.

"완전히 성장하면 불도마뱀이 될 거예요." 아르수아가가 덧붙였다.

그 녀석은 우리를 지켜보며 꼼짝도 하지 않았다. 커다란 입으로는 야릇한 웃음을 흘리고 있었다.

고생물학자는 말을 이어 갔다. "선생님이 저 녀석 다리를 잘라도 금세 발톱 없는 발가락을 가진 다리가 자라날 거예요. 재생도 어찌 보면 불멸의 또 다른 형태라고 할 수 있어요. 왜 우리는 다리를 절단하면 다시 생기지 않을까요? 반대로 상처가 나면 아물기는 하잖아요. 우리도 재생 메커니즘을 가지고 있어요. 그렇지만 이 동물과 비교할 바는 아니지요."

"맞아요. 간도 한 조각만 있으면 재생이 되잖아요." 나도 한마디 거들었다.

"뼈도 마찬가지예요. 부러져도 금세 다시 붙잖아요. 그렇지만 귀는 한번 잘리면 영원히 잃게 되죠. 이 동물은 외적인 위협만 제거해 주면 양서류 차원에서는 거의 불멸의 존재라고 할수 있어요. 15년 이상을 사는데 이건 양서류에게는 어마어마한 거예요."

"그렇겠네요!"

"소설가인 올더스 헉슬리의 형인 생물학자 줄리언 헉슬리Julian Huxley가 이 동물을 연구했는데, 선생님도 이 사실에 관심이 있을지 모르겠네요."

"《멋진 신세계》를 쓴 작가 말인가요?"

"맞아요. 줄리언 헉슬리는 갑상선을 자극하는 호르몬을 도롱뇽에 주사하면 또 다른 갑상선 호르몬인 티록신을 분비한다는 것을 발견했어요. 바로 이 호르몬을 가지고 성장을 완성하여 불도마뱀이 되는 거예요."

"현실에서 일어나고 있는 것이니까 믿을 수밖에 없군요. 그렇지만 정말 거짓말 같네요."

아르수아가는 말을 이어 갔다. "줄리언과 올더스, 두 사람은 다윈의 추종자 중에서 가장 전투적인 사람의 손자였어요. 다윈의 이론을 방어할 때는 정말 맹수와도 같은 모습을 보여 '다윈의 불도그'라는 별명을 얻었던 생물학자였지요. 지병으로 인해 다윈이 토론에 참석하기 어려웠을 때는, 토마스 헨리 헉슬리가 기꺼이 대신 참석하곤 했지요."

"'다윈의 불도그'란 말은 좀 끔찍한데요."

"선생님과 나의 관계도 조금은 다윈의 불도그와 비슷하다는 느낌을 받았는데요." 고생물학자는 유감스러운 표정이었다.

"나는 여기에서 누가 되는 거죠?"

"선생님을 보면 가끔 러시아의 무정부주의자였던 표트르 크로폿킨Pyotr Kropotkin*이 떠올라요."

"그 사람도 알긴 하죠. 무정부주의자였을 뿐만 아니라, 박물학자이자 왕자였던 걸로 기억해요. 그렇지만 나는 무정부주의

---

* 이타성에 대한 집단 선택을 주장한 진화생물학자이기도 하다. 본문에서 미아스는 끊임없이 크로폿킨식의 논의 즉, 종을 위해서 혹은 집단을 위해서 어떤 형질이 진화했다고 의견을 제시하지만, 아르수아가는 그에 대해 크로폿킨식의 논의라면서 비꼰다. (감수자 주)

자도, 박물학자도, 왕자도 아닌데요."

"하지만 선생님은 크로폿킨과 비슷한 변덕스러운 점이 있어요."

"어떤 점이요?"

"조금 전 선생님은 이타성이라고 볼 수 없는 것을 이타성이라고 했어요. 아무튼 이 이야기는 그만하고, 지금부터는 다음 붓질로 넘어가는 것이 어떨까요?"

"나는 그 붓질을 '물어뜯기'라고 부르고 싶네요. 어떤 점에서는 당신은 불도그이니까요."

집으로 돌아오는 길에 차 안에서 아르수아가는 나에게 노트를 꺼내 자기 이야기를 적어 두라고 했다. 시키는 대로 내가 노트를 꺼내자 이야기를 시작했다.

"원자에서부터 위로 올라간다고 했을 때 사람들은 개체에서 끝이 날 거라고 믿고 있어요. 그렇지만 아니에요. 개체 위에는 개체군이 있으니까요. 다시 말해 집단으로 이루어진 개체군이요. 그리고 이런 집단 위에는 다시 생태계가 있고요. 다양한 종의 집단과 개체들이 서로 관계를 맺고 있는 환경 말이에요. 생태계는 변하지 않고, 언제나 일정해요. 따라서 변하는 것은 개체인 셈이지요. 내가 대학을 다닐 때 생태학 교수님은 살아 있는 생명이 많은 곳에는 죽음도 많다고 했어요. 그렇지만 나는 사실 그렇지 않다고 생각해요. 생태계는 변함이 없으므로, 죽음이 존재하지 않는다고 생각하거든요. 생명은 불멸의 존재에요. 개체가 대체될 뿐이지 생태계는 전혀 변치 않아요. 따라서 죽음은 없어요. 혁신이 있을 뿐이지요. 생물 시스템은 개체보다는 훨씬 더 우위에 있어요."

"지난 1940년대에 미국 기자가 영매를 통해 신과 나누었던 인터뷰가 생각났어요."

"그런 이야기는 하지 마세요!" 고생물학자는 아이러니한 표정을 지었다.

"나도 신을 믿지 않아요. 그렇지만 신에게 왜 죽음을 주었는지 물어본 기자는 최고의 존재로부터 멋진 대답을 받았어요."

"뭐라고 했는데요?"

"신은 자기 이야기를 할 때 복수를 사용하는데, 자기들을 닮은 생명을 창조할 때 사실 죽음을 생각하지 않았대요. 죽음은 인간이 만들었다는 거예요. 인간이 죽음이라고 부르는 것은 생명 내부로의 이동이라는 설명을 덧붙였다는 거죠. '생명 내부로의 이동', 이 말 잊지 마세요."

"멋지군요. 그렇지만 가족들을 위해 파에야*를 만들어야 할 일요일 아침에 우리를 이곳까지 오게 만든 영원이라는 주제로 다시 돌아가서, 의학의 발전으로 우리가 영원히 늙은이로 살아야 할지도 모른다는 생각만 해도 너무 무서워요. 이건 정말 끔찍한 벌이라는 생각이 들거든요. 반대로 영원히 젊음을 유지

✿　　스페인의 대표적인 요리. 엄밀하게는 발렌시아 지방을 대표하는 음식.

하며 살 수 있다고 해도 별로 관심 없어요. 선생님에게 영원한 생명을 준다면, 어떤 조건에서 살아야 하는지를 먼저 신경 쓰겠죠. 폰세 데 레온Ponce de León [**] 이 플로리다에서 무엇을 찾고 있었다고 생각하세요?"

"불멸 아닌가요?"

"그건 아니었어요. 영원한 젊음의 샘을 찾고 있었으니까 불멸과는 상관이 없죠. 나도 영원한 젊음에는 관심이 있어요."

고생물학자는 서둘러 원형 교차로로 들어가다가 왼쪽에서 오는 차를 피하려고 급히 브레이크를 밟았다. 나는 그를 비난의 눈초리로 바라보았는데, 그는 어린아이처럼 해맑게 웃었다. 잠시 후 다시 길을 가며 이렇게 이야기했다.

"지금부터 선생님에게 말씀드릴 것은 쓰지 마세요. 노트를 닫아 두세요."

나는 공책을 닫은 대신 기억 상자를 열었다.

"말씀하세요."

"우리 남자들은 젊음에는 그리 신경 쓰지 않아요. 지금도 충분히 잘 지내고 있을 뿐만 아니라, 있는 그대로 내 모습을 받아들이는 편이에요. 별로 나쁘지 않으니까요. 젊거나 잘생긴 얼

[**] 후안 폰세 데 레온(1474~1521)은 스페인의 탐험가이자 정복자다. 푸에르토리코의 초대 총독이자 오늘날 미국 본토에 도달한 것으로 알려진 최초의 유럽인으로 '플로리다'라는 이름을 명명했다. 전하는 말에 따르면, 그가 '젊음의 샘'을 찾아 헤매는 과정에서 플로리다를 찾았다고 한다.

굴이 필요한 것도 아니고요. 아름다움이란 것에 대해서는 별로 신경 쓰고 싶지 않아요. 내가 걱정하는 것은 발기가 되지 않는 것이지요. 다행인 것은 우리 남자들에게 영원한 젊음을 줄 수 있는 또 다른 방법을 찾게 되었다는 거죠. 비아그라 말이에요."

"발기되지 않는 것을 왜 그렇게 걱정해요?"

"모르겠어요. 선생님 스스로 한번 생각해 보세요."

"성욕 감퇴가 마음의 평화를 줄 수도 있어요. 불안감을 좀 내려놓으세요. 부뉴엘Luis Buñuel✳은 회고록에서 성욕이 줄어드는 것 자체가 늙음의 장점이라고 했어요."

"거짓말! 말도 안 되는 거짓말이에요! 선생님에게 충고 하나 할게요. 내가 선생님에게 할 수 있는 유일한 충고인데요. 사람들이 말하는 것을 100퍼센트 믿지는 말라는 거예요."

"하지만 나도 부뉴엘의 생각에 동의해요."

"그렇게까지 말씀하시면 믿을게요. 그렇지만 우리는 특정 개인에 관해 이야기하는 것이 아니라, 일반적인 인간에 대해 이야기하는 거예요. 사람들이 젊음을 이야기하는 것은 성적인

✳　루이스 부뉴엘(1900~1983)은 20세기 스페인을 대표하는 영화감독이다. 1929년, 친구인 초현실주의 화가 살바도르 달리와 함께 초현실주의 영화의 걸작으로 꼽히는 단편 영화 〈안달루시아의 개〉를 만들어 영화감독으로 데뷔했다. 대표작으로는 1930년에 발표한 반동 정치와 종교를 규탄한 영화 〈황금시대〉, 1950년에 만든 〈잊힌 사람들〉 등이 있으며, 1961년 〈비리디아나〉로 프랑스 칸 영화제 대상을 받았다.

정력을 이야기하는 거나 마찬가지예요."

"우리가 가장 통제하기 어려운 성적인 욕구가 우리 정체성을 크게 좌우한다는 점이 재미있지 않나요?" 내가 질문을 던졌다. "누구를 위해 섹스를 하는지도 모르면서, 섹스를 할 수 있다는 것을 매우 자랑스럽게 생각하니까요. 성적인 욕망을 잃는다는 것은 무엇을 잃는 것과 같을까요?"

"이기적인 유전자 이론에 따른다면 잃는 것이 많지요."

"유전자를 생각하면서 섹스를 한 적은 없는데요."

"제 말을 잘 이해했는지 몰라서 다시 한 번 정리할게요. 아직 정확하게는 잘 모르지만, 노화와 연결된 개념이 정말 많아요. 보통은 탈모나, 육체적인 에너지의 감소 등의 물리적인 문제를 의미하는 것으로 사용하지요. 그렇지만 보통 점진적인 감소, 죽음으로 이어지는 능력의 상실과 같은 과정은 생식 능력과 직결되어 있어요. 생물학적인 의미에서의 노인은 생식 능력이 없거나 혹은 이런 능력이 현저하게 떨어진 사람을 가리켜요. 이렇게 보면 아주 간단해요. 이런! 길을 잘못 든 것 같아요."

내비게이션을 무시하다가 길을 잃은 게 사실이었다.

"오늘은 제때 식사를 못 하겠네요." 아르수아가가 이야기했다.

"나는 먹는 것을 너무 좋아하는데, 안타깝네요."

"섹스보다요?"

"생각 좀 해 보시죠. 이젠 40대의 그런 성욕은 없어요. 분명히 말하지만 이건 다행이긴 해요. 램프의 요정이 나타나 40대의 정력과 배탈 나지 않고 마음껏 먹고 마실 수 있는 능력 두 가지 중에서 하나를 고르라고 한다면 나는 분명히 후자를 선택할 거예요. 의심의 여지가 없어요."

"선생님, 모든 것이 같은 패키지 안에 들어 있다면, 40대의 패키지와 75세의 패키지, 어떤 것이 더 마음에 드세요?"

"그렇지만 당신은 지금까지 섹스를 강조했잖아요?"

"섹스를 통해 사람들을 알게 된다는 것을 명심하세요."

"그런 식으로 말하면 자위를 하면 스스로를 더 잘 알게 되겠네요. 노스케 테 입숨!*Nosce te ipsum*(너 자신을 알라!)"

"40대 때도 램프의 요정에게 지금과 똑같은 것을 원했을까요?"

"40대에는 늙었다는 것을 경험해 본 적이 없지만, 지금은 늙었다는 사실을 충분히 경험했으니까요. 이 경험에 기초해서 램프의 요정에게 이야기할 거예요. 성적인 능력은 지금처럼 그냥 놔두고, 마음껏 먹고 마신 다음에도 대가를 치르지 않을 수 있게, 매운 멕시코 요리에 테킬라와 상그리타*를 곁들여 저녁 식사를 즐길 수 있게 해달라고 말이에요."

"나도 지금은 장학금을 받는 학생보다는 대학 교수가 되고

✼   테킬라를 마실 때 함께 즐기는, 오렌지, 레몬, 석류 등의 과일즙으로 만든 알코올이 들어있지 않은 음료.

싶어요." 아르수아가가 말을 받았다. "한때 장학금을 받는 학생이었기에 내가 지금 무슨 말을 하고 있는지를 잘 알아요. 이 모든 것을 다 고려한다고 해도, 30년 더 젊어진다면 교수직을 포기할 수 있지 않을까요?"

"30년 더 젊어지고 싶진 않은데요. 뭐하게요?"

"토론하자는 거네요. 하긴 선생님은 배우는 것보다는 토론을 더 좋아하니까요."

대답할 틈도 주지 않고 고생물학자는 갑자기 차를 세우더니 나에게 내리라고 이야기했다. 나는 화가 났다고 생각했는데, 그게 아니라 집 앞에 다 온 것이었다.

"잘 들어가세요, 크로폿킨!"

"잘 가요! 다윈의 불도그." 나도 물러서지 않고 맞받았다.

바로 그날 일요일 오후에 불멸에 대한 보르헤스의 단편을 다시 읽다가 다음과 같은 구절을 찾아냈다. "불멸의 존재가 된다는 것 자체는 별 의미가 없다. 죽음을 모른다는 의미에서 인간을 제외한 모든 존재는 불멸이다. 불멸이라고 알려진 것은 성스러운 것, 끔찍한 것, 이해할 수 없는 것인 셈이다."

2

빠르게 살고,
젊어서 죽어,
아름다운 시신을 남기자

내 혀끝에 아직도 맛과 풍미가 남아 있는 소금에 절인 농어 한 접시를 앞에 두고, 세비야에서 아르수아가와 나눴던 죽음에 관한 대화가 선명하게 떠올라 당황스러웠다. 죽음에 쫓기는 대상이 되기에는 너무 끔찍하다는 생각이 들긴 했지만, 한번 맞이해 보고 싶다는 생각까지 들 정도로 죽음이 상당히 매력적으로 보일 때도 있었기 때문에, 당시만 해도 쉽게 농담을 나눌 수 있는 수사적인 성격의 문제였다. 어쩌면 세련되고 품위 있는 두 사람 사이에 나눌 수 있는 대화의 주제, 그리고 별이 빛나는 밤과 잘 어울릴 수 있는 또 하나의 주제에 관해 이야기를 나눴다고 할 수 있었다. "오늘 밤 나는 가장 슬픈 시를 쓸 수 있다."※는 시구 詩句처럼 말이다.

※　　파블로 네루다의 《스무 편의 사랑의 시와 한 편의 절망의 노래》에 수록

우리는 죽음에서 벗어나 있었다.

그날 저녁 이후, 채 석 달이 안 되었지만 죽음은 뭔가 현실적으로 살아 숨을 쉬는, 그리고 아주 가까이 다가온 문제가, 다시 말해 이제는 협상을 해야 하는 그런 문제가 되어 있었다.

첫 번째는 벌거숭이두더지쥐와 도롱뇽을 찾아갔던 일이었는데, 마치 두 개의 생물학 차원의 조각처럼 내 머릿속에 여전히 떠다니고 있었다. 생물학과 연결된 조각난 생각이 연약함, 무의미함 그리고 늙음이라는 공간을 나에게 건네주고 있다는 생각이 들었다. 얼마 전에도 나는 분명히 노인이었고, 공식적으로도 늙은이였다. 그러나 그 늙은이 안에 깃들어 살아가던 사람은 한 달에 서너 번씩 비행기와 기차를 타고, 하루에 8~9시간씩 일하며, 일주일에 적어도 두세 번은 집 밖에서 친구들이나 편집자, 혹은 출판계 동료들과 식사하는 중년의 젊은 남자로 살고 있었다. 노이로제에 걸린 것처럼 장난치듯이 노인이 되는 게임을 즐기고 있었다. 사람들은 신경 세포와 장난을 즐기는 노이로제 환자나 자신의 늙음을 웃어넘기는 노인을 좋아했기 때문에, 이를 사람을 유혹하는 무기로 사용하고 있었다.

연말에 나는 신분증을 갱신해야 했는데, 9999년까지 유효한 신분증을 발급받았다. 실수인 것 같다는 생각이 들어 이에 대해 추궁하자, 70세가 되면 평생 사용할 수 있는 신분증을 발급

된 시의 한 구절.

하고 있다는 대답이 돌아왔다. 평생 나의 신분을 보장하는 신분증을 들고 나는 경찰서를 나왔다. 오히려 이것은 내 신분을 전혀 보장하지 않는 것 같다는 생각이 들었다. 그리고 이는 국가가 나를 신분증을 반납한 사람으로, 다시 말해 죽은 사람으로 간주하는 것과 같았다. 나는 술집에 가서 16세 때 처음으로 신분증을 받았을 때의 들뜬 마음을 떠올렸다. 나는 부모님이 선물한 5페세타짜리 지폐가 든 가죽 지갑과 함께 그것을 처음 사용하기도 했다.

나는 뭔가 있는 사람이 되었다! 내 기억이 잘못되지 않았다면, 내 사진이 붙은 플라스틱 쪼가리와 현왕現王 알폰소 10세의 초상화가 그려진 서류 한 부가 이를 증명해 줬다.

지금은 지갑에 여러 장의 신용 카드와 50유로짜리 지폐 세 장을 넣고 다녔다. 그러나 이제는 아무것도 아닌 인간이 되어 버렸다. 내 존재를 증명하는 마지막 신분증이 사망 증명서 같다는 생각이 들었다.

심리적으로 타격을 받은 결과(그렇게 생각하고 있다), 며칠이 되지 않아 나를 상당히 무기력한 존재로 만들어 버린 일을 겪게 되었다. 이상하게 잠이 깼던 금요일이었다. 구름이 잔뜩 끼었는지 어둑어둑하고 뚱한 분위기의 아침을 맞이했다. 라디오에서는 이베리아반도의 왼쪽 관자놀이 방향으로 폭풍우가 몰려오고 있다는 예보를 내놓았다.

그날 오후, 국립 도서관에서 영화 평론가인 카를로스 보예로와 공개 대담이 계획되어 있었다. 우리에게 강하게 영향을 준 독서에 관해 대화를 나눠야 했다. 그런데 대가가 그리 많지 않았는데, 이것 자체가 국가가 작가들에 대한 관심이 적다는 걸 반영한다는 생각에 화가 치미는 것을 참을 수 없었다. 신분증을 위장한 사망 증명서를 나에게 발급한 바로 그 국가 말이다.

아무튼 뭔가 구름이 낀 것 같고 어둑어둑하고 뚱한 분위기의, 한마디로 뭔가 개운하지 않은 느낌의 아침을 맞았다.

오랫동안 보예로를 보지 못했다는 생각에 나는 국립 도서관 행사에 조금 흥분이 되어 있었다. 그는 가끔 나를 피곤하게도 했지만, 어떤 면에서는 존경할 만한 친구였다. 양치하며 내 삶을 바꿔 놨던 소설의 제목을 다시 한 번 떠올려 봤다. 아침을 먹는 둥 마는 둥 하고 샤워도 거른 채 서재로 돌아왔다.

12시쯤 그날의 칼럼을 보낸 다음, 오후에 있을 만남에 대비하여 몸과 마음을 정리할 생각에 화장실에 갔다. 물의 온도를 맞춘 다음, 욕조에 들어가 머리에 물을 적시고 샴푸를 했다. 손으로 문지르자 금세 거품이 일었다.

당연히 눈은 감고 있었다.

아무것도 보이지 않아서인지 갑자기 내 몸의 묘한 움직임이 느껴졌다. 나의 정체성에 영향을 줄 수 있는 이상한 움직임이었다. 갑자기 내가 비비고 있던 머리가 아버지의 것이라는, 그리고 머리를 비비고 있던 손 역시 아버지의 것이라는 생각이 들었다. 아니 내가 아버지인지도 모른다는 생각이 들었다. 눈을 뜨면 우리 집 화장실이 아니라 부모님 집 화장실에 있는 나를 발견할 것 같았고, 복도로 나가면 나의 아내가 된 어머니와 마주칠지도 모른다는 생각까지 들었다.

기구를 타는 것은 모험이었다. 물론 상상에 날개를 달고 질주하는 위험에 비하면 별로 위험하지 않은 모험이기는 했지만, 모험이 아니라고는 할 수 없었다.

공포가 밀려오자 내가 있던 화장실이 우리 집 화장실이고, 내가 여전히 '나'임을 확인하기 위해 눈을 뜨지 않을 수 없었다. 마음이 좀 진정이 되자, 샤워 부스에서 나와 눈에 묻은 비누 거품을 닦고, 가운을 걸친 다음, 김이 서려 반쯤 흐려진 거울에 비친 내 모습을 몇 분 동안 바라보았다. 먼 길을 달려온 것처럼 숨을 헐떡였을 뿐만 아니라, 여전히 낯선 생각이 떠나지 않았다.

비틀거리는 걸음으로 침실로 갔다. 침대에 걸터앉아 다행히 가까운 곳에 있었던 아내를 불렀다.

"무슨 일이야?" 방금 내가 거울에서 봤던, 창백해진 내 얼굴을 보고 깜짝 놀라 물어보았다.

"모르겠어. 뭔가 있긴 한데, 뭔지는 잘 모르겠어."

"어디 아파?"

"아픈 데는 없어. 그런데 오늘이 무슨 요일인지 모르겠어."

"금요일이야. 오늘 오후에 보예로와 국립 도서관에서 대담하기로 했잖아."

맞다, 금요일이었다. 정신 줄을 잡아당겨 보예로가 누군지 떠올렸다. 정신 줄을 좀 더 잡아당겨 아침에 글을 쓰기 위해 일찍 일어났던 것과, 일하던 신문사에 칼럼을 보냈던 것을 떠올렸다. 거기에 이르자 정신 줄이 저절로 끊어져 더는 줄을 당길 수 없었다.

"무슨 일인지 모르겠어." 걱정스러운 얼굴로 질문을 던지는 이사벨에게 같은 말만 되풀이했다.

내 몸 안의 한 부분을 차지하고 있던 영혼이 그곳을 비우고 떠나간 것 같은 느낌이 들었다. 자기 수용 감각이 무너져 내린 것 같았다. 예를 들어, 눈에 보이지 않더라도 손이 어디 있는지를 알 수 있게 해 주는 그런 감각 말이다. 아래 맨발을 바라보자 남의 것 같다는 생각이 들었다. 상황이 걱정스러워 언제나 손에 닿는 곳에, 침대 옆의 탁자에 보관하고 있던 항우울제를 복용했다. 몇 분이 지나자 전략적인지는 모르겠지만 공포가 한걸음 뒤로 물러서는 것을 느꼈고, 그 순간 문득 생각이 났다.

"혈압계 좀 가져다 줘." 이사벨에게 부탁했다.

아무런 증상이 없어서 미국에서는 고혈압을 '침묵의 살인자'라고 부른다는 이야기를 들은 다음부터 혈압 측정 도구를 서재에 마련해 놓고 있었다. 그때그때 생각이 나면 가끔 혈압계를 사용했고, 일정한 선을 유지하기 위해 매일 아침 알약을 복용하고 있어서 일반적으로 혈압은 어느 정도는 괜찮았다.

그런데 혈압이 엄청나게 올라가 있었다.

아침 일찍 식사를 하면서 약을 먹었지만, 다시 하나를 더 챙겨 먹은 다음에 주치의에게 전화했다. 상황을 설명하기 시작한 지 얼마 되지 않아, 계속해서 횡설수설하면서 제대로 설명을 하지 못한다는 생각이 들었던지 아내가 전화기를 빼앗았다. 주치의는 항우울제를 먹고, 혈압약을 하나 더 복용한 것 모두 괜찮은 판단이었다는 말을 했다. 그러고는 30분 안에 다시 하나를 더 먹으라고 했다.

"그래도 혈압이 떨어지지 않으면 112를 불러야 합니다."* 의사가 마지막으로 덧붙였다.

112와 구급차 생각을 하려니까 다시 두려운 생각이 들었다. 그래서 다시 항우울제 반 알을 입에 넣고 마음을 가라앉히려고 노력했다. 30분쯤 지나자 여전히 혈압이 높기는 했지만, 전체적으로는 떨어지는 추세라는 게 느껴졌다. 나의 영혼, 나의 정신은, 아니 무엇이라고 해도 좋지만, 큰 파도에 제자리를 벗어났다가 다시 원위치로 돌아가려는 배의 화물창 한복판에 실린 화물처럼 다시 정신이 펼쳐 놓은 내 지도에서 제자리를 찾고 있었다. 나에 대한 묘한 생각이 서서히 누그러지기 시작했다. 별수 없이 국립 도서관 행사를 취소할 수밖에 없었다. 그래도 유감이라는 생각에 보에로에게 사과하기 위해 전화했다.

그날은 남은 시간을 의자에 앉은 채 멍한 눈길로 모든 사물의 깨질 수밖에 없는 연약한 성질을 생각하며 보냈다.

✿　스페인에서는 응급 상황이 발생했을 때 112로 전화한다.

진짜로 늙었다는 징조였을까? 죽음이 날개 끝으로 나를 살짝 건드린 것이었을까?

그로부터 며칠이 지났다. 너무 놀란 탓에 기력이 떨어져 있기는 했지만, 육체적으로는 어느 정도 회복이 되었다는 생각에 아르수아가와 늙음과 죽음에 대해 글을 쓰자는 우리 계획에 대해 몇 차례 이야기를 나누었다.

"내 관점이 이젠 좀 바뀌었어요." 그에게 이야기했다. "이제는 그 문제들을 안쪽에서 볼 수 있어요."

"정말 잘 되었네요! 나는 바깥쪽에서 볼 수 있으니까요. 그것들은 나에게는 연구 대상이거든요. 상호 보완적인 관점으로 볼 수 있겠네요."

아르수아가는 나보다 여덟 살이 어렸다. 그러나 이 정도 또래에서 여덟 살이면 엄청나게 큰 나이 차였다. 그뿐만 아니라, 고생물학자는 등산도 하고, 스키도 타고, 마드리드 산맥을 가로지르는 강행군도 하고, 매년 아타푸에르카 국제 크로스컨트리 대회에도 참가하고 있었다. 내가 아는 한 공황 상태가 와서 고통을 받거나 그러지는 않았다. 심리학적으로 이야기한다면, 신경이 영향을 받아 갑작스레 정서적으로 긴장도가 높아지는 일이 없는 안전한 상태였다. 한마디로 그는 젊었고, 젊다고 느끼고 있었다.

"나는 늙음과 죽음의 집을 안에서부터 볼 테니까, 당신은 밖에서 보기로 합시다." 내가 덧붙였다. "당신은 건물의 현관까

지 접근할 수 있을 테고, 나는 배관이나 난방 등의 상태를 살펴
보는 일을 맡을게요. 외관만으로는 속을 수 있는 집도 많으니
까요."

"나를 속일 순 없을 거예요." 그는 특유의 자신감 넘치는 어
조로 잘라 말했다.

일은 이런 식으로 진행되어 마침내 1월 7일, 그가 전화해서
폐차장에 같이 가자는 이야기를 했다. 조랑말이라고 부르던
그의 닛산 주크에 쓸 백미러가 필요하다는 것이었다. 이전에
책을 쓸 때 우리에게 엄청난 서비스를 제공했던 그 조랑말은
14만 킬로미터 이상 주행한 차로, 이곳저곳이 돌아가며 아프다
고 비명을 지르고 있었다. 이번에는 백미러가 아프다고 소리치
고 있었다(나는 속으로 눈이 신경통을 앓고 있는 거라는 생각을 했다).

유럽에서 가장 큰 폐차장으로 알려진 그곳은 마드리드에서
25~30킬로미터쯤 떨어진 톨레도Toledo로 가는 고속 도로 변에
있었다. 한눈에 담을 수 없는 주차장처럼 몇 헥타르가 넘는 엄
청난 면적을 가진 곳으로, 주인들에게 버림받은 자동차들의 시
체가 브랜드별로 정리되어 있었다. 만약 원한다면 걸어서 당
신 차와 똑같은 브랜드의 차가 전시된 곳으로 갈 수 있지만, 이
거대한 공동묘지를 순환하며 몇몇 구역에서, 예를 들어 르노
구역, 메르세데스 벤츠 구역, 스페인의 세아트SEAT 구역, 폭스
바겐 구역 등에서 정차하는 버스를 타고 갈 수도 있었다. 이곳

의 지도만 있다면, 지금까지 세상에 알려진 모든 차종을 다 찾을 수 있을 것이다.

죽은 닛산 자동차들로 이루어진 나라는 비록 멀리 떨어진 곳에 있었지만 우리는 걸어가고 싶었다.

"당신 조랑말이 가진 또 다른 만성 질환은 뭐죠?" 나는 쌀쌀한 날씨 탓에 머플러를 단단하게 여미며 고생물학자에게 물었다.

"시동 걸 때는 패널에 불이 들어오는데 조금만 있으면 꺼져요. 정말 골칫거리예요. 여기 패널에 라디오와 전화를 비롯한 모든 것이 표시가 되거든요. 정비소에 갔는데 한번 힐끔 보더니 표정으로⋯."

"너무 낡아서 해결책이 없다고 했겠군요." 내가 대신 이야기했다.

"14만 킬로미터나 됐거든요. 그걸 생각하면 그리 나쁜 것도 아니죠."

"만일 우리 나이를 연령 대신 킬로미터로 표시한다면, 내 나이가 아마 당신 차 주행 거리쯤 되겠죠."

"요즘에는 매일 몇 걸음이나 걷는지 알려 줄 뿐만 아니라 올라가고 내려가는 계단까지 알려 주는 모바일 앱이 있어요. 다시 말해 몇 걸음인지 계산할 수 있어요."

"내 어떤 기능이 떨어지고 있다고 말하고 싶은 건가요?"

"선생님은 나와 스키 타러 갈 생각이 없어요. 맞죠? 이건 데

이터예요. 그리고 장거리 산악 트레킹을 할 생각도 없을 거고 요."

"인간이나 자동차나 똑같이 조금씩 죽음을 향해 나아가는 거 죠. 패널이 작동하지 않는 거나, 동맥이 경화되는 것이나…."

"동맥이 탄력을 잃는 것은 사실 큰 문제죠. 이 모든 것이 콜 레스테롤 플라크plaque 때문이에요." 고생물학자가 확실하게 못을 박았다.

"나는 콜레스테롤 약과 혈압 약을 매일 먹고 있어요. 당신은 아직 아무것도 먹지 않나요?"

"아직은요. 그렇지만 돌이킬 수 없는 것을 꿈에서 봐요. 선생 님도 백미러는 바꿀 수 있어요. 어금니는 임플란트로 대체할 수 있지요. 그렇지만 되돌릴 수 없는 것은 절대로 되돌릴 수 없 어요. 내 자동차에서 이야기하자면, 전자 부품보다는 기계 부 품이 문제가 적어요. 기계 부품은 아무래도 이나 엉덩뼈처럼 대체 부품을 찾기가 쉽지요. 그렇지만 전자 부품은 신경계와 아주 비슷해요. 잘 모르겠어요. 잘은요. 내 자동차가 낡았다는 것은 차령이 오래되어서가 아니라 주행 거리가 너무 길어서 그 래요. 이는 굉장히 중요한 차이예요. 이건 좀 적어 두세요. 너 무 서둘러 살아서 늙은 거예요. 사람들이 중고차를 사려고 할 때 가장 먼저 물어보는 질문이 주행거리가 얼마나 되는가예 요. 그다음에는 차고에서 잠만 잤는지, 외판원 소유였는지, 아 니면 미사 가는 데만 쓴 아주머니들의 소유였는지를 물어보지

요."

"만약 우리가 미사를 오가는 데에만 몸을 썼다면, 지금보다는 나았을까요?"

"주목해 보세요. 나는 지금 선생님이나 나에 관해 이야기하는 게 아니라 종에 관해 이야기하고 있었어요. 예를 들어, 동면하는 동물 종은 차고에서 잠을 잤다고 할 수 있을 것 같아요. 그렇지만 다른 동물 종보다 서둘러 빠르게 사는 종도 있어요. 바로 이것이 지지자가 많은 노화에 관한 가설이에요. 이것을 '생명의 리듬'이라고 하지요. 내 차가 14만 킬로미터가 아니라 3만 킬로미터만 달리고 나머지는 차고에서 잠만 잤다면, 아마 신차 같았을 거예요. 겉보기에는 노화를 결정하는 것은 '생명의 리듬'이에요. 로커rocker를 부연 설명하는 것과 같은데, 빠르게 살고 젊어서 죽어 아름다운 시신을 남기는 종이 있어요."

"생물학에서 '빠르게 산다'는 것은 무슨 의미죠?"

"신진대사가 빠르다는 의미죠. 다시 말해 산소 소비가 많다는 거예요."

"산소가 생명을 죽이는 셈인가요?"

"맞아요. 산소가 죽이는 셈이에요. 뚜껑을 따지 않은 홍합 통조림은 5~6년까지 갈 수 있지만, 뚜껑을 따서 산소가 들어가면 홍합은 부패하기 시작하지요. 놀랄 만한 사실을 한 가지 이야기해 줄게요. 만약 3년 정도 사는 쥐의 평생 심박수와, 90년까지 살 수 있는 코끼리의 평생 심박수를 측정해서 비교하면 거의 비슷한 수치를 보인다는 것을 알 수 있어요."

"그렇다면 쥐가 더 급하게 살았다는 것인가요?"

"맞아요. 쥐의 에너지 소비량이 더 많았던 거죠. 가장 좋은 예가 겨우 1년 정도만 자유롭게 살 수 있는 뾰족뒤쥐예요. 가장 수명이 짧은 포유류이지요. 식충 동물은 하루에 거의 자기 몸무게만큼 먹어야 해요. 뾰족뒤쥐는 끊임없이 신진대사를 하는데, 다른 말로 하면 산화하는 셈이지요. 이것은 어떤 이유에서든 빨리 죽게 만들어요."

"'어떤 이유에서든'이라고 말한 이유가 뭐죠?"

"그 문제는 당분간 의문의 영역에 남겨 놓기로 해요. 지금 주목해야 할 것은 주행 거리가 많으면 많을수록 더 빨리 늙는다는 사실이에요. 내 차는 미사에 가는 데만 차를 사용한 아주머니들의 차보다는 더 많은 산소를 태웠어요. 동물들은 포도당을 산화시키고 태우는데, 차는 휘발유를 태우지요. 산화나 태움을 통해 세포가 하는 일은 한마디로 연소라는 사실을 이해해야 해요. 불꽃을 만들지는 않지만, 천천히 연소하면서 열량을 만들어 내지요."

닛산 자동차가 쌓여 있는 묘역으로 가는 길 좌우에서 죽은 자동차의 내장을 휘저으며 뭔가를 찾고 있는 사람들이 보였다. 고무벨트, 완충 장치, 브레이크 패드, 운전대, 발전기, 와이퍼 블레이드, 와이퍼, 클러치, 계기판 등을 얻고 좋아하는 사람이 눈에 띄었다. 대부분 다 남자들이어서인지, 시체들을 분해하여 찾고 있던 부품을 쉽게 떼어 내기 위해 직접 도구 상자를 가져온 사람도 적지 않았다.

우리는 걸음을 멈추고 그들 중 한 사람과 잠시 이야기를 나눴다. 그는 모로코로 차 부품을 보내는 모로코 사람이었다. 그가 부품을 보내면 현지에서 처남이 좋은 가격에 재판매한다고 했다. 문이 열려 있거나, 보닛이 올려진 차들이 나타났다. 내부를 들여다보면 더러운 크리넥스 티슈나 털북숭이 테디 베어, 젤리 사탕 봉지, 구겨진 담뱃갑 등을 발견할 수 있었다. 여기에 있는 자동차 중에서 상당수는 운전자나 동승자가 죽었을 수도 있는 대형 사고로 폐차된 것이었다. 실내 내장재에 가끔은 말라붙은 피로 인한 검은 얼룩도 있었다.

"굉장히 속도감이 있게 살다가 빨리 죽는 종도 있어요." 아르수아가의 목소리에 나는 생각에서 깨어났다. "일반적으로 식충 동물이나 설치류가 여기에 속하지요."

"파리는요?"

"파리는 30일 정도밖에 못 살아요. 아무튼 너무 서두르지 마세요. 하나씩 살펴보기로 하죠. 선생님도 봤겠지만, 이 모든 낡은 차의 부품들을 재생하여 활용하고 있어요. 앞서 이야기했듯이 우리 신체의 기계적인 부분들은 상대적으로 쉽게 대체될 수 있어요. 문제는 우리 인간이 물리적이면서 화학적이라는 점이에요. 화학적인 면 때문에 좀 더 복잡해졌어요. 잊어버릴지 모르니까 이 점은 적어 두세요."

"말해 보세요."

"재활용은 생명이라는 의미에서 봐야 해요."

"내가 죽었을 때 건강하다고 생각되는 장기들은 다시 활용해도 좋다는 유언장을 작성해 놨어요. 각막, 간 등 뭐가 될지는 잘 모르지만, 상태가 괜찮다고 생각하는 것을요."

"병원에 신체를 기증했나요?" 니에게 질문을 던졌다.

"내 몸 전체를 기증한 것은 아니에요. 밤을 새우며 장례를 치를 가족에게서 몸 전체를 빼앗아버린다면 이것은 좀 과하다는 생각이 들었거든요. 그렇지만 심장 판막 하나라도 활용할 수 있다면 활용하라고 했어요."

"내가 선생님에게 재활용에 대해 말씀드린 거예요. 그래서 여기 있는 자동차들과 우리 몸은 엄청나게 큰 유사점이 있는 셈이지요. 분명히 선생님은 상태가 좋은 장기를 남길 거예요. 그럼 지금부터는 자동차를 만들었던 포드의 법칙을 떠올려 보세요. 다른 부품보다 훨씬 수명이 긴 부품이 있어서는 안 된다는 것 말이에요. 잘 모르긴 하지만, 10년밖에는 쓸 수 없는 자동차를 위해 20년이나 쓸 수 있는 기화기*를 설계할 필요가 있을까요?"

"우리 몸에서도 모든 것이 동시에 문제를 일으키지는 않잖아

❀　가솔린 기관에서 가솔린과 공기를 적정 비율로 혼합해 실린더에 보내는 장치.

요. 노인의 손이긴 하지만 내 손은 아직도 잘 움직이는 걸요."

"다행이에요. 관절염을 앓는 것이 보통인데⋯."

"당신의 하루를 망치면 안 되니까요."

"현실에서 의학은 대부분이 역학 구조를 따질 때와 똑같은 관점을 취하고 있어요. 혹시 선생님은 관상 동맥에는 문제가 없나요? 그 경우 혈관 우회 수술을 하지요. 백내장 수술을 하면 수정체를 교체하고, 간을 이식하기도 해요⋯. 망가진 부분을 고치고 또 고치면서 100세까지 살 수 있게 하는 거죠."

"지난 세기 60~70년대에 만들어진 쿠바의 자동차와 마찬가지지요. 모든 자동차가 부품 교환에 기초해 유지되고 있으니까요."

"그래서 늙음을 되돌릴 수 있다고 확신하는 사람도 있어요. 이것은 또 다른 헛소리이기도 한데."

"우리 문제이기도 하죠."

"아뇨." 아르수아가가 딱 잘라 이야기했다. "우리가 걱정하고 있는 것은 노화의 과정이에요."

"그럼 당신 전립선은 어때요?" 밑도 끝도 없이 그에게 물어보았다.

"내 나이 또래 사람들과 똑같아요." 적당히 대답을 피했다.

그러는 가운데 죽은 닛산 자동차 나라에 도착했다. 수십 수백, 아니 잘 모르겠지만 수천 가지 모델이 다 있는 것 같았다. 아르수아가는 자기 차와 똑같은 모델을 찾기 시작했다. 주로 중

산충이 타던 차였기 때문에 정말 수가 많았다. 덕분에 금세 상태가 좋은 왼쪽 백미러를 찾을 수 있었다. 그러자 주머니에서 펜치, 드라이버, 나이프, 줄 등으로 사용할 수 있는 다용도 맥가이버 칼을 꺼내 능숙한 외과 의사처럼 자동차 몸통에서 거울을 떼어 냈다. 그런데도 자동차는 앓는 소리를 내지 않았다.

"이런 것을 벌써 여러 번 해 본 것 같군요."

"물론이지요. 제가 왜 이렇게 차를 오래 탈 수 있었겠어요."

"백미러를 어떻게 할 거죠?"

"선생님 등 뒤에 있는 사무실로 가면 돼요. 수납처에서 백미러를 보여 주면, 저 사람들이 가격을 이야기해 줄 테니까 돈을 내고 가면 되는 거예요. 그렇지만 창구에 가기 전에, 영화에서 봤을지 모르는데, 자동차 차체를 저기 보이는 큐브처럼 만들어 버리는 기계를 보여 줄게요. 분명 저기를 지나왔는데, 저 크레인은 못 봤죠?"

점점 더 추워지기는 했지만 우리는 그곳으로 갔다.

"눈이 내리기 시작하네요." 나는 그가 적당히 그만두기를 바라는 마음에서 넌지시 이야기했다.

"더 좋지요. 멋있을 거예요. 눈은 성서에 나오는 만나*와 같

❋　이스라엘 민족이 모세의 인도로 이집트에서 탈출해 가나안으로 가던 중, 광야에서 먹을 음식이 없어 힘들어할 때 여호와가 하늘에서 날마다 내려 주었다고 알려진 음식.

아요."

눈이 시체들 위에 쌓이기 시작했다. 시간이 조금 지나면 모두 수의를 입은 듯할 것이다. 발걸음을 재촉한 덕에 금세 기이한 수술을 하고 있는 곳에 도착했다. 재활용할 수 있는 것은 다 빼낸 자동차 차체가 엄청나게 산처럼 쌓여 있었다. 뼈만, 차체만, 그야말로 해골만 남아 있었다. 엄청나게 큰 세 손가락을 가진 크레인이 산에 다가오더니 시체 더미를 집어 올려 몇 미터 옮긴 다음 커다란 상자에 떨어뜨리고는 서너 번 엄청난 힘으로 눌러 치킨스톡** 비슷하게 생긴 금속 큐브로 만들어 버렸다. 그러자 차를 상자에 던져 넣었던 손가락들이 다시 그것을 꺼내 다른 금속 큐브 위에 쌓아 놓았는데, 알록달록한 벽을, 조각을, 설치 예술 작품을 만든 것처럼 보였다. 잘은 모르지만, 예술적 시선을 감내할 수 있는 일종의 퍼포먼스 같았다.

"닭고기를 가공하는 것과 똑같네요." 아르수아가에게 이야기했다. "닭고기를 저렇게 큐브로 만들었다가 파에야 만들 때 녹여 사용하는 것처럼요."

"이 큐브들을 다시 녹여 금속으로 만들어 재활용하는 거죠."

"믿을 수 없네요. 녹이는 과정에서 메르세데스 벤츠와 서민용 차인 세아트가 섞인다는 것이요. 그곳에서는 부자들 차와

** 닭의 고기와 뼈를 야채와 푹 끓인 국물. 네모난 덩어리 또는 가루로 가공하기도 한다.

서민용 차 사이에 아무런 차이도 없잖아요. 그곳에 가면 자기 손으로 벌어서 살았건, 부자로 살았건 다 똑같으니까요. 그러므로 당신 차와 같이 별 볼 일 없는 차도 업보에 따라 재규어로 환생할 수 있잖아요."

"그럴 수도 있겠죠." 고생물학자는 몸을 돌려 우리가 반드시 거쳐야 할, 수납처가 있는 사무실로 걸음을 옮기기 시작하며 쓴웃음을 지었다.

눈은 점점 더 거세게 내려 죽은 자동차들의 지붕에 수의처럼 단단히 엉기기 시작했다. 아르수아가의 머리도 내 모자처럼 하얗게 변했다. 나는 모자가 망가지지 않도록 가끔 털어 주었다.

"감기 걸릴 것 같아요."

"이것 때문에요?" 그는 머리카락을 가리켰다. "이건 정말 대단한 거예요. 산악 트레킹을 하는 것이 뭔지 선생님은 잘 모를 거예요. 눈은 정말 환상적이죠. 나는 정말 좋아해요."

수납처 앞에는 폐차장에서 구한 한 쌍의 장기를 든 사람들이 길게 줄지어 서 있었다. 진열대를 다 채워 늘어놓아야 할 정도의 정말 많은 장기로 가득 찬 비닐봉지를 든 사람도 있었다. 종업원은 눈이 핑핑 돌아가는 속도로 가격을 매기고 있었다. 고생물학자의 백미러에는 80유로를 달라 했다. 우리가 보기에는 좀 비싸다는 생각이 들었다.

집으로 돌아오는 길에는 눈보라가 멈추지 않아 와이퍼를 계속해서 작동해야만 했다. 아르수아가는, 예를 들어 궁둥이뼈를 티타늄으로 대체하는 일을 하는 노련한 의사들은 대부분 '작용인'*이나 그 비슷한 개념에 신경을 쓰고 있다는 점을 나에게 설명하기 위해 아리스토텔레스가 《형이상학》에서 사용했던 용어를 이용했다.

"우리는 '목적인'을 규명하는 데 관심이 있잖아요." 그가 말을 이어 갔다. "왜 심장이 망가지는지, 생명은 왜 일정 기간만 존속하는지, 일부 종은 왜 다른 종보다 더 오래 사는지와 같은 '목적인' 말이에요. 물론 우리가 '운동인'이나 그 비슷한 것을 고민해선 안 된다는 이야기는 아니에요. 그렇지만 우리의 실제 목적은 궁극적인 것에 있어요."

※ 아리스토텔레스는 개별적 사물이 '질료'와 '형상', 두 가지 원리로 나뉠 수 있다는 견해를 제시했다. 그에 따르면, '질료'는 모든 사물의 기체(基體, 물질의 성질이나 상태의 기초)다. 질료는 아무런 성질도 지니지 않은 것으로서 '형상'과 결합됨으로써만 비로소 현실적이 된다. 이에 반해 '형상'은 질료에다 성질이나 상태의 규정을 제공하는 원리로서 개별적 사물들에 내재하는 보편적 본질이다.

질료와 형상의 관계를 더 자세히 설명하기 위해서 아리스토텔레스가 제시한 것이 4원인설이다. 자연적이거나 인공적인 사물을 막론하고 사물을 설명하기 위해서는 ①그것은 무엇으로 되어 있는가(질료인) ②그것은 무엇인가(형상인) ③그것은 무엇이 만들어 냈는가(작용, 운동인) ④그것은 무엇에 유용한가(목적인)의 네 가지 요인들이 고려되어야 한다.

가령 아버지는 아들의 운동인이며, 긴깅은 세육의 목적인이다. 질료인 이외의 다른 원인들은 대개 하나로 결합된다. 예를 들어, 생물의 경우 영혼은 형상인이자 작용인이면서 동시에 목적인이다.

출처: 이병수·우기동, 《철학의 철학사적 이해》, 돌베개, 1995

"그렇기는 하죠." 나는 좀 의아하다는 눈빛으로 공장 건물을 바라보며 건성으로 대답했다. 공장 지붕에 쌓인 눈이 엷은 층을 형성하기 시작했다.

"생물학에서 목적인은 진화예요. 사물이 진화에 의존하는 것과 마찬가지예요. 우리가 질문해야 하는 것은 왜 40억 년에 걸친 진화가 일어났는데도 우리를 불멸의 존재로 만들지 못했느냐는 것이죠. 40억 년은 정말 많은 것을 줄 수 있는 시간인데 말이에요."

"종 차원의 불멸을 말하는가요?"

"아뇨. 개체 차원에서의 불멸을 이야기하는 거예요. 40억 년 동안이나 진화는 뭘 하고 있었을까요? 불멸의 존재가 된다는 것이 개체 차원에서는 장점이 아닌 걸까요?"

"아르수아가, 당신에게 이미 말했잖아요. 하느님 눈에는 죽음이 존재하지 않는다고요. 죽음이란 생명 안에서 다른 곳으로 옮겨 가는 것일 뿐이에요. 이러한 이동을 죽음이라고 부르는 것은 유머 감각이 없어서 그런 거예요."

"미야스 선생님, 생물학에는 유머 감각이 없어요. 진화는 좀 더 오래 사는 동물의 '자연 선택'이라고 부르는 메커니즘에서 일어나요. 생물학은 실수가 아니라 성공에서 배우거든요. 생물학은 다른 것보다 수명이 짧은 동물들에게는 배우지 않아요. 자연 선택은 생존 능력이 뛰어난 개체를 선택하고, 이런 개체는 일반적으로 자식을 많이 낳지요. 이것을 명심해야 해요.

자연 선택은 개체 차원에서 일어나지, 종 차원에서 일어나지 않는다는 것을요."

"만일 개체가 죽지 않는다면, 유머 감각이 부족해서 우리가 죽음이라고 부르는 것이 우리에게 일어나지 않는다면, 우리가 골칫덩어리겠네요."

"누가 이런 것에 관심이나 있겠어요?"

"나 같은 사람이요. 이런 생각만으로도 불안해요. 결코 끝날 것 같지 않은 일요일 오후와 영원은 똑같다고 보거든요. 어렸을 적부터 일요일 오후가 너무 무서웠어요."

"나는 이런 주장을 하고 싶어요." 고생물학자는 내 불안 따위에는 전혀 관심도 두지 않았고, 자기 말만 계속했다. "아리스토텔레스가 목적인이라고 불렀던 것, 쥐들은 3년밖에 못 사는데 코끼리는 90년이나 사는 이유, 바로 그것을 향해 직진해야 해요. 이를 위해서 우리는 진화에 물어봐야 해요. 우리에게 그 이유를 설명할 수 있는 뭔가를 알고 있을 테니까요."

"그럼 진화는 도대체 어디에 살고 있죠?"

"우리에게 그것을 설명해 주기 위한 것일 뿐만 아니라, 그것을 이해하여 죽음을 이기기 위해서이기도 하죠."

"좀 서둘러야 할 것 같은데요. 당신 계산대로라면 나에게는 이제 시간이 얼마 남지 않았으니까요."

"최근에 기계와 생명체 사이에는 상당히 흥미로운 유사점이 있다는 사실을 알아냈어요."

"자동차의 노화 현상은 차의 나이보다는 얼마나 주행했는지에 달려 있다는 것도요. 다시 말해 얼마나 마모되었는지에 말이에요."

"생물학자가 늙음이라는 것을 이해하기 위해서는 세포 쪽으로 접근해야 해요. 세포에 비밀이 있거든요. 모든 세포를 무한히 쪼갤 수 있다면 문제는 해결될 거예요."

"그리고 실수를 저지르지 않으면요." 나는 암세포를 생각하며 한마디했다.

"그것 역시 대답의 일부예요. 이 문제를 계속 다룰 텐데, 우리가 오늘 공부한 여러 가지 중에서 다른 것, 다시 말해서 쥐는 코끼리가 90년 동안 돌아다닌 거리를 3년 동안 간다는 사실도 요약해서 적어 두세요."

"쥐는 일종의 로커인 셈이고, 코끼리는 발라드를 하는 셈이군요."

"맞아요. 그래서 우리는 신진대사가 왜 노화를 촉진하는지, 왜 죽이는지 의문을 가져야 해요."

"그렇다면 우리는 그것을 '살인 대사'라고 해야 하는 것 아닌가요?"

아르수아가는 농담을 전혀 못 들은 척하면서 계속 자기 이야기만 했다.

"우리 인간이 이렇게 복잡한 생명체를 만들어 내기 위해 계속해서 증식을 반복해야만 했던 단세포에서 왔다면, 그것을 무한히 유지할 수 없었던 것은 무엇 때문일까요? 왜 그것을 계속 수리하지 않았을까? 바로 여기에 목적인이 있어요. 우리는 판금과 도장의 문제를 목적인과 혼동하면 안 되는 거죠. 오늘은 여기에서 그칠 거예요."

고생물학자가 한 "여기에서 그칠 거예요."라는 말은 거짓말이었다. 절대로 "여기에서" 그치는 법이 없었다. 사실 눈의 아름다움에 대해 간단하게 한마디하더니 다시 본론으로 돌아갔다.

"나는 에피쿠로스를 좋아한다고 밝혔잖아요. 죽음을 두려워할 필요는 없어요. 선생님이 존재하는 동안에는 죽음은 존재하지 않는 거고, 죽음이 존재하면 선생님이 존재하지 않을 테니까요. 내 마음속 영웅 중에서 두 번째로 좋아하는 사람은 루크레티우스Lucretius예요. 그는 우리 인간이 우연의 산물인 운동하는 원자에 불과하다고 생각했어요. 원자는 아무런 합리성이나 의미가 없음에도 우연과 결합하여 우리가 응시하고 있는 현실을 만들어 내지요. 루크레티우스의 유물론은 근대 과학의 기초가 되었어요. 20세기의 리처드 파인만Richard Feynman도 원자들이 물질의 법칙이라고 할 수 있는 특정 법칙을 따라 결합한다고 봤던 것만 제외하곤 똑같은 이야기를 했어요."

"파인만은 우연한 오차라는 것은 있을 수 없다고 생각했지요."

"아주 중요한 뉘앙스의 문제예요. 어떤 의미에서든 산소가 이산화탄소를 만들기 위해 탄소와 결합하는 것은 아니지요. 산소 원자 두 개와 탄소 원자 한 개로 되어 있긴 하지만요."

"그러니까 법칙이 있겠지요."

"법칙이 있어요. 그리고 이는 물질에 대한 지식 측면에서 진전을 담아내고 있어요."

"아무튼 결과적으로 우리는 운동을 하는 원자로 구성되어 있다는 것이네요."

"물론이죠. 아리스토텔레스, 에피쿠로스, 데모크리토스, 루크레티우스, 파인만으로 이어지는 내 마음속 영웅들의 고리에서 가장 마지막 사람이 누구인지 지금 말해드릴게요."

"누군데요?"

"데모크리토스의 글에서 뽑은 표현이기는 한데, 《우연과 필연》이라는 책을 쓴 자크 모노Jacques Monod[*]예요. 그는 이 책에서, 별 의미도 없이 우연히 출현한 우주에 우리만 쓸쓸히 존재한다고 이야기했어요. 순수한 에피쿠로스주의자이지요. 애니미즘^{**}을 신봉하는 사람들은 이러한 사상의 흐름에 맞서고

❀　자크 뤼시앵 모노(Jacques Lucien Monod, 1910~1976)는 프랑스의 생화학자다. 1965년 효소의 유전적 조절 작용과 바이러스 합성에 관한 연구로 프랑수아 자코브(François Jacob), 앙드레 르보프(André Lwoff)와 함께 노벨 생리학·의학상을 수상했다.

❀❀　자연계의 모든 사물에는 영적·생명적인 존재가 있으며, 자연계의 여러 현상도 영적·생명적인 것의 작용으로 보는 세계관 또는 원시 신앙.

있어요. 자연은 현명하기 때문에 이 모든 것이 어떤 식으로든 의미가 있다고 그들은 주장하거든요. 로드리게스 데 라 푸엔 테Rodríguez de la Fuente***를 비롯한 여러 사람이 우리 인간을 이해하기 위해 옹호하는 이론인데, 신비주의의 한 지류예요. 죽음을 통해 다음에 올 사람들을 위한 공간을 만든다는 점에서 의미가 있어요. 모든 문화에서 죽음의 의미를 찾으려고 노력해 왔어요."

"죽음과 일요일 오후에서 말이지요." 내가 끼어들었다. 아직 목요일이기는 했지만, 분위기가 꼭 일요일 같았기 때문이다.

"이것 다 적어 놨어요?" 고생물학자는 운전이 위험해질까 봐 도로에서 시선을 떼지 않고 질문을 던졌다.

"대충은요."

"모노는 공산당원이었어요. 그로 인해 많은 어려움을 겪었지요. 그의 시대에는 마르크시즘이 과학의 공식적인 종교라고 했지만, 그는 이 의견에 동의하지 않았죠. 그에게는 마르크시즘은 신비주의 사상의 한 형태였을 뿐이니까요. 마르크시즘은 역사는 방향이 있다고 굳게 믿고 있었어요. 마르크시즘에 따

*** 스페인의 박물학자이자 방송인이다. 그는 1974년부터 1980년까지 상당히 성공을 거두었던 TV 시리즈 〈인간과 대지(El Hombre y la Tierra)〉를 통해 유명세를 탔다. 의학을 전공하고 독학으로 생물학을 공부한 그는 카리스마 넘치는 성격으로 세월이 흘러도 여전히 많은 사람에게 영향을 미치고 있다.

르면, 인간이 출현하는 것은 필연이었죠. 언제나 예측이 가능할 뿐만 아니라, 논리적인 발전 방향성을 갖는다고 봤으니까요. 모노는 마르크시즘, 유대주의, 기독교 모두 애니미즘의 흐름을 움켜쥐려는 움직임이라고 생각했어요."

"나도 애니미스트는 아니지만, 애니미즘에 묘한 향수를 느끼고 있어요."

"선생님은 애니미즘도 아닌 것에 향수를 느끼고 있는 거예요."

"'전혀 일어나지도 않았던 것을 그리워하는 것보다 더 나쁜 향수는 없다'라고 호아킨 사비나 Joaquín Sabina는 노래했어요."

"내가 보기에 애니미즘에 대해 향수를 가지는 것은 애니미스트가 되기 위한 방법인 것 같아요." 그가 말을 받았다.

"나도 그렇게 생각해요."

"분명한 것은 애니미즘의 전형적인 생각인, 자연이 현명하다는 그 말은 종교의 한 형태라는 것이지요. 선생님이 원한다면 위안은 줄 수 있지만, 신도는 없는 그런 종교 말이에요."

그때까지만 해도 양에 비해선 조용히 내리던 함박눈이 갑자기 사납게 변하더니 앞 유리창에 거칠게 부딪혀 왔다. 이것이 아르수아가를 흥분시켰고 자극한 것 같았다. 그렇지만 나는 아니었다. 나는 유년 시절 일요일 오후에 내렸던 눈발이 기억났다. 유년 시절의 오후가, 춥고 난장판이 된 침실의 창문을 통해 바라본 하얀 눈송이가 만들어 낸 영원의 일요일 오후가 떠

올랐다. 나는 그 시절에서 영원히 벗어나지 못했는데, 그날의
눈은 다시금 어제의 눈을 떠올리게 했다.

"사람들에게 널리 알려진 지구 자체가 거대 유기체라는 가이
아 가설에 더해, 동물주의*나 환경 보호주의 등의 사조는 존재
의 의미를 잃었다는 고뇌에 대처하기 위해 만든 신비주의에 매
달리는 모습이기도 해요. 그렇지만 미야스 선생님, 희망은 전
혀 보이지 않아요. 우리 인간은 냉담하고 무관심한 우주에서
우연히 출현했어요. 잔인하지도 않고, 그렇다고 적대적이지도
않은 우주에서 말이에요. 그것보다 무관심이 더 안 좋은 거예
요." 아르수아가는 다시 한 번 강조했다.

그러한 믿음을 고수하는 것이야말로 새로운 종교를 세우는
것이라도 되는 양 열정적인 전도사처럼 우주의 무관심에 관해
강변하고 있다는 인상을 받았다. 그러나 끝없이 이어질 수도
있는 교육자로서의 신념을 더는 자극하고 싶지 않아 아무 말도
하지 않았다. 그가 갑자기 입을 다물었기 때문에 그 하얀 침묵
의 참기 힘든 무게를, 아무 의미 없이 왔다 갔다 하는 와이퍼로
인해 앞 유리창 양쪽에 쌓이기 시작한 눈의 무게를 조금이라도
덜어내고 싶다는 생각에 뭔가 한마디해야만 할 것 같았다.

"동물주의자가 되지 않아도 의미를 만들어 낼 수 있어요." 내

※　　동물주의(animalism)는 인격 동일성의 문제에 대한 다양한 관점 중 하
　　나로 '인간이 곧 동물'이라는 주장과 연결되어 있다.

가 입을 열었다. "유물론적인 관점에서 의미를 만들어 낼 수 있거든요. 사실 인간은 여타 동물과는 달리 끊임없이 의미를 만들어 내는 의미 생산자라고 할 수 있어요."

"나는 잘 모르겠네요. 개인적으로는 그럴 수도 있지요. 그렇지만 전체적인 차원에서는 정말 욕 나오는 종이죠."

"프로젝트도 없고, 방향도 없는 사회는 파편화되고 망가진 사회예요."

"그게 아름다운 거예요."

"뭐가요?"

"어떤 그룹이나 집단에 속한다는 거요."

"아름답고 추하고의 문제는 아니지요. 우리는 사회적 동물일 뿐이지요. 그래서 그룹이 하나의 개체인 셈이에요. 파코 이바네스Francisco Paco Ibáñez[*]의 노래를 한번 들어봐요. 그의 노랫말은 호세 아구스틴 고이티솔로[**]의 시에서 뽑은 건데요. '혼자 있는 남자, 여자, 이런 식으로 한 사람 한 사람으로 받아들인다면 이들은 먼지에 지나지 않아. 아무것도 아니지. 정말 아무것도 아냐'라는 구절이 있어요."

"선생님은 모든 것을 노래로 정리해 버리는군요." 아르수아

---

[*]   파코 이바네스는 스페인 가수이자 음악가다. 그는 로르카, 루이스 세르누다, 라파엘 알베르티 등의 유명 시인들의 시를 이용해 노래를 만들었다.

[**]   바르셀로나 출신의 20세기 스페인 시인.

가가 퉁명스럽게 내뱉었다. "그러나 개체를 그룹으로 만들려면 동물주의에 도움을 청해야 해요. 뭔가 움켜쥘 수 있는 것에요…. 여기에서 종교적인 의식이 생기는 거예요."

"내년에 2퍼센트의 경제 성장을 가져오기 위한 프로젝트는 물질적인 문제에 지나지 않지만, 프로젝트인 것은 맞지요."

"그것만으로는 위안이 되지 않아요."

"의미를 만들어 내지 않는다는 말을 하고 싶은 건가요?"

"그렇다고 생각해요. 나를 잘못 이해한 것 같아요. 의미의 부재가 선의 실천을 포기해야 한다는 것을 의미하지 않아요. 잘보세요. 사람들이 에피쿠로스주의를 단순히 쾌락만 추구하는 것으로 잘못 이해하고 있어요. 에피쿠로스는 굉장히 절제된 삶을 살았어요. 이는 애니미즘은 존재하지 않는다는 것을, 원자의 현란한 춤 밖에서는 아무것도 존재하지 않는다는 것을, 소속된 위대한 프로젝트에선 위안을 찾을 수 없다는 것을 의미하는 거예요."

"이 원자들의 춤은, 미안하긴 한데, 항상 당신은 당신 이야기로만 돌아가듯이 다시 내 이야기로 돌아온다면, 죽음이 존재하지 않는다는 것을 보여 주지요. 정말 호기심을 북돋우는 것은 그런데도 시체가 존재한다는 거예요."

"개체는 죽게 되어 있어요. 분명히 죽어요. 우리 인간이 다세포 존재였을 때부터는요."

"죽는 것이 아니라 형태를 바꾸는 거죠. 다시 순환하는 거에

요. 당신도 똑같은 말을 했잖아요. 죽는 것은 일종의 자의식이
라고요."

"장례식에서 유족들에게 말해 보세요. '걱정하지 마세요. 당
신 아버지는 죽지 않았어요. 여전히 생태계 안에서 계속해서
살아갈 테고, 생물권에서 영속할 거예요.'라고 말이에요."

"알았어요, 알았어요. 그렇지만 원자의 춤은 전체적으론 생
명 안에서 이루어지는 이동 아닌가요?"

"지금 선생님은 에피쿠로스처럼 이야기하고 있어요."

그러는 동안 우리는 도착했고, 아르수아가는 나를 집 앞에
내려 주었다는 확신을 가질 수 있는 그런 곳에 내려 주었다. 그
러나 사실은 나의 머나먼 유년 시절의 일요일 오후에 나를 버
려두고 떠났다.

아직도 목요일이었다.

3

에로스와 타나토스

그에게 내 지병을 털어놓자, 고생물학자는 이렇게 이야기했다.

"자연에는 늙음도, 노쇠도 존재하지 않아요. 자연 상태에서는 완전하거나 죽거나 둘 중 하나만 있을 뿐이지요."

"그러면 성인병은요?"

"포식자로부터 도망치기 위해 시속 95킬로미터로 달려야 하는 가젤이 겨우 시속 90킬로미터로밖에 달리지 못한다면 그것은 이미 죽은 목숨이지요."

"그렇군요."

"어린 사슴이 다리가 부러지면 두 시간밖에 살지 못하죠."

"그렇다면 늙음과 연계된 노쇠라는 것은 문화의 산물인가요?"

"곧 알게 되겠죠."

그는 어느 날 그것을 보여 주기 위해 나를 마드리드의 수의
학과에 데려갔다. 그곳은 모든 종류의 동물들을 위한 진찰실
뿐만 아니라, 말, 토끼, 염소 외에 고양이까지 수술할 수 있는
수술실도 갖춰진 곳이었다.

"나는 그곳에서 죽은 동물들을, 영장류를 해부해요." 아르수
아가는 마드리드 외곽 순환도로인 M-40을 타고 대학가 쪽으
로 차를 몰며 이야기했다. "덩치가 큰 포유류를 해부할 수 있는
허가도 받지 못했고, 시설도 없어요. 그렇지만 나는 촉진 해부
학, 다시 말해 겉면, 즉 외부에 대한 해부학을 해 보고 싶어요.
프랑스 의과 대학에 다니는 의사나 스페인의 물리치료사 들은
이것을 하고 있거든요. 대학 부설 수영장에서 인간의 신체에 대
해 여기저기를 만져 가며 강의하고 싶어요. 그렇지만 사람들이
고발하면 대가를 치를 거예요. 물리치료사나 의사 들은 그런 문
제가 없는데 말이에요. 그렇지만 고생물학자는 안 되죠…. 잘
모르겠어요. 하긴 단 한 번도 이런 것을 문제 제기하지 않았으
니까…."

"노쇠에 관해 이야기가 나왔으니까 하는 말인데." 그에게 이
야기를 꺼냈다. "안경을 잃어버려서 새로 맞추러 갔는데, 안경
점 주인이 안과에 가 보라고 했어요. 백내장을 앓아도 이상하
지 않다고요."

"그래서 갔어요?"

"물론이죠. 어떻게 하겠어요."

"결과는요?"

"아직은 아니었어요."

"곧 걸릴 수도 있겠네요."

"그것이 바로 내가 하고 싶은 이야기예요. 당신도 75세가 되면 어쩔 수 없이 노인이 될 거예요. 노인이 된다는 것과 죽어야 한다는 것에 대한 엄청난 압박감이 있어요. 며칠 전 등과 두피가 가려워서 피부과에 갔는데, 나이 탓이라고 이야기했어요. 내 나이쯤 되면 지방을 더 이상 생산하지 않아 피부가 건조해져서 그런다며 비누와 크림을 추천해 주었지요. 그런데도 여전히 증상은 없어지지 않고 계속되었어요. 그래서 인터넷을 뒤지기 시작했는데, 다행히 모든 연령대에 영향을 미치는 보편적인 증상이라는 사실을 알게 되었어요. 가장 많이 언급된 원인으로는 사람을 엉망진창으로 만드는 스트레스였어요. 이 과정에서 항히스타민제 덕분에 가려움증이 사라졌다고 이야기하는 사람을 만나게 되었죠. 항히스타민제를 먹기 시작했더니 연기처럼 사라졌어요. 늙어서 그런 것은 아닌지도 모르겠어요. 당신 생각은 어때요?"

"모르겠어요. 잘은 모르겠어요. 그런데 선생님의 지병에 관한 이야기는 다음 기회로 미루기로 하죠." 대학 건물 앞에 주차하며 이야기했다.

음울한 2월 중순의 아침 9시였다.

"내 말은 나이를 먹어 생긴 병은 아니라는 거죠." 나도 지지 않고 끝까지 한마디했다. "알레르기는 나이와 상관없이 생길 수 있으니까요."

"맞아요." 고생물학자는 순순히 고개를 끄덕였다.

"아르수아가, 이 책을 쓰는 것 때문에 내 인생이 엉망이 된 것 같아요. 이 책을 쓰기 시작하기 전까지만 해도 내가 늙었다는 사실을 인식하지 못하고 있었어요."

"그랬군요. 내가 말씀드린 것 적어 놨어요?"

"뭘요?"

"자연 상태에서는 완전하거나 죽거나, 둘 중 하나밖에 없다고요."

"그럼요."

"자연에서 살았다면 선생님은 이미 죽은 목숨이에요."

"그렇지만 잘 지내고 있는데요."

"자기 자신에게나 할 수 있는 이야기는 절대로 다 믿으면 안 돼요."

자기를 해부학 교수라고 소개한 이냐키 데 가스파르가 우리를 맞아 주었다. '인간의 진화'라는 석사 과정 과목과, '영장류 해부학'을 아르수아가와 협업하고 있었다.

"학부생들에게 개, 고양이, 말, 소 등과 같이 우리가 보유하고 있는 다양한 종의 해부학에 대해 가르치고 있습니다. 그러니까 나는 해부학자인 셈이죠."

이어서 수의학과 학생들이 실습하는 대학 부설 연구 센터의 병원장인 롤라 페레스 알렌사를 소개했다.

"학생들에게 수술하는 법을 가르치죠." 그녀가 이야기했다. "개, 고양이, 토끼, 외래종 동물 등을 진료하는 법도요."

"진료비가 비싼가요?"

"정말 우리에게 필요한 기구인 '사회 위원회'에서 승인한 표준 요금 체계를 채택하고 있어요. 이 병원을 유지하려면 정말 돈이 많이 들거든요."

"우리는 사람을 치료하는 병원 대신에 이곳에 왔어요." 아르수아가가 끼어들었다. "여타의 길들여진 동물들이 어떻게 늙어 가는지 밝혀 보고 싶어서요. 여기에서 '여타'라는 단어를 쓴 이유는 선생님에게 여러 번 설명했듯이 우리 인간들 역시 길들여진 동물 중 하나이기 때문이에요."

"스스로 길들인 동물이죠." 좀 더 정확하게 이야기했다.

"이런 종의 노화와 죽음의 과정이 우리 인간과 비교할 수 있는지 살펴볼 것입니다." 나와는 결이 다른 아르수아가는 계속 자기 이야기만 이어 나갔다. "그리고 이 타나토스Thanatos* 과정을 마친 다음에는 에로스, 즉 사랑에 집중하기로 하겠습니다. 선생님은 정말 멋진 장면을 보게 될 겁니다. 확신할 수 있

✻ 그리스 신화에서 죽음을 의인화한 신. 심리학에서는 자기를 파괴하고 생명이 없는 무기물로 환원시키려는 죽음의 본능을 일컫는다.

어요."

이런저런 이야기를 하며 복도를 걷고 있을 때, 학장인 콘수엘로 세레스도 소개받았다.

"모두 나를 쿠카라고 불러요." 학장은 이렇게 이야기했다.

머릿속이 엉망이 될 것 같으니 너무 한꺼번에 많은 사람을 소개하지 말라고 고생물학자에게 수천 번도 넘게 부탁했다. 나는 9남매나 되는 가족 속에서 정체성의 혼란을 겪으며 자란 탓인지 주로 등장인물이 적은 소설을 선호했다. 학교에서는 나를 다른 형제들로 착각해서 엉뚱한 이름을 부르기 일쑤였고, 가끔은 부모님까지도 헷갈리곤 했다. 언젠가 이런 엄청난 대가족을 통제하는 것에 감탄한 친구와 대화를 나누던 아버지를 보고 놀란 적이 있다. 아버지는 "어렵지 않아. 넷째부터는 이름이 뭔지 기억도 할 수 없을 테니까."라고 말씀하셨다. 우연인지는 모르지만, 내가 바로 넷째였고 덕분에 그 말은 오랫동안 머리에 남았다. 인식할 수 있는 것 이상으로 아이를 낳아서도 안 되고, 다룰 수 있는 것 이상으로 많은 사람을 소설 속 등장인물로 넣어서도 안 되는 법이다.

그렇지만 고생물학자가 내 말에 신경을 쓰든 안 쓰든 어찌할 방법은 없었다. 그는 언제나 자기 길만 갔다. 벌써 이름을 잊어버린 학장과 의례적인 인사말을 나누고 있을 때, 등 뒤에서 그의 이야기가 들려왔다.

"우리 스페인 사람들은 마조히스트인데다 자기에게 채찍질

하는 것을 좋아해서, 내가 대신 이 대학이 전 세계에서 10위권 안에 드는 대학이라고 말씀드린 거예요."

"사실은 상하이에서 대학 순위를 매긴 것에 따르면 14위예요." 이냐키 데 가스파르가 정정해 주었다.

"14위도 나쁘진 않죠." 나는 얼른 타협하려는 태도를 보였다.

복도를 따라 걷는 우리 발소리에 정적이 깨졌다. 갑자기 수의사 되기가 의사 되는 것보다 더 어렵겠다는 생각이 들었다. 의사는 단 하나의 동물 종만 공부하면 되고, 그것도 특정 기관이나 계통(신장, 순환기, 소화기 등)만 특화해 공부하지만, 수의사도 물론 전공이 있긴 해도 모든 동물 종을 다룰 수 있는 폭넓은 지식을 보유하는 것이 필요하다는 생각이 들었기 때문이다. 예를 들어, 롤라 페레스 알렌사는 내분비학과 개와 고양이의 특정 부위의 암에 대한 전문가였고, 쿠카(학장인 그녀의 이름이 방금 다시 생각났다)는 말의 번식 분야 전문가였다.

"말한테는 산부인과 의사인 셈인가요?" 내가 질문을 던졌다.

"그와 비슷한 거죠."

지식의 복잡성이라는 관점에서 본다면 분명히 반대가 되어야 할 텐데도, 수의사들이 의사들보다 존경을 받지 못하는 이유를 롤라에게 물어보았다.

"분명히 스페인에서는 그렇지요." 종양 전문의가 대답했다. "역사적인 배경 탓이라고 생각해요. 프랑코 독재 정권 기간에 우리 직업이 제대로 평가받지 못한 이유 중 하나가 공화국의 망명 정부 대통령이었던 펠릭스 고르돈 오르다스가 수의사였기 때문이었어요. 프랑코는 '유대인, 프리메이슨, 공산주의자 그리고 수의사에게서 벗어나야 한다.'라고 이야기할 정도였으니까요. 그렇지만 이젠 세상이 변했어요. 많이 변했어요. 현재는 반려동물이 가족 구성원 이상으로 대접받을 뿐만 아니라, 건강이란 관점에서도 아들이나 조부모와 똑같이 대하니까요. 여기에서 끝나는 게 아니라, 수의사는 우리가 식용으로 사용하는 동물들의 영양 섭취와 건강을 돌보기도 해요. 팬데믹은 뭔가 긍정적인 측면을 강조하기도 했어요. 모든 시장이 수의사에 의해 철저하게 감독을 받기 때문에 우한에서 일어난 것 같은 일이 여기에서는 일어날 수가 없지요. 산 동물과 죽은 동물이 같은 곳에서 공존할 수는 없으니까요. 여기에선 모든 것이 잘 조직되고 꾸며져 있어요. 마드리드나 여타 시장의 생선 판매대에 가 보면 완전히 격리된 곳에서 잘 관리되고 있는 걸 볼 수 있죠. 판매대에 놓인 동물들의 건강 여부를 보장하는 일도 하는 셈이지요. 살아 있을 때는 적절한 환경을 제공하는 등의 복지를 신경 쓰고, 도축 과정에서 생길 수 있는 스트레스를 최소화하려고 노력하지요. 이런 측면에서 본다면, 중국에서는 수의사가 존재하지 않거나, 수의사의 역할을 기대할 수 없다고 봐야 할 거예요. 이런 것으로 인해 우리 직업에 대한 스페인 사람들의 생각이 바뀌고 있어요."

나는 잠깐이나마 나의 지병을 수의사들에게 맡겨 보면 어떨까 생각했다. 남자보다는 여자가 더 많을 것 같다는 생각에 여자 수의사에게 맡겨 보고 싶었다.

"무슨 생각하세요?" 아르수아가가 중간에 끼어들었다.

"수의사들에게 나를 맡겨 보면 어떨까 생각했어요."

"추호도 의심할 필요가 없어요." 확실히 못을 박았다. 그러고는 사람들을 향해 한마디 덧붙였다. "미야스 선생님은 지금 늙었다는 것과 타나토스 문제에 대해 심하게 걱정하고 있어요. 나는 아직 에로스 모드에 있는데 말이에요."

우리가 나아가고 있던 긴 복도에는 꿈속에 봤던 복도에서처럼 좌우 양쪽에 문이 있었고, 각각의 문 안에는 진료실이 있었다.

그중 몇 곳에는 들어가도 좋다고 허락해 줘서 그곳에서 일하고 있던 남자 수의사 혹은 여자 수의사(이것은 성의 문제일 뿐이다)와 이야기를 나눌 수 있었다. 대부분 동물을 진료대에 올려놓고 진찰을 하고 있어서 짧게 대화를 마칠 수밖에 없었다. 동물들은 말을 하지 못해서 주인이 제공하는 정보가, 예를 들어 "슬퍼요.", "공격적으로 변했어요.", "평소보다 더 많이 긁고 있어요." 등의 정보가 중요한 역할을 했다.

나는 호세 루이스의 진료실에 잠깐 머무르며, 피부과 수의사인 그에게 등과 두피에 느끼는 가려움증 이야기를 했는데, 그는 매우 신중한 태도를 보이며 자세히 진찰하려고 들지도 않았고 섣불리 진단하려고 들지도 않았다. 아무튼 그는 나와 똑같은 문제를 안고 있는 고양이나 개가 많이 찾아오고 있다고 알려 주었다.

"가장 흔한 질병 중 하나예요. 꽃가루나 진드기에 대한 알레르기 때문이죠. 대부분이 그렇지요. 예를 들어, 지금이 한창 삼나무의 계절이잖아요. 보통 애리조나 삼나무인데, 이것들이 주로 호흡기와 피부에 영향을 줘요."

나는 그에게 집에서 기르는 동물들에게도 인간에게서처럼 알레르기가 똑같이 폭발적으로 번지고 있는지 물어보았다. 그러자 그는 동물에 대해서는 아직 역학 차원의 연구가 없다고 말하면서, 오염이 강력한 요인으로 작용하는 마드리드와 같은 대도시에서는 대략 15퍼센트 정도가 영향을 받을 거라고 이야기했다.

"사람의 경우에는 금세기 중반쯤이면 인구의 50퍼센트 정도가 어떤 형태든 알레르기로 고통을 받을 것으로 추산돼요." 그가 부연 설명을 했다.

우리는 계속해서 앞으로 나아가다가 한 진료소 앞에서 걸음을 멈추었다. 그곳에서는 마취한 도베르만의 목 엑스레이를 찍고 있었다. 모니터 화면에는 강철로 만든 것 같은 척추의 생생한 모양이 선명하게 나타났다. 조금 더 앞으로 나가다 보니 이번에는 외래종 동물 진료소가 있었고, 그곳에서는 수의사 품에 안겨 있는 겁에 질린 토끼를 볼 수 있었다.

"나이 먹은 환자를 다루는 곳입니다." 전문 수의사가 우리에게 알려 주었다. "토끼들은 평균적으로 7~9년 정도 사는데 이 녀석은 여덟 살을 먹었어요. 벌써 시간이 많이 흘렀는데요. 내가 학위를 막 마쳤을 때만 해도 5~7년 정도 살았어요. 그런데 수의사들이 돌보는 경우에는 백신과 식이 요법 덕분에 수명이 많이 연장되지요. 열두 살에서 열네 살까지 먹은 환자도 있어요."

"암컷들은 마지막 순간까지도 새끼들을 낳는다면서요?" 아르수아가가 물었다.

"암컷이 가진 문제는 80퍼센트 정도가 대략 3년 6개월이 넘어가는 순간 자궁 종양을 앓게 된다는 거예요. 이건 지나친 번식력 때문인데, 정말 특이하죠. 암컷 토끼는 한 달에 두 번씩 발정기가 오는데, 토끼의 자궁은 빠른 속도로 평생 세포를 재생해요. 그래서 세포가 종양으로 변할 가능성이 커지는 것이지요. 예전에는 수명이 짧았던 이유 중 하나가 거세하지 않았기 때문이었어요. 그래서 지금은 모든 토끼에게 거세를 권하고 있어요. 농장에서는 두 살이나 세 살이 되면 암컷들을 죽여요. 종양이 나타나면 폐나 간 등으로 전이가 되기 때문에 기대 수명이 1년 반 정도밖에 안 되거든요."

"이걸 잘 알아두세요." 아르수아가가 나에게 이야기했다. "일정한 나이가 되면 암세포가 자라기 시작해요. 이것은 우리가 시간을 두고 천천히 지켜봐야 할 문제예요. 수명을 연장하기 위해선 종과 무관하게 어떤 형태로든 세포 증식을 조절해야 해요. 세포 분열을 조절하지 못하면 불멸의 존재가 될 수 없어요. 조만간 종양의 출현으로 이어질 수밖에 없거든요."

"당신이 품에 안고 있는 이 토끼는 어떤 문제가 있죠?" 세포 증식 이야기와 토끼의 시선에 피곤해진 내가 질문을 던졌다. 토끼는 이미 기력을 잃은 탓인지 죽음이 임박했음을 잘 알고 있는 것 같았다.

"토끼 이름은 케니예요. 수컷이죠. 이미 선생님께 말씀드렸다시피 여덟 살이고요. 다리를 절뚝거려서 왔는데, 4년 전에 이미 고관절 탈구로 인해 인공 관절 수술을 받았어요. 탈구 때문에 심하게 다리를 절고 있어요."

"이 토끼는 어디에 살고 있죠?"

"아파트에서 살아요." 수의사가 얼른 대답했다. "토끼는 반려동물로 정말 성공적이에요. 영리하기도 하고, 깨끗해서 매력이 있어요. 집에서는 풀어놔도 되는데, 먹을 때와 용변을 볼 때는 우리에 들어가죠. 고양이보다 훨씬 더 애교도 많고, 좁은 공간에서도 살 수 있어요."

우리가 그곳을 나와 걸어갈 때, 나는 겁에 질려 있던 케니가 만약 야생에 살고 있었다면 벌써 오래전에 포식자들의 먹이가 되었을 거라는 생각이 들었다. 고생물학자의 생각이 옳았다. 자연 상태에서는 완전하거나 죽거나, 둘 중 하나였다.

토끼의 임상 기록에 정신이 산란해진 탓인지 아늑한 분위기의 방에 어떻게 도착했는지도 기억이 나지 않았다. 롤라 페레스 알렌사는 나에게 이 방에 대한 정보를 알려 주었다.

"이곳은 유산소 운동을 하는 방이에요. 그렇지만 우리 직업상 아주 특별한 순간을 위해서, 예를 들어 동물이 치명적인 예후를 보일 뿐만 아니라 고통도 심해서 오히려 하느님에게 돌려보내는 것이 더 좋을 것 같다는 이야기를 주인에게 해야 할 때 주로 이 방을 사용해요. 우리는 주인이 결정을 내릴 수 있도록 객관적이고 세심한 배려를 통해 도와주지요. 반려동물 자체가 가족들 삶의 일부이기에 반려동물이 사라지는 것 자체가 가슴이 텅 빈 것 같은 기분이 들기 때문에 정말 참기 어렵거든요."

"그럴 것 같아요." 나는 우리 고양이를 떠올렸다. 내 계산이 맞는다면, 아마 생의 마지막 3분의 1을 보내고 있을 것이다.

롤라가 말을 이었다. "과정을 설명하자면, 조명을 낮춰 동물들을 진정시킨 다음 바로 심장 마비를 일으키는 주사를 놓지요. 미국에서는 음악을 틀어 준다는데 우리는 그렇지 않아요. 전혀 고통을 느끼지 않죠. 오히려 동물들의 고통을 덜어 주는 거예요. 비록 동물 주인의 고통까지 완전히 덜어 주지 못하지만, 함께 있게 해 줌으로써 고통을 좀 줄여 줄 수는 있어요."

"사체는 어떻게 처리하나요?"

"학생들의 실습을 위해 기증하는 사람도 있어요. 장례 회사에서 수거해 화장이나 매장을 하기도 해요. 동물들만을 위한 묘지가 있거든요."

"자기 집 정원에 묻으면 안 되나요?"

"안 돼요. 보건 문제 때문에 금지되어 있어요. 여기에서 죽으면 이 일을 전담하고 있는 회사를 통해서만 사체를 반출할 수 있어요."

아늑한 분위기의 안락사를 위한 타나토스의 방을 나왔다. 이어서 우리는 내시경 검사를 하는 방에 들어갔다. 그곳에선 한 쌍의 젊은 (여자와 남자) 수의사들이 테이블 위에 잠들어 있는 열 살짜리 개의 대장을 검사하고 있었다. 털이 많은 소형견으로, 벨벳으로 만든 털북숭이 인형처럼 보였다.

털북숭이 인형 내부의 울퉁불퉁한 주름투성이 대장 벽과 완벽하게 유기적으로 이어진 계곡처럼 생긴 곳이 모니터의 도움으로 눈에 들어왔다. 포유류의 내장 기관 깊숙한 곳을 비추는 램프와 카메라가 장착된 내시경 튜브가 대장 깊숙이 나아감에 따라, 우리도 축축한 동굴 깊숙이 들어가고 있는 듯한 느낌을 받았다.

"뭐가 문제죠?" 내가 물었다.

"직장에 덩어리가 있는데, 종양이라는 생각이 들어요. 그렇지만 조직 검사를 해서 또 다른 뭐가 있는지 살펴봐야 해요. 방금 시작해서 이제 겨우 괄약근 있는 데 있어요. 대장 끝까지 가봐야 하는데….."

이야기하면서도 젊은 수의사는 검사를 위해 천천히 털북숭이 몸 안으로 카메라가 달린 튜브를 밀어 넣었다. 모니터 옆에 붙어 있던 그녀의 동료가 버튼을 조작하여 렌즈를 이쪽저쪽으로 방향으로 돌려 대장 벽에 기형적으로 생긴 종양이 있는지 찾았다. 밥을 굶긴데다가 미리 관장까지 한 덕분에 음식물 찌꺼기나 숙변이 없어 개의 내장 깊숙한 곳을 생생하게 볼 수 있었다. 내시경 검사는 지구 중심을 향해 나아가는 여행 같았다. 곁에서 불과 몇 센티미터 떨어진 곳에 있는 대장이 또 다른 차원의 현실 속에 놓여 있는 것 자체가 정말 거짓말 같다는 생각이 들었다.

"우리는 지금 하행 결장下行結腸에 있어요." 젊은 수의사는 모니터에 나타난 이미지에서 눈을 떼지 않은 채 이야기를 이어 갔다. "곧 횡행 결장橫行結腸으로 돌아갈 거예요. 아직은 한 번 더 돌아야 해요. 지금까지는 직장 입구에서 발견한 것을 제외하면 의심할 만한 다른 종양은 발견하지 못했어요."

"어떻게 발견했죠?" 내가 질문을 던졌다.

"대변에 피가 묻어 있었어요. 그것 때문에 여기 온 거죠. 잘 보세요. 이제 대장 끝에 다 왔어요. 여기에서부터는 다시 뒤로 움직일 거예요. 특별히 필요한 경우가 아니라면 굳이 작은창자로 연결되는 판막을 넘어갈 생각은 없으니까요. 의료용 핀셋이나 내시경을 집어넣을 수도 있지만, 이 경우에는 그곳에 문제가 있는 게 아니니까 별 의미가 없는 것 같아요."

롤라는 우리를 입원실로 안내했다. 문과 복도가 너무 복잡하게 얽힌 구조로 되어 있어 나는 결국 방향 감각을 잃고 말았다. 여전히 구불구불한 개의 대장 속에서 헤매는 듯한 기분이었다. 갑자기 내가 입에서 항문까지 내 몸의 중심부를 차지하고 있는 소화 기관을 싣고 다니는 운반자에 불과하다는 생각이 들었다.

천천히 걷는 동안 롤라는 돼지의 경우 심근 경색으로 고통을 받지만, 개와 고양이는 그렇지 않다는 것을 알려 주었다.

"이것은 해부학적인 형태의 차이 때문인 것 같아요." 롤라가 부연 설명했다. "그뿐만 아니라 고기를 먹는데도 콜레스테롤 수치도 높지가 않지요."

지난밤에 입소해 요양할 수 있게끔 만들어 놓은 우리에 머무르고 있는 일곱 살짜리 요크셔테리어를 찾아갔다. 심하게 경기를 일으켜 응급실로 찾아왔는데, 이제는 어느 정도 안정을 되찾은 것 같았다. 나이에 비해 심각할 정도로 신장 기능이 저하되어 있었으며, 고혈압도 앓고 있었다.

"굉장히 상황이 안 좋아요." 담당 수의사가 못을 박았다.

개는 혼란스러운 모습으로 마치 질문이라도 하듯이 우리를 바라보았다. '나는 어떻게 되는 거죠?'라고 질문하는 것 같았다.

나도 개의 혼란스러움과 고립무원의 감정을 똑같이 느낄 수 있었다.

"개의 얼굴에는 표정이 잘 드러나요." 여러 사람이 나에게 알려 주었다. "고양이의 표정은 읽어 내기가 훨씬 더 어렵지요."

"살 수 있을까요?" 내가 물었다.

그들은 해석에 여지를 조금도 남기지 않는 회의적인 표정으로 대답했다.

"주인도 예후가 별로 좋지 못하다는 사실을 알고 있어요. 그렇지만 아직 '최종 결정'을 내리지 못하고 있어요." 그리고 한마디 덧붙였다. "입원한 상태에서 좀 더 생각해 볼 수 있도록 이틀 정도의 시간을 줬어요."

우리는 다른 병을 앓고 있는 다양한 개들을 보았다. 음식물이 폐에 들어가 비감염성 폐렴을 앓고 있는 개도 있었는데, 목숨이 위험한 것 같지는 않았다. 옆의 우리에는 위 비대증으로 열흘 전에 입원한 개가 있었다. 바로 그때 눈꺼풀에 종양이 생겨 방금 수술을 마친 개를 들여오기 위해 우리는 잠시 옆으로 비켜야 했다. 덩치가 큰 검은 래브라도였다. 여전히 잠들어 있었는데, 혀가 완전히 밖으로 나와 있었다.

"관을 삽입하면 혀가 밖으로 나오게 되어 있어요." 수의사들이 나에게 알려 주었다. "파란색으로 바뀌면 호흡이 좋지 않다는 의미여서 조치를 취해야 해요."

그곳을 벗어나기 위해 물러서면서, 내가 나이 먹어 가면서 쇠약해지는 것과 질병 그리고 죽음이라는 문제로 힘들어하는 것을 보고, "췌장염이 의심되는데도 밝은 모습을 보여 주는" 스페인 삽살개를 보여 주겠다며 걸음을 멈추게 했다. 나는 "췌장염이 의심된다."라고 주문을 외우기라고 하듯이 되뇌었다. 소리가 너무 똑똑히 들려왔다.

한 팀의 수의사들이 회진하는 동안, 가축들이 늙으면 보이는 현상에 대해 나에게 이야기해 줄 수 있도록 롤라를 따로 떼어 내는 데 성공했다.

"사람들과는 좀 다르죠." 이렇게 이야기를 시작했다. "동물들은 사람들보다 훨씬 늙는 것에 잘 적응하거든요. 우리 인간들처럼 무릎이나 고관절이 잘 아프지만, 나이 변화에 품위 있게 적응하지요. 내가 기르는 고양이는 열여섯 살인데 아직도 우리 집 여주인 역할을 하고 있어요. 관절염을 앓고 있어서 고통을 덜어 주려고 약을 처방하고 있지만요. 예전보다 훨씬 느리게 움직이지만, 아주 기품 있는 모습을 보여 줘요. 별이라도 단 것처럼요."

"인간은 그런 상황에 처하면 스스로 무너져 내리거나 온종일 불평만 하고 지낼 거예요." 내 모습을 생각하며 입을 열었다.

"맞아요." 롤라도 동의했다. "왜 그런 일이 닥쳤는지 종일 고개만 갸웃거리며 보낼 거예요. 동물들은 침착함을 잃지 않아요. 나에게는 너무 늙은 환자들이 있는데요. 대부분 내분비 계통의 병을 앓고 있어요. 그들에게 삶의 질이 보장된 노년을 연장해 주기 위해 도움을 주고 있어요. 최근엔 열일곱이나 열여덟 살이나 된 개들과 스무 살이나 된 고양이도 있었어요. 고물 자동차보다도 더 낡은 셈이지만, 우리가 돌봐 주는 것에 대해 대단히 고마워하는 것을 알 수 있어요. 우린 동물들에게 배워야 해요."

"무엇을 배웠나요?"

"우리 머리는 늙는다는 것이 가지고 있는 고유한 한계를 쉽게 받아들이지 못하는 경우가 많아요. 그래서 아무리 질병이 있어도 아직 살아 있다는 사실을 인식하지 못하지요. 반면에 동물들은 이러한 한계에 잘 적응해요. 덕분에 우리 인간처럼 지나치게 걱정하지 않지요."

그 순간 우리 대화를 듣고 있던 아르수아가가 끼어들었다.

"자연 상태에서 사회적 동물은 나이가 들어 늙으면 어려운 시간을 보내요. 젊은이들에게 많은 것을 요구하지요. 사자나 늑대 혹은 들소는 등이 굽기 시작하면 젊은것들이 구박하기 시작해요. 그래서 오래 가지 않아요."

"수의사들은 동물들이 품위 있게 늙을 수 있도록 도와주는 역할을 해요." 롤라가 이야기했다. "그런데 우리 자신에게는 그런 철학을 적용하지 못하고 있어요. 여든 살이 되어 일곱 가지 약을 먹는다고 해서 그것 때문에 우리가 기분 나쁘게 생각할 필요는 없는데도 말이에요."

"나의 존엄성과 전립선은 상관이 없지요." 아르수아가가 맞장구쳤다. "존엄성은 문제없어요! 눈이나 간도 마찬가지예요. 존엄성이 무엇과 연결되어 있는지 확실하게 알 수는 없지만, 분명히 말할 수 있는 것은 전립선과 연결된 것은 아니라는 것이죠."

셋 중에서 가장 나이가 많은 나를 불편하게 만든 침묵이 찾아왔다. 다행히 고생물학자가 밝은 목소리로 이 문제를 해결해 주었다.

"늙어 쇠약해지는 것과 죽음에 대해서 이제 충분히 본 것 같네요. 이제 사랑을 보기로 하죠."

사랑은 그곳에서 그리 멀지 않은 곳에서 볼 수 있었다. 말들을 위해 설치한 시설에서 전개되고 있었다. 아르수아가는 그곳에서 나에게 암말의 산부인과와 수말의 비뇨기과를 다루고 있는 전문의 모니카 도밍게스와 부학장인 팔로마 포레스를 소개했다.

"한꺼번에 너무 많은 사람을 소개하지 말라고 했잖아요." 둘만 있는 자리에서 아르수아가에게 조용히 이야기했다. "갑자기 너무 많은 이름을 알게 되어서 머리가 엉망이 되었어요. 머리가 돌아버릴 지경이에요."

"인생은 언제나 사람으로 득실득실한 법이에요." 아르수아가는 내 불평에 가볍게 응수했다.

우리는 커다란, 정말 커다랗고 천장도 높은 방에 들어갔다. 일종의 작은 실내 경마장이었는데, 그곳에는 '근육질'이란 의미의 네르부도Nervudo라는 이름을 가진, 덩치가 엄청나게 큰(나에게만 그렇게 보였는지도 모른다) 수말이 숙련된 학생의 손에 끌려 나와 있었다.

"이 말은 영원한 청춘이죠. 일곱 살이에요."

"말은 몇 년이나 살죠?" 내가 물었다.

"서른 살까지요." 아르수아가가 대답했다.

"네르부도는 스페인 육군이 보유한 순종 종마예요. 골격만 따지면 어떤 경기에 나가도 10점 만점을 받을 거예요. 언제나 까불까불하는 성격이라 내가 '영원한 청춘'이라고 이름을 붙였어요. 우리끼리는 아직도 세 살배기 아기 짓하는 놈이라고 부르죠."

이 일종의 실내 경마장 옆에 붙어 있는 상당히 큰 방에는 멕시코 여자라는 의미의 '메히카나Mexicana'라는 이름의 발정기에 있는 암말이 움직임이 제한될 수밖에 없는 좁은 우리에 갇힌 채 네르부도를 기다리고 있었다. 이 진짜 암말 옆에는 가짜 암말이 있었는데, 이 가짜 암말은 덮개를 씌워 놓긴 했는데 뭔가 암소의 몸뚱이를 연상시키는, 기계 체조에서 사용하는 안마 비슷한 것 위에 놓여 있었다. 나는 직감적으로 조잡한 섹스용 장난감이라는 것을 알 수 있었는데, 함께 갔던 사람들이 확인해 주었다. 진짜 암말을 이용해 네르부도를 흥분시킨 다음 가짜 암말에게 사정하게 만들어 그의 귀한 정액을 모을 생각이었다.

맙소사!

발정기의 암말 냄새를 맡은 수말은 곧 섹스를 하게 될 거라는 사실을 알고 흥분해서 기쁨에 겨워 힝힝거리는 소리를 지르며 다가오고 있었다. 그 방에는 우리 외에도 열 명에서 열다섯 명 정도 되는 학생들—대부분이 여학생이었다—이 곧 있을 수업에 주의를 기울이고 있었다.

안내를 맡은 학생은 수말을 받아들일 자세를 갖추고 꼬리를 들어 올린 암말의 생식기 쪽으로 수말의 코를 이끌었다가, 얼른 네르부도의 고삐를 끌고 마네킹이라고 해야 할지 허깨비(허깨비!)라고 해야 좋을지 모르겠는데, 가짜 암말 쪽으로 데려갔다. 언뜻 봐도 상당히 커졌는데도, 최대치에 비춰 보면 아직은 발기가 덜 되었다고 이야기했다. 가짜 암말에 가까이 가자 다른 여학생이 왼손에 들고 있던 소독약을 적신 수건으로 거대한 생식기를 닦기 위해 오른손으로 움켜쥐었다.

"정액과 섞일 수 있는 박테리아를 완벽하게 제거하기 위한 겁니다." 팔로마가 알려 주었다.

세정이 끝나자 다른 여학생이 가죽 튜브처럼 기다랗게 생긴 인공 질을 가지고 나타났다. 암말 질의 온도와 똑같은 온도의 물이 순환하게 만들어진 고무 용기가 그 안에 들어 있었다. 네르부도가 가짜 암말에, 허깨비에 올라타자 여학생은 그다지 힘들이지 않고 수말의 생식기를 인공 질에 삽입할 수 있었다. 수말은 흥분하긴 했지만 뭔가 불편한 듯이 자꾸 발길질을 했다.

"뭔가 맘에 들지 않는 것 같아요." 팔로마가 입을 열었다. "물의 압력인지, 온도인지는 모르겠지만요. 그냥 내려올 것 같아요."

결국 수말은 내려와 버렸고 발기도 풀려 버렸다. 돌봐주던 여학생은 목을 쓰다듬어 주며 말을 진정시키려 했다. 여학생은 인공 질을 살펴보더니 물을 갈러 갔다. 아마 온도가 적절하지 못했던 것 같았다.

"상당히 따뜻해야 해요." 팔로마가 말을 이어 갔다. "섭씨 40도나 42도 정도가 되어야 하니까요. 젖병 온도는 37도 정도면 적당하지만, 질은 좀 더 따뜻해야 해요."

젖병과 질의 조합이 뭔가 좀 어색하다는 생각도 들었지만, 사랑이나 섹스 혹은 자위를 배우기 위해, 다시 말해 잘은 모르지만, 우리가 여태 모르고 있던 것을 배우기 위해 그 자리에 머물렀다. 나는 온 신경을 여기에 집중했다.

말은 불안한 듯이 거칠게 움직였다. 아마 진짜 암말이 풍기는 암내가 다시 그에게 풍겨 온 것이 틀림없었다. 조금 전보다도 더 엄청난 크기로 발기한 것을 볼 수 있었다.

"이 모든 것이 말을 훈련하는 과정이에요." 부학장이 나에게 설명해 주었다. "정액을 얻으려 했던 말을 다룰 수 있어야 할 뿐만 아니라 선생님이 본 것처럼 발기된 상태에 있는 말도 명령에 따르게 할 수 있어야 하거든요. 말들을 관리하면서 겪을 수 있는 많은 문제는 사실 훈련이 덜 되어서 그런 거예요. 이 학생은 —종마를 안내하던 여학생을 가리켰다— 우리와 함께 일한 지 3년이 되었어요. 과정을 거의 다 마쳐 가고 있지요. 선생님도 보서서 잘 알겠지만, 말을 잘 통제하고 있어요. 솜씨가 뛰어나죠."

"순한 양처럼 잘 통제하는군요." 아르수아가가 이야기했다.

그 순간 다른 여학생이 인공 질을 가지고 돌아왔다. 수말은 다시 허깨비에 올라탔고, 성기를 인공 질에 삽입했다. 네르부도는 발길질을 하기도 하고, 흥분해서 거칠게 밀어붙이기도 하고, 마네킹의 인공 갈기를 물어뜯기도 했다.

"그렇게 시간이 오래 걸리지는 않을 거예요." 팔로마가 걱정스레 이야기했다.

수말은 몸부림을 쳤는데, 질이 편안한 위치에 있지 않아서 그런다고 알려 주었다.

"너무 한쪽으로 기울었어요." 팔로마가 덧붙였다.

"잘못된 것이 있나요?" 내가 용기를 내어 물어보았다.

"네."

"사정하는데 시간이 얼마나 걸리나요?"

"1분이나 1분 30초 정도요."

"얼마 안 걸리네요." 너무 잘난 체하는 것처럼 보이지 않으려고 애를 썼다. "조루인가요?"

"아뇨. 조루는 아니에요. 올라타기 전에 장난치던 것과 구애 행위까지 고려해야 해요. 토끼는 이보다 훨씬 더 짧아요."

"수말이 진짜 암말에 올라탈 때, 암말도 즐길 수 있는 시간을 충분히 주나요?"

"암말은… 암말은 보통 오르가슴을 느끼지 못해요. 그렇지만 분명한 것은 발정기가 아닌 암말은 수말을 철저하게 거부한다는 거예요. 이런 식으로 말할 수도 있을 것 같은데, 말들에게는 성적인 의미에서 절정이 없어요. 그렇지만 마운팅을 좋아하기는 해요."

뭔가 간절히 바라는 몸짓을 보이던 메히카나가 불쌍하다는 생각이 든 나는 한마디 덧붙였다. "인공 수정 때문에 이 불쌍한 암말들은 전혀 즐거움을 느낄 수 없겠네요. 암말들에게는 사람 손으로 정액을 집어넣을 텐데, 아무것도 느끼지 못하지 않을까요?"

"인공 수정을 하는 사람의 손은 성기와 똑같아요." 팔로마는 단호한 어조로 이야기했다. "결국은 똑같이 자궁 경부까지 들어가기 때문에, 정액만 주입하는 것이 아니라 자극도 주게 되어 있어요. 말이 하는 것 역시 하복부 쪽을 압박함으로써 자궁 입구 쪽을 자극하는 것이거든요. 물론 아주 똑같지는 않죠. 수컷과 접촉하면 옥시토신을 분비하기 때문에 임신 가능성이 더 커지거든요."

임신을 시킬 수 없는데도 몇 차례 강하게 밀어붙이던 네르부도는 다시 한 번 그 자리에 있던 사람들을 고민에 빠트렸다.

그 사이 메히카나는 강철 구조물에 갇힌 채, 눈을 깜빡이는 것처럼 꼬리를 높이 쳐들고 축축하게 젖은 성기를 반복적으로 여닫고 있었다.

"저것을 우리는 윙크한다고 해요." 팔로마가 나에게 이야기해 주었다. "윙크하는 거죠. 이것은 정말로 수말을 받아들이고 싶다는 의미예요."

"너무 불쌍한데!" 나도 모르게 공감을 표했다.

네다섯 번 정도 시도한 끝에 결국은 여교수가 나서서 인공 질과 수말의 진짜 성기를 통제했고, 그때서야 네르부도는 대략 1분 30초 정도의 몸부림 끝에 사정할 수 있었다.

그러자 여기저기에서 안도의 한숨 소리가 들려왔다. 나는 그들이 약속한 사랑의 유희를 봤다는 느낌이 들지 않았다. 나는 타나토스가 더 마음에 들었다. 여기에서의 에로스는 카드 게임의 기분과 잔인하다는 생각 사이의 묘한 색을 띠고 있었다. 네르부도와 메히카나 때문에 너무 가슴이 아팠다. 내가 직접 사랑을 나눈 것처럼 완전히 맥이 풀린데다가 점심시간도 다 가왔는데, 이 두 가지로 인해 내 판단력은 흐려져 있었다.

정액을 받았던 여교수가 수말의 정액이 든 투명한 플라스틱 통을 들고 우리 쪽으로 왔다. 말의 덩치에 비해 그리 양이 많은 것 같지 않았다.

"사정한 양이 얼마나 되죠?" 나는 질문을 던지기는 했지만, 수말과 경쟁하고 싶지는 않았다.

"말에 따라 다르지만, 40밀리리터에서 100밀리리터 정도 돼요."

그러고는 귀하게 얻은 정액 한 방울을 현미경 슬라이드에 떨어트렸다. 모니터에 연결된 현미경 덕분에 학생들과 방문객들

그리고 교수들 모두 목적지를 찾아 끊임없이 움직이는 수천 수십 만의 정자들이 추는 현란한 춤을 볼 수 있었다. 어디론가 올라가려는 녀석도, 뭔가 어리둥절한지 자기 주변만 빙글빙글 도는 녀석도 있었다.

"자기 주변을 빙글빙글 도는 녀석들은 건강하지 못한 놈들이에요." 누군가가 이야기했다.

"뭔가 강박적인 성격 때문에 그런 것 아닐까요?" 용기를 내어 이야기했지만, 이에 대해 아무도 반응하지 않았다.

만일 내가 말의 정자라면, 쓸모없이 자기만 성찰하며 빙글빙글 도는 그런 녀석들 부류에 속할 것 같다는 생각이 들었다.

집으로 돌아오는 길에 고생물학자는 나에게 세포 증식 문제를 상기시켰다.

"다음에 설명해 주세요." 그에게 정중하게 부탁했다. "지금은 아닌 것 같아요."

4
—
쾌락주의자가 되자

생존을 위해 뭔가 해야 한다는 생각이 들 수 있는 실존의 순간을 나는 가로질러 가고 있었다. 비행기의 이착륙, 컴퓨터의 켜고 끄기와 같이 하루의 가장 위험한 일정을, 즉 침대에서 일어나고 눕는 순간을, 시간을, 나날을 살아가고 있었다. 그런데 '뭔가를 해야 한다'는 것의 의미를 무시하고 지냈다. 요가 수강을 해야 할지, 다시 헬스 자전거를 탈지, 아니면 가톨릭으로 개종하거나, 그것도 아니면 사탄의 무리에 들어갈 것인지 등의 생각이 뒤죽박죽으로 머리를 스치고 지나갔다.

뭔가.

뭔가 해야 한다.

마침내 살을 빼야겠다는 생각이 들었다.

뚱뚱해서, 살이 너무 쪄서 그런 것은 아니었다. 나는 83.5킬로그램 정도 나갔는데, 내 키(175센티미터)에 비하면 몇 킬로그램 더 나가는 정도였다. 그러나 자기 자신에 대한 혐오감을 엉뚱하게 공인公人들에게 투사하는 사람처럼, 나는 불쾌감을 온통 별로 심하지도 않은 과체중 탓으로 돌리기 시작했다. 정상을 벗어난 과체중도 결국 내 문제이다 보니, 이를 혐오하는 것역시 나를 혐오하는 것과 마찬가지였고, 바로 내가 이런 문제에서는 전문가였다. 거울을 보며 내 몸 여기저기를 상상 속에서나마 과감하게 잘라 냈다.

남은 살덩이는 어떡하지?

나는 이것을 정원에 묻었다. 대부분 정원이나 옷장에 시신을 감춰 두고 있는데, 그래도 정원에 묻는 것이 조금은 더 위생적이라는 생각이 들었다. 나는 법원의 영장을 가지고 찾아와 "당신의 정원을 수색해야 합니다."라고 이야기하는 경찰을 머릿속으로 그려 보았다.

그들은 2~3일 동안 여기저기 구덩이를 파면서, 특히 잔디가많이 자란 곳을 뒤적이며 보낼 테고, 결국은 부패가 시작된 나의 불필요한 살덩이 7~8킬로그램을 찾아 낼 것이다. 그리고여기에서 불행히도 내 유전자와 일치하는 DNA 표본을 채취할 수 있을지도 모른다. 갓 태어난 신생아의 정상 체중은 3킬로그램 내외다. 따라서 나는 신생아를 두 명이나 죽인 것과 마찬가지였다. 그동안 내 몸 안에 신생아 두 명의 무게를 짊어지고 살아 왔다. 아마 두 명 중 한 명은 엄마 배 속에 있을 때 내가 집어삼켰는데도, 아직까지도 나에게 책임을 묻지 않았던 쌍둥이였을 것이다. 나 역시 자존심이 강한 네안데르탈인처럼 카니발리즘cannibalism*이란 풍습을 가지고 태어났던 것이다.

요컨대.

어디에서부터 시작할까?

사람들은 나에게 라디오에 출현하던 아주 유명한 식이 요법 전문가를 소개했다. 세상 사람 모두 그 사람의 처방을 입에 침이 마르도록 칭찬했다. 사실 나는 '입에 침이 마르도록 칭찬한다'는 표현을 엄청나게 싫어한다. 이 표현을 입 밖에 낼 때마다 내 혀가 입에 부담을 줄 정도로 퉁퉁 부어 숨쉬기조차 어렵다는 느낌이 들기 때문이다.

아무튼 영양 치료를 전문으로 하는, 식이 요법 전문가를 세상 사람 모두 극찬하고 있었다.

나는 그녀와 상담하기 위해 전화번호를 얻었고, 자살 직전까지 내몰렸던 3월 초 어느 월요일에 결국 그녀에게 전화했다.

"X 선생님의 병원입니다." 반대편에서 목소리가 들려왔다. "무엇을 도와드릴까요?"

"의사 선생님의 진료를 예약하고 싶은데요."

"무엇 때문이죠? 체중 조절인가요? 아니면 소화에 문제가 있나요?"

잠시 멍해졌지만, 정신을 차리고 입을 열었다.

✿　인간이 인육(人肉)을 상징적 식품 또는 상식(常食)으로 먹는 풍습.

"사실 그런 문제 때문은 아니고요. 아픈 것도 아니고, 그렇다고 몸무게가 지나치게 많이 나가서 힘든 것도 분명히 아니에요. 지금까지 내가 유지했던 식생활보다는 좀 더 건강한 식생활 습관을 도입할 수 있을까 고민하다가 선생님과 상의하고 싶다는 생각이 들었어요."

"그건 어려워요." 전화선 반대쪽의 상냥한 여자가 이야기를 받았다. "체중 조절을 원하든지, 어디가 아프든지 둘 중 하나여야 해요. 만약 체중 조절을 원한다면 초진의 경우 비용은 130유로이고, 1시간 30분 정도 걸려요."

아픈 경우에 초진 비용이 얼마나 되는지 알아보고 싶지는 않았다.

"좀 생각을 해 봐야겠네요. 다시 전화할게요." 나는 일단 전화를 끊었다.

이 자본주의 세계에 대한 희한한 경험을 라디오에서 늘어놓자 친구 중 한 명이 바르셀로나에 살면서 스카이프Skype[**]를 이용해 상담하는 영양 전문의의 전화번호를 알려 주었다.

나는 즉시 전화를 했다. 나의 삶에 뭔가 새로운 것을 도입하고 싶었다. 이렇게 이야기했던 것으로 기억한다.

"타협이 어려운 문제가 있는데요. 다름 아닌 포도주 문제예

[**] 에스토니아의 스카이프 테크놀로지스(현재 마이크로소프트)가 개발한 무료 화상 통화 소프트웨어다.

요. 매일 0.5리터 정도를 반주로 마시거든요. 그리고 일주일에 한두 번씩 해 질 녘에 진토닉도 한 잔씩 하고요."

"협상해 볼까요." 식이 요법 전문가는 친절하게 이야기했다. "적포도주만 마시겠다에 동의할 수 있어요? 잘 숙성된 포도주나, 이게 없으면 샴페인만 마시는 거예요?"

"그렇게 할게요."

"그리고 식사 반주로 0.5리터 대신에 0.25리터만 마실 수 있으세요?"

"노력할게요." 선뜻 대답했다.

약속한 지 얼마 되지 않아, 어머니처럼—어머니에겐 뭐 하나 제대로 감출 수 없었다—멀리서 나를 지켜보고 있던 아르수아가의 이메일이 도착했다. 내가 가장 좋아하는 해산물 위주의 풍성한 식사를 준비했으니 약속을 잡자는 것이었다. 아마 식사를 하면서 나중으로 미뤄놨던 것을 나에게 설명할 것이다.

다이어트에 돌입했다는 사실을 숨기고 3월 25일에 만나기로 했다.

"식사하기 전에 푸엔테 델 베로Fuente del Berro 공원을 산책할 겁니다." 아르수아가가 한 가지를 덧붙였다.

"갑자기 그건 왜요?" 내가 물었다.

"식욕을 돋우려고요."

나는 식욕을 돋울 필요가 없었다. 오히려 반대로 다이어트 중이라 많은 것을 빼앗긴 탓에 언제나 배가 고팠다. 하지만 괜찮은 척했다.

　푸엔테 델 베로 공원에는 봄이면 사랑을 호소하는 공작이 있었다. 고생물학자와 나는 암컷과 수컷으로부터 각각 10미터쯤 떨어진 곳에서 멈췄다. 암컷은 먼 곳을 바라보고 있었고, 수컷은 마치 그림 속 풍경을 바라보는 것과 똑같은 자세로, 암컷이 짐짓 먼 곳만 바라보는 척하는 행동을 물끄러미 쳐다보고 있다. 수컷의 시선은 메타-시선이었다.

　"조만간에 암컷이 수컷을 향해 시선을 돌릴 것 같아요. 뭔가 일어날 거예요." 아르수아가가 이야기했다.

　잠시 후 암컷은 목을 돌려 누군가가 스위치를 작동시킨 것처럼 꼬리를 부채 모양으로 활짝 펼친 수컷 공작에 대해 신경을 썼다. 아니 쓰는 척했다. 몇 초 후 암컷은 조금 전의 자세로 다시 돌아갔고, 수컷 공작의 꼬리 역시 다시 접혔다. 암컷의 몸짓은 몇 차례 반복됐고, 그때마다 수컷의 꼬리도 자동으로 반응을 보이며 똑같은 리듬으로 펼쳤다가 내리기를 반복했다. 마치 어린아이가 스위치를 올렸다 내렸다 반복하는 것과 똑같았다. 마침내 암컷 공작이 물러가자 수컷은 원래 자리에 남아 구애 실패를 덤덤하게 받아들이고 있었다.

　"아무 일도 일어나지 않았는데요." 내가 고생물학자에게 이야기했다.

　"우리는 언제 일이 일어나고, 언제 일어나지 않을지 확실하게는 알 수 없어요. 어쩌면 우리가 너무 일찍 왔는지도 몰라요. 지금은 너무 덥거든요."

"짝짓기에 그리 더운 날씨는 아닌 것 같은데요." 나는 대담하게 반론을 제기했다.

"선생님은 너무 생각이 없는 것 같아요." 그가 퉁명스럽게 받았다.

우리는 시선으로 서로를 희롱하고 꼬리를 펼치는 것까지는 수차례 목격했지만 실제 교미 장면은 보지 못했기에, 그 자체로 상당히 인상적일 거라는 생각에 사로잡혀 그 장면을 직접 보기 위해 공원 안쪽으로 계속해서 걸어갔다.

"공작들의 교미 실패를 보니 청소년 시절 일요일 오후에 있었던 좌절이 떠오르는군요." 나도 한마디했다.

고생물학자는 내 말을 무시했다.

"다윈은 과학의 범주에 들어가기 위해서는, 법칙을 찾아서 이를 공식화해야 한다는 사실을 잘 알고 있었어요. 뉴턴이 보편적인 중력 법칙을 만든 것처럼 말이에요."

"성공했나요?"

"물론이죠. 처음에는 자연 선택 이론을 찾아서 공식화했어요. 그다음에는 '성 선택' 이론을 만들었지요. 이미 이에 관해서 이야기했지만 충분하지는 않았어요. 생물학에서 다윈까지는 법칙이라고 할 만한 것이 없었다는 사실을 유념해야 해요."

"알겠어요."

"공작은 이 두 가지 선택이 존재한다는 사실을 아주 완벽하게 보여 주고 있어요. 공작의 몸에는 환경에 적응한 결과를 보여 주는 측면과 성적인 매력이 목적일 수밖에 없는 측면이 있어요. 눈은 어디에 쓸까요?"

"보기 위해서 아니에요?"

"그러면 다리는요?"

"걷기 위해서죠."

"이렇게 서로 연결된 고리가 있어요. 바로 여기에서 환경에 적응한 일련의 특징을 볼 수 있는 거죠. 그렇다면 공작 꼬리는 뭐에 쓸까요?"

"섹스를 위해서겠지요."

"그러니까 성 선택을 위한 것이죠. 수컷 공작의 꼬리 깃털 장식은 생태 차원에서의 기능은 아무것도 없어요. 공작의 부리에서 꼬리가 시작되는 부분까지, 몸 전체에서 본 모든 것은 생존을 위한 투쟁과 연결할 수 있어요. 하지만 꼬리 깃털 장식은 번식과 상관이 있어요."

"암컷에서는요?"

"암컷의 경우는 모든 것이 다 적응과 연결되어 있어요. 암컷 공작은 완벽하게 생태적이라고 할 수 있지요."

"정말 운이 좋군요!" 슬쩍 시계를 보며, 한편으로는 긴 꼬리를 끌고 다니려면 얼마나 불편할지 상상해 보았다. 식사 시간이 다가오고 있었던 탓에 혈당과 탄수화물이 떨어지는 것을,

즉 이 시간만 되면 내 혈액 속에서 수치가 떨어지는 것을 몸으로 느끼기 시작했다.

"번식을 위한 투쟁에는 두 가지 모델이 있어요." 아르수아가가 이야기를 이어 갔다.

"빨리 이야기해 보세요." 나는 재촉을 했다.

"격투기장 모델*과 런웨이 모델**이 있어요. 포유류의 수컷들은 격투기장에서 싸우는 반면에. 조류들은 런웨이에서 싸우는 셈이지요. 이 두 경우 모두에서 암컷들은 최고의 유전자를 가진 수컷들과 번식을 하는 거예요."

아르수아가는 잠시 말을 멈추고 점수를 매기는 듯한 눈길로 나를 바라보더니, 격투기장 모델과 런웨이 모델의 차이를 잘 이해했는지 물어보았다. 나는 포유류로서 격투기장에서 싸운다는 것이 무엇을 의미하는지를 알 것 같다는 생각에 고개를 끄덕였다. 계속 길을 걷다가 고뇌에 찬 수컷 앞에서 다시 걸음을 멈췄다. 근처에 있는 암컷이 수컷에게 눈길조차 주지 않고 있었다.

---

*　　수컷-수컷 경쟁 또는 성내 선택이라고 한다. 암컷들이 좋아할 만한 자원을 차지하거나 좀 더 높은 지위를 차지하기 위해서 수컷끼리 이루어지는 경쟁을 말한다. (감수자 주)

**　　암컷의 선택 또는 성간 선택이라고 한다. 공작의 꼬리에서 볼 수 있듯이 수컷은 자신이 좋은 유전자를 지녔다는 것을 과시하고, 암컷은 그러한 외모에 기반하여 수컷을 선택하는 것을 말한다. (감수자 주)

"이 불쌍한 수컷은 호르몬이 머리꼭지까지 찼어요. 오늘 우리가 즐기고 있는 봄볕은 호르몬 분비를 촉진하거든요. 새끼들은 자원이 풍성할 때 태어나는 것이 최고라는 것을 명심해야 해요. 조류의 경우에는 벌레들이 많을 때가 최고지요."

"벌레요." 나는 기계적으로 반복했다.

"오늘이 다윈의 《인간의 유래와 성 선택》이 출판된 지 정확하게 150주년이 되는 날이에요. 성 문제는 죽음과 많은 연관이 있어요. 이에 대해서는 선생님께 설명할 필요도 없을 것 같은데, 맞아요?"

"그럼요." 그것이 매우 명확한 것처럼 받았다. 사실 탄수화물이나 당이 벼랑에서 떨어져 자살하는 사람처럼 급격히 떨어지는 것이 멈췄기 때문이었다.

"그러면 여기에 관해서 이야기를 좀 해 보세요."

"좋아요. 프랑스인들은 오르가슴을 '작은 죽음'이라고 하지요. 오르가슴은 작은 혼절을 통해 조만간에 인간에게 닥칠 커다란 죽음을 미리 경험하게 하는 것이라고 믿고 있거든요."

고생물학자는 닥치는 대로 지껄이는 멍청한 학생 앞에 선 것처럼 잠깐 고민하는 듯한 모습을 보였다.

"그러면 우리 식사하러 갈까요?" 마침내 내 배의 행복을 위한 결론을 내렸다.

레스토랑은 레티로 공원 앞쪽의 메넨데스 펠라요 거리에 있었다. 가게 이름이 소코 레티로Zoko Retiro*였는데 주인이 아르수아가처럼 바스크 출신인 것 같았다. 물론 아르수아가는 바스크인이건 아니건 상관없이 온 천지에 친구가 있었다. 미리 맞춰 놓은 특별 요리를 준비했다고 귀띔해 주었다. 지금 하는 다이어트와는 전혀 맞지 않을 것 같다는 생각이 들었다.

나는 자리에 앉자마자 속으로 '다이어트는 무슨 개뿔이냐!' 라고 중얼거렸다.

식사를 위해 기본 접시와 수저, 그리고 물 등이 놓여지는 동안 고생물학자는 자기를 신다윈주의자라고 밝혔다.

"신다윈주의**가 설명에 어려움을 겪고 있는 문제가 세 가지가 있어요. 적응, 생태학, 번식 등의 문제는 설명할 수 있었는데, 확실히 밝히지 못한 세 가지가 있어요. 왜 성이 필요한가? 왜 죽음과 이타심이 있는가? 이 세 가지 문제가 아직도 남아 있는 거죠."

"왜 아직도 식사를 가져오지 않죠?"

"신다윈주의는 1940, 1950, 1960년대부터 지금까지 계속 이 문제에 맞서 싸우고 있어요." 그는 내가 까무러치기 일보 직전인데도 전혀 관심을 보이지 않고 자기 이야기만 계속했다.

---

*   Zoko는 바스크어로 '모퉁이'라는 의미다.

**   다윈주의와 멘델주의의 결합을 말한다. 신다윈주의 혹은 근대적 종합(modern synthesis)에서는 모든 형질의 변화를 유전자 빈도의 변화로 기술한다. (감수자 주)

"왜 성이 있는 거죠?" 내가 물었다.

"선생님 염색체의 절반은 아버지에게서 왔고, 나머지는 어머니에게서 온 것이죠. 즉 모든 개체는 번식할 때 유전자의 절반은 후손에게 물려주는 것을 포기해야 해요. 아들은 유전자의 절반을, 손자는 유전자의 4분의 1만을 가지고 있는 거죠."

"그렇다면 성 때문에 수 세대가 흐르면 유전자가 희석될 수도 있겠네요."

"맞아요. 그런데도 왜 단성 생식單性生殖을 선택하지 않았을까요? 수정할 필요 없이 난자 스스로 분열하여 클론을 만들 수 있을 텐데요. 일부 뱀이나 도마뱀에서 볼 수 있는 것처럼요. 왜 우리 인간은 단성 생식을 하지 않을까요? 그리고 성이 왜 필요한지 설명할 수 있을까요?"

"그럼 반대로 성을 가질 수 있는데 단성 생식을 하는지도 물어볼 수 있지 않을까요?"

"단순하게 생각하면, 성은 아무런 장점이 없어요. 유전자의 절반을 포기해야 할 이유가 있을까요? 연어를 한번 생각해 보세요."

"연어를 생각하니까 배고파 죽을 것 같아요."

"더 잘 되었네요. 위액을 준비하기 위해서라도 연어를 한번 생각해 보세요. 암컷은 알을 낳는데, 아마 수백만 개도 넘을 거예요. 수컷이 수정할 필요 없이 바로 연어 치어가 되면 좋을 텐데 그렇지 않은 이유가 뭘까요?"

"그것은 나도 수도 없이 반복했던 질문이에요. 도대체 우리는 누굴 위해서 섹스를 해야 하죠?"

"생물학적으로 말하자면 왜 암컷은 수컷인 우리가 필요할까요?"

"알고 있다면 빨리 이야기해 주세요."

"선생님처럼 낭만적인 성격을 가졌고, 뉴에이지 히피라고 할 수 있는 크로폿킨 같은 사람은 아마 모든 것이 실서에 달려 있다고 했을 거예요. 개체는 세상을 움직이는 보편적 목적에 봉사하는 것이라고 말이에요. 그렇지만 선생님을 실망시킬 수밖에 없는데, 사실 답은 없어요."

"그래요!"

"만약에 있다면, 죽음에 대한 반응과 관련이 있을 거예요. 왜 종에 따라 죽는 나이가 다를까요? 누가 이런 프로그램을 짰고, 왜 이렇게 짰을까요?"

"종 차원의 이익 때문이 아닐까요?"

"다윈주의에는 종 차원의 이익이란 것은 없어요. 다윈주의에서는 개체의 이익만을 고려하지요. 자연 선택은 스코틀랜드의 경제학자인 애덤 스미스의 '시장의 보이지 않는 손'이라는 개념을 따르고 있거든요."

"그 반대 아닌가요? 애덤 스미스가 자연 선택을 표절한 것 같은데요."

"애덤 스미스가 다윈보다 앞선 시대의 사람이기는 하지만,

선생님 좋을 대로 생각하세요. 종 차원의 이익이란 아이디어
는 워낙 많이 들어서 우리 머리에 박혀 있을 정도가 되었어요.
언제나 종 차원의 이익이란 개념을 통해 자연이 보여 주는 모
든 드라마를 설명하고 있지요. 나는 여기에 '펠릭스 로드리게
스 데 라 푸엔테'*의 담론이라는 이름을 붙였어요. 그 당시에
는 명백한 사실이라고 여겨졌던 추론 방식만을 따라가고 있거
든요.

그러나 진화에 종 차원의 이익이 얼마나 중요할까요? 선생
님처럼 선의를 가진 사람에게는 그럴 수 있지만, 진화에는 별
쓸모가 없어요. 다른 말로 하면 죽음이나 섹스에 대해서는 아
직 좋은 아이디어가 없다는 똑같은 대답뿐이에요. 실망하지
마세요."

"실망하지 않아요. 그건 그렇고 먹을 것 좀 가져다주면 좋을
텐데…."

"다윈은 역사상 모든 자유주의자의 반대를 받아 왔어요." 아
르수아가는 기세가 꺾이지 않았다. "여전히 산업화와 함께 시

❀   펠릭스 로드리게스 데 라 푸엔테는 매 사냥과 늑대 연구를 통해 동물 행
동학 영역에 많은 영향을 미쳤으며, 방송 활동뿐만 아니라 아프리카 사
파리 사진작가, 환경 문제 강사로 활동했다. 20세기 후반의 환경에 대한
인식에 크게 이바지한 덕분에 스페인에서는 '환경 보호주의의 아버지'로
평가하고 있다. 아르수아가가 언급한 '펠릭스 로드리게스 데 라 푸엔테
의 담론'은 펠릭스 로드리게스 데 라 푸엔테가 만든 TV 프로그램에 반영
된 그의 생각을 의미한다.

장 경제의 경쟁이라는 측면이 명확하게 보이기 시작했던 빅토리아 여왕 시대에 머물러 있다는 비난을 받았지요. 만약 나를 다그친다면, 식민주의를 추구하던 시대라고도 말할 수 있을 거예요. 다윈이 정말 나쁜 놈이라는 사실을 보여 주기 위해 이론적인 면에서 음모를 꾸밀 수도 있을 거예요. 그렇지만 다윈은 그런 사람이 아니었어요. 노예주의를 반대했으며, 식민주의와 살아 있는 동물 실험과 같은 생체 실험에도 반대했어요. 시골에서 금욕적인 삶을 살았지요. 빅토리아 시대의 자본주의와는 거리가 먼 사람이었어요. 당대의 가치관은 무의식적으로라도 수용하지 않았을 거라는 이야기가 아니에요. 어떤 식으로든 이러한 가치관이 다윈의 과학적인 이론에 영향을 미치지 않았다는 것도 아니고요…."

"물론이죠."

"나는 과학 이론은 과학적인 가치로만 평가하는 편이에요. 이데올로기에 오염되는 것은 바람직하지 않거든요. 북한에서도 원소 주기율표는 남한과 똑같아요. 과학은 보편성을 추구하거든요. 나트륨은 중국에서든 미국에서든 똑같이 1가의 양이온을 가지고 있어요."

"알파벳 순서에서도 비슷한 일이 발생하지요. 알파벳 순서를 제외한 모든 질서가 바뀌고 있어요. 독재자 프랑코조차도 알파벳을 F에서 시작하자는 법안은 안 만들었는데."

"그래요. 우리는 아름다움이 무엇인가 고민할 수밖에 없고,

죽음에서 아름다움을 찾아야 하지요. 종 차원의 이익이나 뉴에이지와 같은 또 다른 바보 같은 짓 때문에 다른 것에 길을 열어 주기 위해 죽어야 한다면, 가만히 있어야 해요. 그렇지만 선생님에게 최대한 확실하게 말씀드릴게요. 자연 선택은 죽음이에요. 아이들을 죽이는 죽음이지요. 한 걸음 더 나아간다면 자연 선택은 유년기에 죽을 수밖에 없는 운명과 같은 것이에요."

"당신은 아름다움에 대해 릴케가 뭐라고 했는지 알아요?" 독백과도 같은 이야기를 피하려고 내가 끼어들었다.

"뭐라고 했는데요?"

"아직은 잘 참아내고 있는 상당히 끔찍한 것에 지나지 않는다고 했어요."

"정말 잘 표현했는데요."

고생물학자는 죽음을 언급할 때 반드시 걸러야 하는 절망을 의식하지 않는다는 생각이 들었다.

"그렇다면 당신이 말한 것, 다시 말해, 죽음이 특정 종에게 은혜를 베풀기 위해 존재하지 않는다는 게 사실이면, 개체에게는 은혜를 베풀기 위해 존재한다고 추론할 수도 있을 것 같은데, 정말 이상하지 않아요?" 내가 한마디 덧붙였다.

"바로 그곳에 도전 과제가 있는 거죠. 일차적으로는 아드님이 선생님의 집에서 살 수 있게 하려면 선생님이 죽어야 한다는 사실을 추론할 수 있어요. 이는 직관적인 문제이니까 쉽게 이해할 수 있어요. 그렇지만 과학은, 이건 수백 번도 넘게 말씀드렸는데요, 반反직관적이에요. 설명이 어려운 것은 죽음이 사자死者에게 은혜를 베푼다는 것이지요."

"은혜를 베풀고 있다고요?"

"나는 원래 답을 주기보다는 질문을 제공하는 사람이에요. 그렇지만 곧 알게 될 거예요. 이런 문제와 성, 이타성 그리고 협력에 대해서 곧 알게 될 거예요."

그 순간 종업원이 와서 껍질을 벗긴 땅콩 접시를 놓더니, 그 옆에 다시 페스토 소스*가 담긴 접시를 놓았다. 그리고 젓가락도 가져왔는데, 아르수아가는 이 전채 요리는 젓가락으로 먹어야 한다고 이야기했다.

고열량의 말린 과일 종류는 다이어트를 할 때 금지 품목 중 하나였다. 나에게 적절치 않은 것이 무엇인지 아르수아가가 잘 알고 있다는 의미이기도 했다. 존재에 대한 의미는 아무것도 없다는 신다윈주의의 논의는 내가 가지고 있던 종교적인 religioso** 의미와는 잘 맞지 않았다. 그리고 나에게는 이 올리브유를 넣은 야채 역시 잘 어울리지 않았다. 그렇지만 배가 고파 죽을 지경이어서 젓가락으로 땅콩을 집은 다음 소스에 적셔 입으로 가져갔다. 기가 막힌 맛이었다.

---

*   바질을 빻아 올리브 오일, 치즈, 잣 등과 함께 갈아 만든 녹색 빛깔의 이탈리아 소스.

**   이 단어는 '결합한다'는 의미의 'religāre'에서 왔다.

"젓가락질에 생각나는 것 없어요?" 아르수아가가 질문을 던졌다.

"뭐가 생각나야 하죠?"

"새들이 부리로 먹는 모습이요."

일리가 있었다. 나는 일식을 정말 좋아했기 때문에 젓가락질이 상당히 능숙한 편이었다. 카나리아 부리의 움직임을 흉내 내어 양쪽 젓가락을 마주쳤다.

"우리가 먹게 될 메뉴를 고를 때, 맨 처음에 이것을 가져다달라고 부탁했어요." 아르수아가가 부연하여 이야기했다.

"이것이 죽음과 무슨 상관이 있나요?"

"아니요. 하지만 재미있잖아요. 넓은 스펙트럼을 자랑하는 박물학자이자 만화가였던 호세 안토니오 발베르데는 여러 가지 일을 했지만, 그중에서도 도냐나 국립 공원 Parque Nacional de Doñana 직원이 주업이었어요. 진화 전문가는 아니었지만, 이에 대해 정말 넓은 시야를 가졌지요. 하긴 이 일이 주업이 아니었기에 전문가들은 생각도 못 했던 것을 생각할 수 있었을 거예요."

"어떤 생각을 했는데요?"

"그는 인간 진화의 뿌리에는 곡물이 있다고 이야기했어요. 많은 사람들이 인간 진화를 단 하나의 변수로 설명할 수 있을 거라고 믿어요."

"종교적인 꿈이 아니었을까요? 모든 것을 설명할 수 있는 시스템이 있다면 그것은 종교일 테니까요." 내 의견을 밝혔다.

"'곡물 섭취 가설'에 따르면, 곡물이나 씨앗을 먹는 모든 종에게는 양쪽으로 갈라진 씹는 기구가 있어요. 해부학에서는 이를 '치아틈diastema'이라고 하는데, 이가 없이 양쪽으로 갈라진 공간을 말하지요."

"씹는 기구라!" 멋지게 들리기도 해서 나도 따라 해 봤다.

"과학은 17세기 기계론자들이 제시한 개념에서 영향을 받았기 때문에 이런 식으로 부르죠. 그리고 바로 여기에서 과학이 탄생하기도 했고요. 데카르트 눈에는 모든 것이 기계였어요."

"여기에서 운동 기관, 순환 기관, 소화 기관, 생식 기관 등의 개념이 나오기도 했어요. 다양한 기관으로 이루어진 인간이라는 개념이 말이에요."

"쥐를 한번 볼까요? 쥐는 앞니가 있는데요. 커다란 치아틈이 있어요."

"치아틈이라." 다시 한 번 되뇌며, 젓가락 끝을 사용하여 페스토 소스를 듬뿍 적신 땅콩을 입으로 가져갔다. 그러고는 씹기 전에 혀 위에 올려놓고 미뢰味蕾가 맛을 느낄 수 있는 시간을 주었다.

"쥐의 앞니는 집게 역할을, 어금니는 그라인더 역할을 한다고 말할 수 있어요. 이것은 적어 두세요." 고생물학자는 젓가락으로 나를 가리키며 이야기했다. "압착과 분쇄를 해요. 새는 이빨이 없어요. 새의 조상에게는 있었지만 잃어버린 거죠. 그렇다고 분쇄 기관이 없는 것은 아니에요. 곡물을 가루로 만들 수 있는 아주 강하고 질긴 근육질의 '모이주머니'라고 부르는 것이 있어요. 식충 동물은 빻을 필요가 없지요. 주로 곤충을 잡아먹으니까요. 육식 동물 역시 빻을 필요가 없어요. 살을 찢어서 조각낸 다음 삼키면 되니까요. 그렇지만 곡물을 먹는 동물은 반드시 빻을 수 있어야 해요. 자고새는 위 안에 빻는 기구를 만들었어요. 바로 이것이 바로 모이주머니인데, 진정한 의미에서 분쇄 기관이라고 할 수 있지요. 가끔은 빻는 것을 돕기 위해 아주 작은 돌멩이를 넣기도 해요. 공룡 뼈에서는 소화액 덕분에 반질반질해진 돌멩이가 발견되기도 하는데, 이를 '위석胃石'이라고 부르죠."

"위석이라, 정말 멋진 이름 같네요. 한눈에 어원이 뭔가를 알 수 있으니까요." 원하는 경우에 곡물 한 톨 정도는 저장할 수 있는 치아틈을 가지고 있다는 사실을 의식하며 땅콩 하나를 입으로 가져가 내 씹는 기관의 성능을 시험해 보았다.

"순계류鶉鷄類*의 새들을 보면 맷돌 기능보다는 집게의 기능을 확연하게 느낄 수 있지요." 아르수아가가 한마디 덧붙였다.

땅콩과 페스토 소스가 제공한 열량에 고무된 나는 얼른 답을 했다.

"닭의 모이주머니는 밥이나 야채를 곁들이면 정말 맛이 좋아

✻   조류에 속한 목으로, 닭, 꿩, 뇌조(雷鳥) 등이 여기에 속한다.

요. 콜롬비아와 에콰도르에서 먹어 본 적이 있어요."

"인간은 나무에서 내려온 다음 무엇을 했을까요?" 고생물학자는 집게와 씹는 기관을 끊임없이 사용하면서도 말을 계속 이어 나갔다.

"무엇을 했죠?"

"인간은 곡류를 먹는 동물이 되었어요. 이동 수단으로 사용하던 손을 해방시켜 손가락을 곡물을 집는데 사용할 수 있게 한 거예요. 바로 여기에서 집게와 맷돌의 분리가 이루어졌어요."

"집게는 손일 텐데, 그럼 이가 맷돌이 되었나요?"

"맞아요. 우리 입은 돌출된 부분과 두툼한 부분을 잃었어요. 앞니가 작아진 대신에, 반대로 어금니를 얻은 셈이지요. 덕분에 우리는 영장류가 된 거예요. 침팬지는 잘 익은 과일을 먹을 때 앞니로 잘게 자른 다음 그것을 씹지도 않고 그냥 꿀꺽 삼켜버리지요. 잘 익은 과일은 부드러워 빻거나 으깰 필요가 없는 것이죠. 그래서 침팬지의 어금니는 우리 인간의 조상이자 최초로 두 발을 가지고 걸었던 오스트랄로피테쿠스의 어금니와 비교했을 때 상당히 작은 편이에요. 선생님에게 정리해 드린 이 이야기는, 다시 말해 인간 진화의 출발점이 곡물에 있다는 발베르데의 '곡물 섭취 가설'이에요. 자기에게 노벨상을 줄 거라는 확신을 안고 살았어요."

우리는 마치 아르수아가가 연출하고 있는 연극 작품 공연 속의 등장인물처럼 '곡물 섭취 가설'(페스토를 찍은 땅콩)에 마침표를 찍었다. 그러자 루이스 가요라는 이름의 종업원—우리 책에 정말 등장하고 싶었던 친구였다—이 야채로 장식한, 화로에 구운 문어 다리 요리 접시를 우리 두 사람 앞에 각각 내려놓았다.

"이 문어를 통해 우리는 죽음이 프로그램된 것인지 아닌지의 문제에 들어갈 수 있어요." 아르수아가는 흥분했는지 포크와 나이프를 흔들며 이야기했다.

"자, 그럼 들어가 봅시다." 내 눈 앞에 펼쳐진 요리에 흘려 보기만 해도 기운이 솟는 것 같아 얼른 동의했다.

"예전에 각각의 종에 따라 수명이 다르다는 이야기를 한 적이 있지요. 마치 프로그램된 것처럼 말이에요. 문어의 수명은 2~3년 정도인데, 먼저 이 멋진 피부를 잃게 되지요. 그다음에는 하나씩 떨어져 나가요."

"우리도 늙으면 쇠약해지는 문제를 안고 있으니까요. 그런데 당신이 나에게 말하길 자연에는 완전하거나 죽거나, 두 가지밖에 없다고 했었던 것 같은데…"

"노년기란 이름을 붙이기에 너무 짧아요. 거의 자살 수준이지요. 둥지에서 한 달 동안의(혹은 수개월에 걸친) 수정란 보호가 끝나면, 즉 수정란이 부화하여 새끼들이 흩어지면 바로 죽어요. 생물학에서 번식을 마치자마자 죽는 종을 뭐라고 부르는지 알아요?"

"뭐라고 하죠?"

"세멜파러스Semelparous라고 해요. 그 이유를 설명해 드릴게요. 제우스는 세멜레라는 인간을 애인으로 뒀어요. 그런데 제우스의 아내인 헤라는 정말 질투가 많았죠. 헤라는 남편의 애인인 세멜레에게 제우스와는 그만 헤어지라고 수차례 설득했어요. 그런데 신을 잉태하고 있던 세멜레는 헤라의 말을 듣지 않았지요. 제우스가 세멜레와 관계를 맺을 때, 신이라는 사실을 감추지는 않았지만, 인간의 모습을 하고 있었지요. 그러자 헤라는 세멜레에게 사기를 당하고 있다고, 다시 말해서 사랑하는 사람이 신이 아니라고 넌지시 이야기했지요. '다음에 만나면 진짜 모습을 보여 달라고 하면 내가 이야기한 것을 확인할 수 있을 거야.'라고 했어요. 세멜레는 그대로 이야기했지요. 찬란한 광채의 모습 그대로 보여 달라고 간청을 했는데, 제우스는 처음 한두 번은 거절했지만 사랑하는 여인의 고집에 지고 말았어요. 결국 원래 자신을 구성하고 있던 빛과 불이 몸 밖으로 새어 나가는 것을 지켜볼 수밖에 없었지요. 세멜레는 그 순간 재가 되었고, 제우스는 그녀의 배 속에 있던 태아를 살려내 자기 허벅지에 넣어 남은 임신 기간을 채웠고, 덕분에 몇 달 뒤 포도와 포도주의 신인 디오니소스가 태어났지요."

"나를 정말 놀라게 만드는군요." 방금 받은 베르데호 와인의 잔을 들어 디오니소스를 경배한 다음 입에 댔다.

"여기에서 번식의 순간에 죽음을 맞는 종이 세멜파러스, 즉 단회번식 동물이라는 이름을 얻게 되었지요."

"마치 생체 이식을 하는 것처럼 허벅지에 태아를 집어넣고 키우다니 정말 멋진 아이디어예요. 현대 유전학의 발전과 관련해서도 기가 막힌 영감을 안겨 줬을 것 같아요."

"덕분에 단회번식 동물은 자식을 키우거나 돌보는 책임을 면하게 되었지요." 아르수아가가 마침표를 찍었다.

"아이들을 보지도 못했을 텐데요."

"사실 모든 어류와 양서류 그리고 파충류 들은 수정란을 버릴 뿐만 아니라, 후손들을 신경도 쓰지 않고 돌보지도 않아요. 바다거북은 알을 해변에 묻어 두고 그 자리를 떠나면 끝이에요. 알을 품어 부화시키고 새끼들을 먹여 살리는 새들과는 다르지요. 하지만 이게 문제가 아니에요. 진짜 문제는 번식의 순간에 죽음을 맞는다는 사실이에요."

문어 요리 접시를 다 비우자 루이스 가요가 감칠맛이 나는 요리를 가지고 나타났다. 고리 모양으로 얇게 자른 라임 조각 위에 얹어 놓은 연어 타르타르 두 조각이었다. 한입에 집어넣고 라임을 앞니로 살짝 베어 물었다. 레몬의 상큼함이 미각을 깨끗이 잡아 줘 생선 맛을 제대로 느낄 수 있는 원상태로 돌려놓았다.

"연어 역시 단회번식 동물에 속하는 종이라는 생각에 특별히 연어 타르타르를 부탁했어요."

"맞아요. 알을 낳으면 바로 죽지요." 나는 기억을 떠올렸다.

"암컷과 수컷 모두 죽어요."

"그렇지만 알을 낳는 것은 암컷뿐인데요."

"암컷은 알을 낳고, 수컷은 정액을 뿌리지요. 이 두 가지가 동시에 이루어지고, 둘 다 죽는 거죠."

"동시에 이루어지다니 정말 놀라워요! 돌보는 이 없이 후손들을 그 자리에 방치하는 거네요."

"암컷은 조그만 구덩이를 피고 그 안에 알을 낳아요. 영화나 텔레비전에서 강에 죽은 연어가 즐비한 알래스카 풍경을 본 적이 있는지 모르겠어요. 모두 다 죽고 단 한 마리도 다시는 바다로 돌아가지 못해요. 바로 이것들이 태평양 연어들의 삶을 찍은 다큐멘터리에 나오는 거예요. 대서양 쪽에 사는 연어들은 운이 좋으면 바다로 돌아갔다가 몇 년 후에 다시 강을 거슬러 올라갈 수 있어요. 이 때문에 스페인 레스토랑에서 태평양 연어를 주문할 수는 없을 거예요."

"다큐멘터리에 등장하는 연어는 교대하는 순간 죽게끔 프로그램이 되어 있군요. 바통을 넘기고 죽게 말이에요."

"선생님 가슴 속에 숨어 있던 크로폿킨이 또 발현한 모양이네요." 고생물학자가 깜짝 놀랐다. "여기에 자연은 현명하다는 사실만 더하면 완전히 똑같을 것 같아요."

"지금쯤이면 과학은 반反직관적이란 사실을 완전히 내 것으로 만들어야 하는데, 내 대답은 아직도 기계적이고 직관적인 것 같아요." 내가 슬쩍 물러섰다. "미안하지만, 나는 과학자가 아닌 거죠."

"걱정하지 마세요. 누구나 단점은 있으니까요. 내가 망할 쾌락주의자인 것처럼요. 와인 좀 이쪽으로 밀어 주세요."

"당신은 내가 크로폿킨이 될 수 없게 방해하는군요. 당신 덕분에 지구가 태양 주변을 돈다는 사실을 받아들이게 되었어요. 내 직관은 반대쪽을 가리키는데 말이에요."

"이 세상 최고라고 할 수 있는 케베도*는 사랑의 시에서 '곧 재가 될 테지만 의미는 있을 거야. 곧 먼지가 될 테지만 사랑스러운 먼지가 될 거야'라고 이야기했어요. 죽음에도 뭔가 의미를 줘야 해요. 안 그래요? 죽음의 의미를 찾지 못한다면 선생님도 살아갈 수 없을 거예요?"

"그럴 수도 있지요." 나도 고개를 끄덕였다. "인간은 본질적인 차원에서 의미를 찾아가는 존재라고 믿고 있어요. 그렇지만 이 문제는 예전에 한번 이야기했던 것 같군요. 이 문제에 대해 답해 보는 것은 어때요? 연어의 원자가 왜 그런 식으로 행동을 하는지, 우리는 왜 자식 수만큼 한 번 이상 번식할 수 있는지 말이에요."

"종 차원의 이익을 위해서겠지요." 고생물학자는 빈정대는 듯한 미소를 지으며 대답했다.

---

* 에스파냐 '황금 세기'의 작가다. 복잡하고 모순에 찬 성격의 천재적 작가로 다방면에 걸쳐 눈부신 활동을 했다. 시 분야에서 그는 절제된 소네트를 썼으며, 냉소적이고 자유분방한 필체로 속물근성을 날카롭게 공격하기도 했다. 산문 분야에서는 특히 《엘 부스콘》이 유명하다.

"연어가 종 차원의 이익을 위해 죽을 필요는 없을 텐데요."

"물론이지요. 번식해서 다음 세대에 모든 것을 물려주고 나면, 대지의 여신이 부여한 임무는 다 완수한 셈이죠. 우주에 대한 의무를 다했다는 생각에 행복과 기쁨에 겨워 생명을 바치는 것이지요. 바로 이것이 선생님이 '의미를 찾는 존재'라고 불렀던 그런 사람들이 이야기하는 것이죠. 반대로 나와 같은 쾌락주의자들에게는 아무 의미도 없어요. 그 어떤 의미도요. 오로지 쾌락만을 찾을 뿐이에요. 선생님이 쾌락이라는 말의 의미를 잘 이해했으면 좋겠어요."

"가슴 아프기는 하지만 내가 이해할 수 있게 설명했어요. 왠지는 잘 모르겠는데, 당신이 몇 번 언급했던 《생의 비극적 의미》*라는 우나무노의 책 제목도 떠올랐고요."

"그렇지만 연어 타르타르는 괜찮지 않았어요? 별로인가요?" 그는 슬쩍 비극적인 상황에서 벗어나려 했다.

"삶의 의미에 대한 성찰이 왜 당신을 힘들게 했는지는 잘 모르겠지만, 연어 타르타르는 정말 좋았어요."

"쾌락주의자에게는 분자나 원자밖에 없어요. 쾌락주의는 순수한 의미의 과학이거든요. 이는 삶의 쾌락을 향해 차분하게

✢   《생의 비극적 의미(Del sentimiento trágico de la vida)》는 1913년 출간된 우나무노의 대표작이다. 쇠렌 키르케고르와 이그나시오 데 로욜라의 영향을 받아 현대인의 실존이라는 문제에 천착한 이 작품은 작가 사후 한때 교황청의 금서 목록에 들어가기도 했다.

열린 정신 상태를 모색하는 것을 의미해요."

"내가 보기에는 당신 정신 상태가 삶의 쾌락을 향해 차분하지도 않고, 열린 것 같지 않은 날도 적지 않았어요."

"하지만 지금은 그런 상태예요. 정신과 감각이 균형을 이룬 아타락시아ataraxia**를 느끼고 있어요."

"역경에 직면해서도 침착함을 유지하는 그런 상태인가 보네요." 나도 한마디했다.

"원하는 대로 말씀하셔도 돼요."

"나 역시 아타락시아에 들어선 것 같아요."

"그렇지만 선생님은 일들이 뭔가 이어진다고 믿잖아요." 아르수아가는 고집스레 나를 자기 동아리에서 밀어내려는 눈치였다. "그런데 이런 생각은 쾌락주의와는 양립할 수 없거든요."

"계속 당신을 실망시키는 것 같네요. 어떤 이유에서건 나는 별 볼 일 없는 네안데르탈인에 불과해요. 모든 것이 닥치는 대로 여기저기 부딪히는 원자로 이루어졌다는 것을 부정하지 않아요. 하지만 내가 말하고 싶은 것은, 아무리 그렇게 믿고 싶어도, 첫 번식의 순간 생을 마감하는 종이 왜 있어야 하는지와 그렇다면 다음 번식을 위해 살아남는 종은 왜 있는지를 동시에 설명할 수 없다는 거예요."

** 잡념에 사로잡히지 않고 동요 없이 고요한 마음의 상태. 에피쿠로스 철학에서 행복의 필수 조건이며 철학의 궁극적 목표다.

"유일하게 설득력이 있는 설명은 기계론적인 성격을 띠고 있어요."

"그렇지만 자연의 법칙에 대해 의문을 품는 것이 나쁜 것은 아니죠."

"물론이에요. 과학의 전통은 바로 그런 것으로 이루어져 있어요."

"다음 세대에 길을 열어 주는 바로 그 순간에 생을 마감하는 그런 종이 있는 이유가 뭐냐고 학생이 묻는다면 뭐라고 대답할 건가요? 그렇지 않은 종도 있는데 말이에요."

"그 질문에 대답하려고 노력은 할 거예요. 그렇지만 우선 '잘 모르겠다'는 말로 시작할 거예요."

"'잘 모르겠다'로 시작한다고요?"

"그렇게 시작해서 더 생각해 봐야겠죠."

"계속해 보세요."

"성, 죽음, 이타심으로 나아갈 거예요. 바로 이것이 신다윈주의가 직면하고 있는 세 가지 문제인 셈이지요."

그 순간 루이스 가요가 우리 이야기를 끊었다. 이번에는 대나무 잎 위에 올려놓은 음식을 가져왔다. 불 맛을 입힌 참치 봉봉bombon으로, 다양한 소스와 함께 나왔는데, 어떤 것은 좀 매울 것 같았다. 여기에 더해 콩알만한 고추냉이와 삿갓조개 맛이 난다는 해조류도 있었는데, 곧 먹어 볼 생각이다.

"세련과 효율의 극치네요." 아르수아가가 이야기했다.

"나도 동의해요."

"베르데호 와인 한 병 더 시킵시다."

나는 순간적으로 다이어트를 떠올렸으나 이미 완전히 포기한 상태였다. 뭔가 찝찝한 생각도 없지는 않았지만, 불 맛을 입힌 참치 봉봉에 젓가락을 대기 시작하면 금세 사라져 버릴 것 같았다. 알코올 기운과 음식에 마음이 약해져 나는 고생물학자에게 다이어트 중이라고 고백할 뻔했다. 그러나 쾌락주의자가 내릴 수 있는 결정 같지 않다는 생각에 억지로 참았다.

"우리는 연어가 세멜파러스여서 번식하는 순간 죽는다는 이야기를 했어요. 선생님은 이테로파러스iteroparous예요. 반복한다는 의미의 'iterum'과 아이를 낳는다는 뜻의 'parum'을 합성해서 만든 단어죠. 한마디로 선생님은 죽기 전에 여러 번 번식에 참여할 수 있어요."

"경제적이고 감성적인 면에서 많은 문제를 일으키지요. 그렇지만 문제 없는 삶이 있겠어요?" 고추냉이의 맛을 보기 전에 이야기를 마쳤다.

"지나친 감상주의에 빠지진 마세요. 왜 내가 대나무 잎을 깐 요리를 청했는지 아세요?"

"모르는데요. 그러나 이 요리는 삶의 반대 측면에서 의미가 충만하다는 사실을 곧 알게 될 것 같네요."

"대나무는 일반적으로 씨로 번식하지 않아요. 정말 잘 자라지요. 어디든 잘 침투하는 식물인데, 뿌리가 이리저리 다시 돋

아나는 형식으로 자라요. 선생님도 대나무 줄기 하나만 손에 넣으면 전체 대륙을 바꿔 놓을 수도 있어요. 만약 통제하지 않는다면 정말 빠른 속도로 마구 자라 퍼져 나갈 테니까요. 이것은 나무가 아니라, 일종의 풀이에요. 목질 부분이 있지만 엄연히 벼과에 딸린 식물이죠."

"정말 엄청나게 독한 선사 시대의 풀인 셈이네요."

"게다가 100년에서 150년 정도나 살아요. 그러다가 어느 날 갑자기 꽃이 피는데, 그러면 바로 죽어요. 바로 여기에 성의 문제가 있어요. 꽃을 피우고 복제함으로써 얻는 이익이 뭘까요? 왜 어느 날 갑자기 몇십 년 동안 잊고 지내던 수분이 필요하다는 생각을 했을까요?"

"근친 교배를 피하기 위한 것 아닐까요?" 나는 용기를 내어 이야기했다.

"생물은 근친 교배가 무슨 말인지도 몰라요." 아르수아가가 지적했다.

"우리는 근친 교배가 얼마나 파괴적인 성격을 띠고 있는지 잘 알고 있는데…"

"우리 인간은 그렇죠. 그러나 자연은 미래를 보는 눈이 없어요. 미래를 보려고 하지도 않고 계획을 세우지도 않죠. 이 말을 적어 놓으세요. 이건 내 말인데요. 진화는 어느 곳으로 나아가는 것이 아니라, 우연히 찾아내는 거예요."

"적어 놨어요."

"진화는 목적이 없어요. 그렇지만…. 대나무는 자살한다는 사실을 우리는 놓쳐서는 안 돼요. 정말 엉뚱하죠. 안 그래요? 꽃이 피면 죽는다니. 동물들에게만 사용할 수 있는 개념인 세멜파러스처럼요."

"프로그램된 죽음인가요?"

"혹시 아가베 아세요?"

"네! 데킬라의 원료가 되는 선인장의 한 종류지요."

"이것도 정말 수명이 길어요. 그런데 어느 날 갑자기 꽃대가 올라오면 열매를 맺고 죽어요."

"대나무와 똑같네요."

"대나무는 분명히 좋은 조건에서만 꽃이 펴요. 아마 100년에 한 번 정도일 거예요. 그렇지만 그런 조건이 형성되면 번식을 하고 죽는 것이지요. 왜 그럴까요?"

"자연이 현명해서 그런 것 아닐까요?"

고생물학자는 잔을 입으로 가져가며 미소를 지으며, 비꼬는 투로 한마디 덧붙였다.

"파차마마Pachamama*를 비롯한 그 모든 것, 다시 말해 어머니 격인 자연이겠죠."

"그렇지 않다면 무엇이겠어요?"

"쉬지 않고 일하는 '죽음의 낫'이라고 할 수 있는 자연 선택

❊　　안데스 지역의 '대지의 여신'을 의미한다.

아닐까요?"

"오케스트라를 지휘하는 사람이 없는데, 도대체 왜 생명이 무너져 내리지 않죠?"

"쾌락주의자라면 스스로 작동하는 완벽한 기계라 그런다고 했을 거예요."

"어떤 종은 출산하다가 죽고, 어떤 종은 새끼를 길러내고, 어떤 것은 한 달을 살고, 또 어떤 것은 70년을 사는, 그런 완벽한 기계…. 시계처럼 작동하는 이 명명백백한 카오스를 자연 선택이 만들었다는 것이네요."

"미치겠지만 그렇긴 해요. 자연 선택이요."

"아르수아가, 당신의 이야기를 받아들일 준비가 다 돼 있는데, 아직도 의문점이 많네요."

"의미를 찾으려고 하지 마세요. 쾌락주의자가 되어 스스로 즐겨 보세요. 선생님은 진화가 만들어 낸 정말 희한한 의식이라는 선물을 받았지만, 그 이상은 아무것도 없어요. 선생님을 혼란스럽게는 못하게 해야 해요. 그럼 돼요."

"선물을 받았다는 그 말은 펠릭스 로드리게스 데 라 푸엔테가 한 말과 비슷하게 들리네요."

"그럴 거예요. 우리는 운이 좋은 물질인 셈이지요. 다른 존재들은 살아가면서도 산다는 것을 모르니까요. 선생님은 두 눈을 부릅뜨고 살 수 있어요. 그렇지만 의미도 없고, 파차마마도 없고, 아무것도 없어요."

"그렇다면 의미의 부재에 관해 이야기해 봅시다."

"지금은 아니에요. 지금은 못 해요."

"그렇지만 의미의 부재에 관한 이야기가 있어야 할 것 같은데요."

"선생님에게 구원받을 기회를 드린 거예요. 모든 것이 폭력일 수밖에 없는 그런 곳에도 실제로 협력이 있다는 사실을, 모든 것이 살기 위해 투쟁하는 그런 곳에서 고결한 투쟁을 느끼는 것만으로 충분해요. 짐승 같은 폭력이 난무하는 곳에서 용서를 찾아보려고 하고, 죽음만 있는 곳에서 헌신과 희생을 높이 평가하려고 하는 것만으로도요."

"내가 폭력을 봤던 그곳에서 당신은 무엇을 보았나요?"

"선생님은 폭력을 볼 수 없어요. 선생님은 일종의 히피인 셈이니까요. 폭력을 볼 수 있는 사람은 나 같은 사람이에요."

"그렇지만 폭력은 일종의 투사透寫 아닌가요? 치타가 가젤을 잡아먹는 것은 폭력이라고는 할 수 없죠. 그런 행위에 인간의 감정을 투사하지 않는다면요?"

"선생님이 생물학에 대한 따뜻한 시각을 전달할 수만 있다면 우리 독자들은 엄청나게 즐길 수 있을 거예요."

"우리가 생물학이 가지고 있는 확신에 대해 의문을 제기할 수 있다면 독자들은 정말 즐길 수 있을 거예요." 내가 되받았다.

"내가 선생님에게 구원받을 기회를 제공했다는 사실을 잘 적어두세요. 이렇게 적어 두면 되겠네요. '아르수아가가 미야스 선생님에게 구원의 가능성을 제공했다.'라고요."

"기독교인처럼 구원에 대해 말씀하시는군요."

"나는 선생님에게 린치를 당하지 않을 기회를 준 거죠. 돌팔 매질 당하지 않을 기회를요. 반대로 내가 돌팔매질을 당할 기 회를 드린 셈이기도 하고요."

"의미의 부재를 실존주의적 성격의 허세로 이야기했어요. 쾌락주의자가 된다고 해도, 예를 들어, 당신 주변 사람들의 운 명으로 인한 고통에서 벗어날 수 있는 것은 아니지요."

"그럴 수 있어요!"

"걸림돌이, 감정적인 면에서의 걸림돌이 있을 수 있어요."

"다윈의 이야기처럼 들리네요. 다윈은 딸이 죽었을 때, '여기 까지!'라고 외쳤어요."

"그게 무슨 의미인데요?"

"애니라는 이름의 열 살짜리였어요. 아버지에게는 기쁨이었 죠. 병에 걸렸는데, 결핵이었던 것 같아요. 전문적으로 이 병을 치료하는 병원에 데려가, 당대의 모든 치료 방법을 다 써 봤지 요. 어찌 보면 정말 잔인하다는 생각이 들 정도의 치료 방법이 었는데, 예를 들어 얼음물에 샤워하는 것도 있었어요. 딸이 죽 자, 다윈은 '우리는 결국 여기까지 왔네!'라고 말했죠."

"어떻게 이것이 그의 생각을 바꿨죠?"

"모든 것을요. 의미가 없다는 거죠."

루이스 가요가 다시 왔다. 이번엔 두 개의 브리오슈 빵을 바삭하게 구운 비스코테에 캐비아를 조금 얹은 디저트를 가지고 왔다.

"이거 진짜 철갑상어 알인가요?"

"물론이지요. 뭐라고 생각했는데요?" 아르수아가는 약간 짜증을 냈다. "내가 메뉴를 준비할 때는 모든 것에 정말 공을 들여요. 철갑상어는 정말 재미있는 친구죠. 140년 이상을 살 수 있으니까요."

"그동안 몇 번이나 번식하죠?"

"매년 해요."

"캐비아를 먹자니 미안하기도 하고 죄 짓는 것 같기도 해요. 이렇게 비싼 것을…."

"자책하지 마세요. 한입에 넣어 보세요."

눈을 감자마자 그의 말에 따랐다. 독특하면서도 마음속 깊은 곳에서 우러나오는 맛을 느껴 보고 싶었다. 질감(버터처럼 크림이 많이 든 듯한 느낌)과 풍미의 균형이 완벽하다는 생각이 들었다. 알 하나를 베어 물자 향긋한 기름이 흘러나왔다. 그 맛을 즐기고 있는데, 아르수아가의 목소리가 깊숙한 곳에서 들려왔다.

"엄청나게 영양가가 높은 음식이에요. 단백질, 지방, 미네랄 등이 많이 들어 있지요. 정력에 좋을 뿐만 아니라 100그램당 3,000칼로리 정도를 담고 있어요."

다이어트 중이라는 사실을 잊지 않고 있었기에 칼로리 함량에 경계심이 일었지만, 이번 경험은 씁쓸하다는 생각이 들지 않았다. 어떻게 고생물학자는 내가 다이어트 중이라는 사실을 알아낸 걸까?

캐비아의 맛은 정말 강력하기는 했지만 덧없는 즐거움이었다. 그 순간 루이스 가요가 다시 다가왔다. 가장자리를 도자기로 처리한 철판을 양손에 들고 있었는데, 거기엔 랍스터가 놓여 있었다. 하느님, 맙소사! 나는 믿을 수 없었다. 이번 요리는 바다에서 맞는 휴가를 떠올리게 했다.

"이 철판으로 만든 접시는 정말 오래 가요. 가장자리의 도자기는 깨질 수 있지만 이건 절대로 안 망가져요."

"이 메뉴는 정말 예술이네요." 나도 한마디 덧붙였다.

"쾌락주의자들을 위한 메뉴죠."

"아무 의미도 없는 메뉴인 셈인가요."

"맥락이 있어 주문한 메뉴예요."

랍스터를 게걸스럽게 먹고 있는데, 아르수아가가 한 가지를 밝혔다.

"우리는 불멸의 종을 눈앞에 두고 있어요. 랍스터는 140년을 살 수 있지요. 길이로 나이를 알 수 있어요."

"랍스터는 몇 번이나 번식하죠?"

"철갑상어와 같이 매년 해요."

이 요리는 풍미뿐만 아니라, 고기의 씹는 맛을 즐기는 것 역시 중요하다는 생각에 조금씩 베어 먹었다. 완전히 따로 떼어 낼 수는 없었지만, 혀끝의 미각은 와인의 한 부분인 향기를 떼어 낸 후각처럼 씹는 맛과 풍미를 풀어헤치는 역할을 했다.

"랍스터는 나이를 먹어도 완벽한 상태를 유지해요." 아르수아가가 말을 이었다. "늙어도 기능이 떨어지지 않지요."

나도 좀 비꼬고 싶었다. "이 맛있는 요리도 터무니없어요. 의미도 없고요."

"의미는 없지만 맛은 있지요."

"내가 실없는 소리 한번 해 봤어요."

"이건 적어 놓으세요. 문어는 2~3년 정도 살아요. 그런데 이 랍스터는 140년이나 살죠. 이 두 동물의 경우 각각 프로그램된 퇴화가 분명히 있어요."

"그렇지만 그건 미스터리죠. 누가 각각의 생물 종의 수명을 짰을까요?"

"모든 종이 각자 특성이 있어서 그래요."

"답이 무엇이든지 간에 각각의 종들이 서로 다른 이유에 대해 질문하지 않을 수 없는 것 같아요."

"그렇게 마음이 쓰이면, 지능을 비롯한 모든 것을 갖춘 유기체로서의 지구를 논하는 파차마마 학파에 가입해 보세요."

"사실 이 모든 다양성을 전제로 한다면, 다시 말해서 이 모든 카오스적인 상황에서는 갑작스레 통합을 느낄 수도 있다는 것이지요."

"시스템의 존재를 감지할 수 있어요." 고생물학자는 미묘한 차이를 만들었다. "생태계는 고려해야 할 요소가 많으면 많을수록 복잡해지지요. 그리고 복잡성이 크면 클수록 더 많은 특성을 가지게 되고요. 정치인들에게 시스템 생물학을 가르쳐야 해요. 복잡성이 크면 잠재력도 더 커지는 법이거든요. 이것이 시스템 생물학의 기본 원칙이에요. 그건 그렇고, 이제 후식을 주문하시죠. 혹시라도 후식에 그 답이 있을지 모르니까요."

"당신의 대답은 필요 없다는 생각이 드는군요. 이 요리가 뭐에 대한 것인지는 잘 모르겠지만 대답이 되었다는 생각이 들었거든요. 대답일 수 있겠다는 느낌이 들었어요."

루이스 가요가 흠잡을 데 없는 붉은색 과일을 곁들인 산양 치즈 토르타가 한 조각씩 담긴 접시를 들고 왔다.

"이 후식의 의의는 이 붉은색 과일에 있어요." 아르수아가가 이야기했다. "항산화제이거든요. 늙는다는 것은 산화의 결과물이라는 사실을 기억해야 해요."

"항산화제를 복용하고 있어요."

"축하합니다. 선생님도 제약 회사의 노예가 되었군요. 선생님은 너무 쉽게 모든 것을 믿어 버리는 것 같아요."

"사실 그래요. 항산화제를 복용하는 것에 문제가 있나요?"

"겨우 3년밖에 못 사는 불쌍한 생쥐에 주목해 보세요. 30억 년에 걸친 진화 과정에서 랍스터처럼 항산화제를 만들어 내지 못했다면 왜 그런 걸까요? 쥐가 바보여서 그런 걸까요?"

그 순간 루이스 가요가 우리 가까이에서 컵을 바닥에 떨어트려 큰소리를 내며 산산조각이 났다. 아르수아가가 얼른 그에게 가서 이렇게 이야기했다.

"컵이 깨졌군요."

"네. 깨졌어요. 손님이 깨지 않으면 제가 깨 먹죠."

"컵을 산 다음 절반 정도가 깨질 때까지 대체로 얼마나 걸리나요?" 아르수아가가 질문을 던졌다.

"오늘 컵을 100개를 샀다면 6~7주 정도면 50개 정도가 사라져요." 종업원이 대답했다.

"마모가 되어서 그런 게 아니라 사고로 그렇다는 거죠?" 고생물학자가 끈덕지게 물고 늘어졌다.

"물론이지요. 사고로 그런 거죠. 마모되어 사라지는 것은 하나도 없어요. 그럴 시간을 주지 않죠."

"잘 알았어요. 고마워요. 커피 좀 가져다줄래요?" 아르수아가는 주문한 다음, 술과 음식을 먹었음에도 내가 여전히 맑은 정신을 유지하고 있는지 알고 싶었던지 뭔가 계산기를 두드리는 듯한 눈길로 나를 바라보았다. "바로 여기에 답이 있어요. 노벨 의학상을 받았던 피터 B. 메더워Peter Medawar 경은 1950년대에 늙음과 죽음에 대해 신다원주의를 토대로 답을 주었어요."

"그래요?"

"그는 시험관으로 했는데, 컵으로 해도 마찬가지예요. 실험실의 시험관이 얼마나 버텼을까요? 예외 없이 사고로 깨지기는 했어요. 시험관이든 컵이든 늙어서 죽는 것은 없어요. 평균 수명은 얼마나 될까요?"

"각자 다르겠지요."

"모든 시험관은 이 레스토랑의 컵과 똑같이 깨졌어요. 사실 컵은 불멸의 존재예요. 늙지 않는 거죠. 그렇지만 평균 수명은 있어요. 방사성 원소의 반감기처럼요. 선생님이 불멸의 존재라고 한번 상상해 보세요. 그럼 죽을까요?"

"그래도 죽을 것 같아요. 메더워 경의 시험관이나 이 레스토랑의 컵처럼요."

"맞아요." 아르수아가가 결론을 내렸다. "우리가 이야기했듯이 자연에는 늙음도 없고 노쇠라는 것도 없어요. 오직 완전하거나 죽거나, 둘 중 하나만 있을 뿐이지요. 랍스터는 불멸의 존재예요. 그런데도 죽어요."

"왜죠?"

"자연에서는 사고를 당하거나, 감염되거나, 기생충 때문에, 굶어서, 잡아먹혀서 죽는 거죠. 빠르거나 늦거나의 차이만 있을 뿐이지 모두 다 시험관이나 컵처럼 떨어져 깨지게 되어 있어요. 자연에서는 만성 질환이 없어요. 이런 병이 생길 정도의 나이까지 가질 못하니까요. 이런 것은 인간에게만 있어요. 대부분의 만성 질환은 60세 이후에 발생하는데, 심혈관, 호흡기, 신경 계통의 퇴화 과정과 관련이 있어요. 자연에서는 아무도 늙을 때까지 살지 못하기 때문에 만성 질환이라는 것이 없어요."

"그렇군요." 이해한 척했다.

"5년 후 컵이 어떻게 되어 있을지 궁금해할 필요가 없어요. 그때까지 남아 있을 컵이 없을 테니까요. 모든 종은 평균 수명이 있어요. 랍스터는 튼튼하고 힘도 세지요. 그리고 별로 많이 먹지도 않아요. 그래서 평균 수명이 긴 거예요. 내구성이 강한 컵인 셈이죠."

"듀라렉스*의 컵을 생각해 볼 수 있겠네요." 엉뚱한 이야기를 불쑥 꺼내 들었다.

"문어에게는 무슨 일이 일어난 걸까요?" 흥에 겨운 아르수아가는 자기 이야기만 이어 나갔다. "문어는 오랜 시간 포식자로 진화하는 과정에서 보호대 역할을 하는 등껍질을 잃은 연체동물이지요. 주로 땅바닥에 붙어서 살아가는데, 약점이 많아요. 쉽게 노출될 수밖에 없는 것이 먹이를 구하기 위해서 움직일 수밖에 없거든요. 문어는 깨지기 쉬운 유리잔이나 마찬가지에요. 바라보기만 해도 깨져 버리는 그런 컵이요."

"이해할 수 있을 것 같아요. 그런데 왜 번식할 때 죽나요?"

"곧 이해하게 될 거예요. 언제일지는 잘 모르지만 곧 알게 되겠죠. 지금은 이 이야기에만 주의를 기울여 들어보세요. 어떤 동물이든 자연에서 정상적인 삶을 사는 중에 만성이라고 부르는 질병에 노출이 되면, 죽어서 마침표를 찍게 돼요. 아니면,

---

✿   강화 유리로 식기 및 주방용품을 만드는 회사다.

살아남지 못해서 같은 결과를 가져오는 거죠. 선생님이 돌연변이 유전자를 가지고 있다고 생각해 보세요. 그런데 그 유전자 때문에 꽃다운 사춘기인 15세에 당뇨병에 걸렸다고 말이에요. 어떤 일이 벌어질까요? 번식하기도 전에 죽을 거예요. 그리고 돌연변이 유전자를 누구에게 물려주지도 못하겠죠. 함께 죽을 테니까요. 이는 자연 선택이 선생님이 번식하기 전에 먼저 그것을 추적해서 제거한다는 것을 의미하지요. 선생님을 제거해 버리는 거예요. 그런데 이번에는 이런 당뇨병이나 기타 질병에서 발현될 수 있는 돌연변이 유전자가 나이 지긋한 40세에 나타났다고 상상해 보세요. 비록 다 키워 낼 수는 없겠지만 아이를 가질 수 있는 충분한 시간이 있을 거예요. 그렇지만 마지막에 태어난 아이들은 죽을지도 몰라요. 이는 다른 사람들보다 아이가 적을 수밖에 없다는 것을 의미하지요. 다른 말로 하면 자연 선택이 결국 이것도 제거할 거란 것이지요."

"계속해 보세요."

"계속할게요. 그런 돌연변이 유전자가 사람들 대부분이 70살 이상은 살지 못하는 그런 세상에서, 80세에 나타났다고 해 봅시다. 이런 유전자는 자연 선택의 눈에는 보이지 않는 셈이에요. 레이더에서 벗어나 계속 머물 수 있게 되는 거죠."

"길들인 동물이나 마찬가지인 인간에게는 무슨 일이 벌어지죠?"

"길들였다는 것 특유의 보살핌 때문에 모든 컵이 깨졌을 때도 살 수 있지요. 다시 말해 죽는 것이 당연한 그런 순간에도 말이에요. 조상들의 특성을 다 축적해 놓은 유전자들, 특히나 나이에 비해 늦게 발현되는 유전자들이 추적을 당하지 않았기 때문에 활성화되는 거예요. 자연 선택의 눈에 띄지 않은 유전자들의 발현을 우리는 늙었다고 하는 거죠. 이런 현상은 우리 인간이나 우리가 길들인 동물만 겪고 있는 것이고요."

"아르수아가, 나를 너무 놀라게 만드는군요. 정말 기가 막힌 설명이에요."

"선생님은 이제 75세이니까 원래대로라면 살아 있어서는 안 되는 거예요."

"고마워요."

"그리고 살아 있어서는 안 되기 때문에 자연 선택에게 왜 그런 유전자를, 다시 말해 선생님을 파괴하는 그런 유전자를 제거하지 않는지 물으면 안 되지요. 자연 선택은 아마 '당신은 죽었어야 하는 사람이에요.'라고 대답할 게 뻔하니까요."

"우리가 늙었다고 하는 것이 그렇다면 자연 선택이 추적하지 못한 유전자들의 집합이란 것이지요. 그리고 그것들을 추적하지 못한 이유가…"

"…실제로 모든 종의 개체가 그 전에 죽기 때문이지요."

"만약 의학과 특별한 보살핌을 통해 우리 인간에게 부여된 수명을 뛰어넘는다면…"

"… 자연 선택의 감시를 벗어난 모든 유전자가 결국 다 발현하겠지요."

"나는 죽었어야 마땅한 셈이네요. 나의 지병은 결국 도망 나온 결과고요."

"잠깐 메더워 경과 그의 시험관 이야기를 계속하기로 하지요. 루이스 가요와 유리컵이라고 해도 좋고요. 늙었다는 것은 자연에서는 존재하지 않아요. 자연에서는 아무도 그렇게 늙을 때까지 살 수 없으니까요. 신체적으로도 강하고 먹는 것도 적기 때문에 더 오래 버틸 수 있는 종이 있어요. 상어는 별로 먹지 않기 때문에 문어보다 오래 살지요. 그렇지만 자연 선택과 사고 그리고 천적이 있어요. 사고는 일종의 폭풍우나 아주 매섭게 추운 겨울과 같지요. 포식자는 적인 셈이고요."

나는 뭔가 털어놓고 싶었다. "만성이라고 부르는 병은, 그러니까 늙은이들만의 특징인 셈이네요. 다시 말해 애완동물과 함께 늙어 갈 수 있는 인간만의 유일한 특징이요."

"그런 셈이지요."

"내가 노인이 된다면 컵은 하나도 남아 있지 않겠네요."

"요약하자면, 자연 선택은 모든 생명체의 가임기에 발현할 수 있는 수많은 질병을, 즉 진화 차원에서 장애가 되는 질병을 재빨리 다 제거한다는 거죠. 자연 선택은 그런 것을 가지지 않은 개체에 더 우호적이니까요. 선생님이 만약 다섯 살 때 깨질 운명을 가진 유리잔이라면 처음으로 번식할 기회를 가졌을 때 모든 것을 다 줘 버리는 것이 나을 거예요. 살아남는 것이 별 의미도 없고, 별다른 보상도 없을 테니까요. 뭔가 챙기려고 할 필요가 없지요. 연어가 뭔가 남겨 둔다면 그것은 잘못된 거예요. 유전자 차원에서 전략을 잘못 짠 거죠. 완전히 비워 버리고 죽는 것이 바다로 돌아가 상어에게 잡아먹히는 것보다 나아요. 다음번에 강을 거슬러 오르다가 상류까지 가서 산란도 하지 못하고 죽는 것보다는요. 미야스 선생님, 아무 의미도 없어요. 물질의 법칙에 지배되는 원자의 춤밖에 없다고요."

"네! 선생님, 잘 알았습니다."

"네 문장으로 이 문제를 정리하기로 하죠. 첫째, 자연에서는 아무도 노인이 될 때까지 살지 못하기 때문에 늙음이 존재하지 않는다는 거죠. 자연 선택은 차후에 무슨 일이 일어날지는 볼 수 없어요. 둘째, 모든 것이 이런 식인데, 젊었을 때 모든 것을 주려고 노력할 뿐만 아니라 기대 수명에 맞춰 번식하려고 노력한다는 거죠. 만일 140년을 살 수 있는 종에 속한다면 적절히 조절할 거예요. 그렇지만 3년밖에 살지 못한다면 100미터 달리기를 하는 것처럼 모든 것을 한꺼번에 다 주려고 할 거예요. 세멜파러스가 되어야 하는 거죠. 메더워 이름 옆에 이 이름도 함께 적어 두세요. 곧 나타날 건데요, 윌리엄스요. 조지 C. 윌리엄스죠.

이분은 생물학자인데 지난 20세기 60년대에 우리가 앞으로 자주 보게 될 수명에 관한 연구를 발표했어요. 그렇지만 지금 우리 책에서 중요하게 다룰 수밖에 없으니까, 그가 연구를 통해 주장했던 것을 잠시 알려드릴까 해요. 죽음이 만일 프로그램된 것이라면, 내적인 원인 때문이라면, 종에 따른 것이라면, 그렇다면 우리 인간은 모순처럼 보일지 모르겠지만 구원을 받은 셈이에요. 프로그램된 죽음에 책임이 있는 유전자는 몇 가지가 되지 않을 테니까요. 혹시 하나일지도 모르고요. 그 하나만 바로 잡으면 불멸의 존재가 될 수 있을지도 몰라요. 그러면 기아, 사고, 잡아먹히는 것, 전쟁, 팬데믹, 운석 등의 죽음과 관련된 외적인 요인만 신경을 쓰면 될 거예요. 만일 이런 것만 피할 수 있다면 우리는 절대로 죽지 않을 수 있는 거죠. 위험을 감수하지 않아도 되니까 절대로 깨지지 않는 그릇과 같은 존재가 되는 셈이에요.

그렇지만 메더워가 말한 것처럼, 노화와 죽음이 켜켜이 쌓인 수많은 유전자로 인해 일어나는 것이라면, 만일 원인이 유전자 차원의 장애물 때문이라면, 그렇다면 우리는 패배할 수밖에 없어요. 선사 시대에 자연 선택이 그것들을 보지 못한 탓에 켜켜이 쌓여 있는 모든 유전자를 하나씩 차례차례 고쳐야 하니까요. 그럴 가능성이 크기는 하지만, 많은 유전자 탓이라면 우리는 절대로 불사신이 될 수는 없어요. 윌리엄스의 결론은 우리 인간에게는 할 수 있는 것이 없다는 거예요. 윌리엄스도 프로그램된 죽음을 믿고 싶었을 거예요. 그렇지만 윌리엄스는 우리에게 희망을 잃게 될 거라고 했어요. 그러므로 그의 말이 맞는지 아닌지 검증해야 해요. 프로그램된 죽음인지, 유전적인 차원의 장애물인지를요. 이것이 문제예요."

"잘 적어 놨어요. 그렇지만 마지막으로 한 가지 대답해 보세요."

"뭘요?"

"혹시 메더워의 시험관 이야기를 나에게 꺼내려고 할 때 시간에 맞춰 컵을 깨라고 종업원과 약속했어요?"

아르수아가는 미심쩍은 표정으로 눈썹을 치켜떴다.

"그리고 또 하나 있어요. 랍스터의 영원성과 비교하려고, 도자기를 덧대기는 했지만 절대로 깨지지 않고 평생 갈 수 있는 철제 접시에 문어를 내오라고 부탁한 거예요?"

"미야스 선생님, 내가 미쳤다고 생각해요?"

"아뇨. 그렇지만 장면 설정이 너무 작위적인 느낌이 들어요."

집에 도착해 내 노트를 검토하면서 뭔가 빠진 것이 있다는 것을 깨달았다. 그래서 고생물학자에게 성과 죽음에 관해서 이야기를 나눴지만, 이타성과 협력에 대해서는 아직 이야기하지 못한 것 같다고 메일을 썼다. 그는 이렇게 답을 해왔다.

"서두르지 마세요. 이타성에 대해서도 이야기할 시간이 있을 겁니다. 성과 죽음에 대한 내 이야기를 이해했다면 오히려 내가 설명을 잘못한 것인지도 모르겠습니다."

5

할머니 가설

아르수아가는 나에게 전화를 해서 운동복을 사라는 이야기를 했다.

"운동복은 왜요?" 내가 물었다.

"선생님을 체육관에 데려가려고요."

"평상복을 입고 가면 안 되나요?" 나는 고집을 피웠다.

"너무 눈에 띌 걸요?" 나에게 주의를 주었다.

나는 집 근처 코르테 잉글레스[*]에 있는 스포츠 의류 매장에 갔지만, 박애 정신이 투철한 점원이 나에게 손을 내밀 때까지 몇 바퀴를 빙빙 돌아야만 했다.

"정장식 운동복을 찾고 있어요." 점원에게 이야기했다.

"정장식 운동복이요?" 그녀는 믿기지 않는다는 표정을 지었

❖   스페인에서 가장 큰 백화점.

다. "정장식 운동복이 뭔데요?"

그녀에게 체육관에 가야 한다고 이야기했다.

"그런데 딱 한 번만 갈 거예요." 한마디 덧붙였다. "그래서 나중에는 저녁 먹으러 나갈 때 입으려고요."

점원은 '정장식 운동복'이란 표현 자체가 모순이라는 것을 설명하기에 앞서, 나를 안타깝다는 표정으로 바라보았다. 나의 놀란 얼굴을 보고서 자기가 언어학을 전공했다는 사실을 밝혔다.

그달에만 전혀 예기치 못한 곳에서 서너 번째 언어학자를 만나는 것 같았다. 도대체 언어학계에 무슨 일이 일어난 것인지 궁금했다.

"정장식 운동복은 없어요." 언어학을 전공했다는 점원이 결론을 지었다. "표현 자체가 모순이거든요."

경제적인 차원에서 보면 불행일 수밖에 없는 이 사실을 받아들일 수밖에 없어서, 평소에 비하면 지나치게 작은 치수의 검은색 운동복을 하나 골랐다. 아르수아가 때문에 폭식한 적도 있었지만, 다이어트는 상당히 좋은 결과를 가져왔다. 6킬로그램이 빠졌는데, 특히 허리가 많이 빠졌다. 치수가 큰 옷을 산 지 몇 달, 아니 몇 년 만에 작은 치수의 옷을 사려니까 신기하다는 생각도 들었다. 탈의실 거울 앞에서 정말 가벼운 느낌의 그 옷이 나에게 잘 맞는지 살펴보면서 나는 인도의 브라만이 된 듯한 기분이었다. 이제는 나의 열정을 한 차원 더 높여 고생물학자가 열망하던 아타락시아를 정복하기 위해 요가 수업에, 물론 정신 수양을 주로 하는 요가 수업에 등록만 하면 될 것 같았다. 욕망과 두려움을 없애고 완벽한 평정심이라고 정의할 수 있는 영적인 상태에 도달했다는 것을 밝힐 수 있을 거란 생각만으로도 나는 마음이 절로 즐거워지는 것을 느꼈다. 시기猜忌란 쾌락주의자에게는 맞지 않는 감정이란 사실을 잘 알면서도 아르수아가는 부러워 죽으려고 할 것이다.

전화로 운동복을 샀다는 이야기를 하자, 4월 14일 아침 9시에 자기 집 앞에서 보자고 약속을 잡았다.

"국경일인데요."

"맞아요. 하지만 우리가 하려고 하는 일은 국경일과는 아무 상관이 없어요."

약속한 날 고생물학자가 자기 집 현관을 나서자마자, 나의 날씬함을 돋보이게 해 줬을 뿐만 아니라, 스타일을 확실하게 살려 준 검은색 옷을 보자마자 악담을 했다. 나는 그의 놀라는 모습을 보며 영악한 미소를 지었다.

"지금 다이어트 중이에요." 어디 아픈지 물어보기 전에 내가 먼저 털어놓았다.

"미야스 선생님, 제발 비쩍 마른 해골이 되려고는 하지 마세요."

내비게이션이 알려주는 길을 따라 교외에 있는 몬테카르멜로Montecarmelo에 가는 도중에, 아르수아가는 다이어트가 사람들이 살아갈 수 있는 일종의 생태적 적소niche*라는 설명과 함께, 하루에 다섯 끼를 먹는 식사법에 기초한 내 다이어트를 훼방 놓으려 들었다.

"생태적 적소란 일종의 해야 할 일과 관련이 있어요." 여기에 한마디 덧붙였다. "만약 선생님이 자고새처럼 곡물을 주로 섭취한다면, 둥지가 바닥에 있을 거라는 것을 의미하지요. 이 경우 태어나자마자 포식자들에게 노출될 수밖에 없어요. 그래서 여기에서 이소성異所性**이라는 특성이 나오는 거예요. 다시 말해 포식자들을 피하려고 전속력으로 둥지를 벗어나는 거죠."

"그것이 나의 다이어트와 무슨 상관이죠?"

"내가 선생님에게 말하고 싶은 것은 생태적 적소가 완벽하게 맞을 수도 있지만, 그렇지 않을 수도 있다는 거죠. 다이어트는 퍼즐 이상의 조각이라는 거예요. 그렇지만 선생님이 만족하고 있다면, 더 이상 사족을 달지 않을게요."

"내 생태적 적소에 맞는 다이어트를 하고 있다고 생각해요."

❀　　적소(適所)는 생태계에서 한 종이 살아가는 방식을 말한다. 즉, 밤과 낮, 새벽 중 언제 먹이 구하기 활동을 할 것인가, 무엇을 먹을 것인가, 얼마나 자주 먹을 것인가, 숲속, 물속, 평지 중 어디서 살 것인가 등 번식과 생존을 영위하기 위해 그 종이 생태계에서 갖는 위치를 말한다. 본문에서는 맥락에 따라서 삶의 방식이라는 의미로 쓰인다. (감수자 주)

❀❀　생태적, 지리적으로 두 지역에 갈라져 사는 개체가 서로 만날 수 없는 성질.

나를 방어하고 싶었다. "기본적으로 머리로만 일하는 책상머리 노동자를 위한 거라고 생각하니까요."

"선생님은 그렇게 생각할 거예요. 선생님은 그런 분이니까요. 그렇지만 선생님의 유전자는 구석기 시대의 유물이에요. 그런데 구석기 시대의 인간은 먹을 수 있을 때만 먹고, 강제적으로 오랜 시간 동안 금식을 해야 했죠. 선생님, 이런 것을 한번 상상해 보세요. 곡물을 주로 먹는 새가 영양사로부터 주변에 존재하지 않는 곤충을 추천받았다고 말이에요. 그럼 생태적 적소에서 살 수 없을 뿐만 아니라, 다른 새가 만들어 낸 것도 먹을 수 없어요. 물고기가 소고기를 먹을 수는 없잖아요."

"혹시 잠을 잘 못 잤어요?" 자기에게 화가 난 것 같은데 나에게 화풀이하고 있다는 생각이 들어 이런 질문을 던졌다.

"잘 잤는데요." 딱 잘라 이야기했다.

"그런데요?"

"뭐가요?"

"무슨 일 있었어요?"

"일어나자마자 학교의 관료적인 냄새가 풀풀 나는 직원들과 설전을 벌이는 등의 몇 가지 일이 있었어요."

"관료제도 삶의 일부예요." 나는 선승禪僧이나 된 양 이야기했다. 나와 비교했을 때 훨씬 더 아타락시아와는 멀리 떨어진 곳에 있다는 것을 보여 주고 싶었다.

"한 가지 말씀드릴 것이 있어요." 그가 속내를 털어놓았다.

"사람들이 정말 피곤하기도 하고, 인간들 때문에 기운도 다 빠져요. 가끔은 나 혼자 있었으면 좋겠어요."

"원한다면 나도 차에서 내릴게요."

"그 말은 잊어버리세요. 선생님께 말씀드리고 싶었던 것은, 어찌 보면 선생님은 별 볼 일 없는 인간일 수 있지만, 선생님의 유전자는 그렇지 않다는 거죠. 선생님의 유전자는 수렵-채집인의 유전자예요. 강을 건너고 툰드라 지대를 가로지르며 추위와 더위를 견뎠고, 운이 좋으면 하루에 한 번 정도 식사를 했던 그런 사람들의 유전자를 가지고 있다는 거죠. 대구찜 먹을 자격을 얻으려면 뭘 해야 했을까요?"

"엊저녁에 먹었던 건데요. 어떻게 알았어요?"

"선생님 얼굴만 봐도 충분하죠. 다시 돌아가, 그 생선을 먹으려고 무엇을 했어요?"

"여섯 시에 일어나 신문에 글을 하나 썼어요."

"유산소 운동도 했어요?"

"조금 걸었어요."

"그것은 유산소 운동이 아니에요. 긴장을 유발하지 않거든요."

"뒷맛이 좀 안 좋기도 했어요."

"불쾌한 뒷맛을 유발하는 그런 긴장을 이야기한 게 아니에요. 언젠가는 내가 선생님을 모시고 유산소 운동을 하러 갈 거예요. 그런 다음에 석기 시대 음식을 대접할게요. 원하신다면요. 물론 원하실 거라고 믿어요."

드디어 몬테카르멜로에 도착했다. 아르수아가는 온통 콘크리트와 유리 천지인 고층 건물의 주차장에 차를 세웠는데, 이곳이 바로 어마어마한 규모를 자랑하는 체육관GO fit이었다. 여러 체육관을 한곳에 모은 카르푸 같은 곳으로, 이와 비슷한 곳은 단 한 번도 본 적이 없었다. 프런트에는 과학적인 방법에 맞춰 계획적으로 실행하는 신체 단련을 통해서만 행복을 쟁취할 수 있다는 글귀가 커다랗게 쓰어 있었다. 기술과 혁신, 결국 이 두 가지가 있어야 더 오랫동안, 더 잘 살 수 있다고 결론을 내리고 있었다.

고생물학자가 정말 다양한 분야에 친구가 있다는 이야기를 여러 번 했던 게 생각났다. 관장이 우리를 맞아 주었는데, 그녀는 끝도 없이 긴 계단과 복도를 따라 막 수업을 시작하려는 필라테스 교실로 우리를 안내했다.

선생님의 이름은 마르타 페레스였는데 온몸에 건강미가 넘쳤다.

교실에는 15~20명 정도의 수강생이 있었는데, 대부분이 50~60대의 아주머니 수강생들이었다. 각자 자기 공간을 차지하고 있었는데, 검은색 바닥에 하얀색 사각형으로 구분되어 있었다. 아르수아가와 나를 위해 두 개의 공간이 예약되어 있었다.

내 운동복이 가장 우아한, 아니 가장 새것이란 사실을 알 수 있었다. 아르수아가를 포함한 다른 사람은 모두 운동복을 벗고 반바지나 레깅스에 셔츠 차림이었다. 나는 운동복 안에 속옷만 입고 있었기 때문에 벗을 수 없었다. 나에게 아무런 정보도 주지 않은 고생물학자를 저주할 수밖에 없었다. 조금 우스꽝스럽다는 느낌이 들었다.

선생님인 마르타가 교실 전체를 주재하는 강단에 오르자, 몸의 굴곡이 다 드러난 스포츠 의류를 입고도 생리적인 욕망을 잘도 억누르고 있던 몸들이 일제히 움직이기 시작했다. 아르수아가는 나에게 수차례에 걸쳐 "인간의 몸이 특별히 아름답다고는 할 수 없어요. 하지만 몸에 딱 달라붙는 타이츠tights나 네오프렌neoprene을 입으면 우리는 신으로 변하지요."라고 이야기했었다.

근육질의 마르타 선생님은 물론이고, 그 자리에 있던 모든 여신과 남신 들이 이제 막 두 발로 걷기 시작한 동물 같다는 생각이 들었다. 그동안 잘 알고 지냈던 고생물학자가 반바지에 셔츠 차림이었는데도, 그것도 아타푸에르카*를 모티브로 만든 눈에 띄게 '예쁜' 셔츠를 입고 있는데도 볼썽사납다는 생각이 들지 않았다. 마드리드 산맥을 따라 오랫동안 행군을 하며, 그가 관리하고 있던 수많은 선사 시대 유적지를 오가며 만든 근

✻　스페인의 가장 중요한 고인류학 유적지. 마드리드 북쪽으로 기찻길을 건설하다가 우연히 발견됐으며, 호모 하이델베르겐시스, 호모 네안데르탈렌시스 등 수많은 화석이 발굴됐다. (감수자 주)

육이 여기저기 눈에 띄었다. 구두를 벗은 탓에, 그가 회색과 검은색으로 디자인된 양말을 신고 있다는 사실을 알 수 있었고, 한편으로는 자랑하고 싶은 마음을 참기가 너무 힘들었을 것 같다는 생각도 들었다. 여타 여자 수강생들과 마찬가지로 나는 다이어트 덕에 비록 마른 몸매를 가지고 있었지만, 외부인 같다는 느낌을 지울 수 없었다.

무슨 일이 이어졌더라?

내 외부에서 일어나고 있던 일보다 온통 내 이미지에만 신경 쓰고 있었기 때문에 기억이 좀 어렴풋해서, 별로 정확하단 생각이 들지 않았다. 그렇지만 선생님의 몇 가지 주문만은 똑똑히 기억할 수 있었다.

"가슴뼈에 신경을 쓰면서 어깨뼈를 낮추고, 바닥에서 접촉면을 찾아보세요. 이번에는 그 면을 머릿속에 그리면서 접점을 찾아보세요."

여신들과 남신들은 수천 번씩 연습한 발레 동작처럼 일사불란하게 움직였는데, 나는 도대체 가슴뼈와 어깨뼈가 어디에 있는지 기억하느라 바빴다.

"자, 숨을 들이마시고, 몸을 쭉쭉 늘려 보세요." 마르타가 주문을 이어 나갔다. "하나, 둘, 셋, 숨을 내쉬고, 몸을 활짝 열고, 다시 하나, 둘, 셋. 내 몸을 바닥에 고정하고, 하나, 둘, 셋."

여신들과 남신들은 다리를 들었다가 구부렸다가, 올렸다가 내렸다가를 반복했다. 강단에서는 계속 목소리가 들려왔다.

"가슴뼈를 위로, 몸을 위로 쭉 늘려 보세요. 머리는 고정하고, 사타구니를 조여 보세요. 그쪽은 움직이지 말고, 이쪽은 그대로 있으세요. 쭉쭉 늘리고 쫙쫙 펴 보세요. 내 몸을 바닥에 붙이고. 가슴뼈가 바닥으로 내려올 때는 허리도 따라 내려와야 해요. 십, 구, 팔, 칠…"

안무가 최면을 걸어왔다. 가끔이지만 시킨 동작 중 하나 정도는 제대로 따라 할 수 있었고, 그때마다 내 근육은 찌릿한 전류가 흐르듯이 나에게 고마움을 표했다. 나에게 "비로소 존재할 수 있게 되었어. 그동안은 죽어 있었는데 마침내 부활한 거야."라고 말하는 것 같았다.

운동을 끝낸 뒤 스포츠 센터의 카페에서, 내 입맛에도 맞는 (내 다이어트에도 괜찮을 것 같은) 원기 회복을 위한 달달한 주스를 앞에 놓고, 아르수아가는 피곤한 기색에도 불구하고 만족스러운 표정을 지었다. 그의 얼굴은 정상적인 쾌락주의자의 수준을 거의 회복했음을 잘 보여 주었다.

"이 사람들이 해부학 지식이 있다는 사실을 이제 알았죠?" 그가 입을 열었다. "내가 해부학을 공부하라고 강요했다고 학생들이 학장실에 가서 불평을 늘어놓았어요. 자기 할머니들보다도 모르면서요. 대둔근*이 어디에 있는지도 잘 몰라요."

❋ 　　큰볼기근. 엉덩이 부분에 있는 커다란 근육을 말한다.

"그렇군요."

"대둔근은 세 개가 있는데 인간의 근육 중 가장 큰 근육이라고 선생님에게도 말씀드린 것 같은데요. 안 그래요? 그런데도 대둔근의 기능을 대부분 모르고 있어요."

"이야기 안 한 것 같은데요."

"대둔근 이야기를 하면 정말 재미있어요. 성 선택과 관계가 있거든요. 이렇게 큰 대둔근이 아무 데도 쓸모가 없다면(실제로 전혀 중요하지 않다면, 내 말 잘 들으세요) 왜 그곳에 있겠어요."

"유혹하려고요." 거침없이 이야기했다.

"네! 잘 따라오는 것 같군요. 잘 생각해 보면 우리 인간은 엉덩이를 가진 유일한 종이에요. 만약 고릴라에게도 엉덩이가 있다면 인간과 비슷해졌을 거예요. 침팬지에게 날씬한 허리와 멋진 엉덩이가 있다고 한번 생각해 보세요. 정말 섹시할 거예요. 그런데 최소한 인간의 시각에서 보면 그렇지 않거든요. 일단 발정기가 되면 항문과 생식기 근처에서 커다란 종기처럼 생긴 일종의 붉은 성피性皮가 부풀어 올라요. 그들의 매력은 회음부에 있어요."

"회음부 근육은 정말 고마운 존재죠." 경험에서 느낀 바가 있어 나도 맞장구쳤다.

"근육이 아니라, 생식과 관련된 부위라고 해야 맞아요."

"자세히 설명해 주면 좋겠네요. 가르시아 마르케스의 마콘도*나 룰포의 코말라**처럼 신비한 곳일 텐데."

"침팬지는 매력이 바로 그곳에, 아래쪽에 있어요. 자기 몸에서 가장 매력적인 부분이란 사실을 잘 이해하고 있죠. 그래서 이 부분이 주는 시각적인 효과와 후각적인 신호를 통해 성적으로 받아들일 준비가, 교미할 준비가 되어 있다는 것을 사방에 알려 줘요."

"그렇군요."

"아리스토텔레스는 우리 인간은 엉덩이가 있는 동물이라고 했어요. 그걸 보면 엉덩이가 뭔가 역할을 해야 하는 거예요. 무슨 역할을 할까요? 아리스토텔레스는 앉을 때 중요한 역할을 한다고 생각했어요."

"맞아요."

"그렇지만 여기에는 작기는 하지만 문제가 있어요. 이게 사실이 아니라는 거죠. 선생님, 지금 앉아 있어요. 맞지요?"

"네!"

"엉덩이와 의자 사이에 손을 넣어 보세요. 뭐가 만져지는지 말해 보세요."

"뼈요!" 나는 놀람을 표했다.

---

*   노벨 문학상 수상 작가인 마르케스의 《백년의 고독》의 배경이 되는 곳이다.

**   멕시코 작가인 환 룰포의 소설 《페드로 파라모(Pedro Párramo)》의 배경이 되는 사실과 환상이 교차하는 곳이다.

"사실이에요. 앉을 때 대둔근은 살짝 벌어져요. 그래서 아리
스토텔레스가 생각했던 것처럼 베개 역할을 하지 않아요. 선
생님은 지금 좌골이라고 하는 궁둥뼈 위에 앉아 있어요. 우리
인간은 누구나 엉덩뼈 위에 앉아 있다는 거죠. 서 있을 때는 대
둔근이 그 뼈를 가려 주거나 덮고 있는 셈인데, 그렇지만 자리
에 앉게 되면 대둔근은 접혀서 사라져 버리고, 피부와 뼈 사이
에는 아무것도 없게 되죠."

"그래서 의자에 방석을 놓는 것이군요."

"의자 이야기는 하지 마세요. 의자는 설탕과 함께 인간이 만
든 최악의 발명품이에요."

"무슨 이야기예요?"

"다른 사람들을 만나 잡담을 하거나 식사를 할 때, 엉덩이를
땅에 대지 않고 쪼그리고 앉는 것이 인간에게 정상이에요. 이
자세가 근육의 건강한 긴장을 이끌기 때문에 '적극적인 휴식
descanso activo'이라고 이름을 붙였어요. 아이들이 어렸을 적에
똥을 싸라고 변기에 앉힐 때, 힘들지 않았어요?"

"맞아요." 기억을 되살렸다.

"똥을 싸기 위한 정상적인 자세는 쪼그려 앉는 것이기 때문
이에요. 이런 식으로 똥을 싸는 나라에서는 실제로 치질이나
게실*이 없어요. 만약 역사를 다시 한 번 되돌릴 수 있다면 정

✿   위, 창자, 방광, 식도 따위 장기(臟器)의 벽 일부가 밖으로 불거져 나와

제 설탕과 의자는 없애 버릴 거예요. 의자는 악마와 같은 발명품이에요. 선생님도 이 이야기는 반드시 믿어야 해요."

"믿을게요. 그런데 엉덩이는 매력적으로 보이기 위한 것이라는 이야기를 하고 있었어요."

"자, 볼까요. 대둔근의 기능에 대한 이론이 있어요. 쪼그린 자세에서 선 자세로 옮겨 가기 위한 것이라는 이론, 먼 거리를 달리기 위한 것이란 이론, 그리고 계단을 오르기 위한 것이란 이론 등이지요. 그렇지만 이런 기능을 발휘하는 데는 이렇게 큰 근육이 필요하지 않아요. 그래서 이런 이론을 다 포기하면 성 선택 이론만 남게 돼요. 조금 전에 선생님이 이야기했던 것처럼, 엉덩이 즉 대둔근은 매력적으로 보이기 위한 것이라는 거죠."

"공작의 꼬리처럼 말이죠?"

"대동소이해요."

고생물학자는 핸드폰을 꺼내 인터넷에 접속하더니 어찌 보면 멋진 엉덩이를 얻는 것이 유일한 목적이라고 할 수 있는, 엄청나게 많은 피트니스 센터의 광고를 보여 주었다.

"왜 이렇게 스쿼트을 추천한다고 생각하세요?"

"멋진 엉덩이를 만들기 위해서죠."

"맞아요. 그럼 이제는 선생님도, 남자건 여자건 간에 우리 앞

주머니 모양의 빈 공간을 이룬 곳.

으로 멋진 엉덩이가 지나갈 때 시선을 떼지 못하는 이유를 이해했을 거예요. 성 선택 유전자가 멀리서 작용하는 거죠. 선생님도 유전자 자체의 변이를 가질 수 있어요. 그리고 좋든 나쁘든 그 결과가 몸에 남아 있는 거고요. 그렇지만 선생님과 10미터 떨어진 거리에 있는 사람의 유전자가 선생님과 연결이 되어 있다면 그것은 정말 황당하잖아요. 안 그래요?"

"그럼요."

"이건 성 선택의 문제를 증명하기 위한 거예요. 일반적으로 자연 선택보다는 관심이 적어요. 그렇지만 여기에서 우리는 늙음이나 죽음과 관계가 있는 또 다른 문제에 봉착하게 돼요."

"말씀해 보세요." 나는 노트를 편 다음 볼펜을 흔들며 이야기했다.

"우리는 방금 나이는 많지만 건강한 여성들이 있던 수업에 참여했어요. 그곳에서 아주 자연스럽게 다리를 꼬고 일어났다 앉았다 하는 것을 봤는데, 이것은 소방관을 위한 건강 지표를 보여 주는 것이기도 해요."

"이제 알겠네요!" 나는 감탄했다. 그 운동을 따라 하는 것은 고사하고 시작조차 어려웠다.

"통계 자료를 봤을 때, 우리 인간의 경우, 45세부터는 임신 능력이 떨어진다는 것을 잘 알 수 있어요. 50세부터는 거의 없다고 봐야 해요. 전적으로 인간에게만 나타나는 폐경 현상을 유발하는 거죠. 참, 예외가 있기는 해요. 할머니의 지혜를 활용하여 가족을 이루고 집단으로 살아가는 코끼리도 폐경이 있어요. 하지만 다른 종들은 죽을 때까지 임신할 수 있어요. 물론 모든 경우에 여타 신체적인 시스템과 나란히 생식 기능이 저하되기는 해요. 결론적으로 45세가 넘은 여성은 번식 차원에서는 가치가 사실상 존재하지 않는 거나 마찬가지예요."

"남자는요?"

"전혀 없는 것은 아니지요. 그렇지만 유연성이나 호흡 능력 등이 저하되는 것과 마찬가지로 줄어들어요. 그러나 여성의 경우, 가임 활동의 중단이 확실하게 프로그램되어 있어요. 그리고 이것은 죽음이 프로그램되어 있는지에 대한 의문으로 연결되지요."

"프로그램된 것이 있으면 두어 가지 말씀해 주세요."

"예를 들어, 발달도 그래요. 아이가 태어나서 성장을 하고 성적인 차원에서 어른이 되지요. 사춘기에 급성장해요…. 그런데 이 모든 것이 프로그램되어 있어요. 모든 것이 프로그램에 달린 셈이죠. 폐경도 마찬가지예요. 점진적으로 하향 곡선을 그으며 진행되는 것이 아니라, 갑작스레 닥치는 폐경의 경우 유전적인 통제가 있는 거예요. 선생님이 필라테스 교실에서 봤던 50, 60, 70대의 여성들은 육체적으로는 아이를 가질 수 없는 나이라는 사실이 정말 믿기지 않지요. 번식 기능을 잃은 후에도 오랫동안 살 수 있는 이유가 뭐라고 생각하세요? 왜 우리 인간은 50대에 죽지 않는 걸까요?"

"말씀해 보세요."

"설명은 '할머니 가설'이라고 알려진 이론에 있어요. 이 이론에 따르면, 선사 시대에 손자 양육에 도움을 제공한 것이 폐경을 정당화하고 있다는 거예요. 예전에 몇 번 언급한 적이 있었던 것 같은데, 석기 시대에는 어른이 된 사람들은 대개 70세 전후에서 죽었어요."

"그 정도가 우리 인간의 수명이라고 했지요."

"이를 끊임없이 주장할 텐데, 기대 수명과 혼동하면 안 돼요. 70세 이후에는 반려동물에게 일어날 수 있는 일이 우리에게도 일어나지요. 다시 말해 보살핌을 통해 생명을 연장하는 거죠. 그렇지만 벌써 이것은 자연스러운 삶이 아니라 보조적인 성격의 삶에 불과해요."

"그렇군요."

"만일 여성이 60세에 아들을 얻었다면 그 아이는 열 살 정도만 되어도 엄마가 죽기 때문에 고아가 되어야 할 거예요."

"그런데 왜 폐경이 프로그램되었다는 거죠?"

"바로 이것 때문이에요. 70세 가까운 나이에 아이가 생기면 이건 엄청난 낭비예요. 쓸데없는 에너지를 투자한 셈이지요. 그 아들은 결국 고아가 되어 죽고 말 테니까요. 석기 시대에는, 아니 석기 시대뿐만이 아니라 다른 시대에도 고아들은 살아남을 확률이 매우 낮았어요."

"그렇지만 공동체와…"

"…파차마마 그리고 똘똘 뭉친 마을 사람들은…. 이에 대해서는 통계 자료도 있으니 더 이상 논쟁은 그만두지요. 그만 이야기하죠." 고생물학자는 건너뛰려 했다.

"그럴게요."

"아이를 고아로 만들 거라면 자식을 낳을 의미가 없어요. 반대로 손자를 돌봐준다면 그건 의미가 있지요. 왜냐면 아들들은 분명 자기 유전자의 절반을 가지고 있고, 손자들은 4분의 1을 가지고 있으니까요. 그래서 손자 두 명은 아들 한 명과 마찬가지예요. 다른 말로 하면 그 나이의 여성은 아들을 가지는 것보다 손자를 돌보는 것이 더 낫다는 거죠."

"자연은 정말 현명하군요!" 나는 조금은 빈정대는 투로 이야기했다. "그럼 증손자는요?"

아르수아가는 내가 빈정댄 것에 대해서는 반응을 보이지 않고 계속 자기 이야기를 이어 갔다. "증손자는 8분의 1밖에 가지고 있지 않아요. 생물학적으로나 정서적으로나 연결 끈이 희석된 거죠."

"그렇다면 50에서 70세로 생명이 연장된 것은 손자들 덕이라고 해야겠네요."

"어떤 의미에서는요. 50대부터는 한 쌍의 부부가 지니는 번식의 가치는 폐경이 없다고 해도 제로로 돌아가요. 그 나이 이후에 낳은 자식은 어린 나이에 고아가 될 확률이 너무 크기 때문이지요. 번식과 관련된 우리 가치가 낮아질수록 자연 선택은 만성 질환에서 우리를 구하기 위해 별로 힘을 쓰지 않아요. 물론 나는 지금 종 차원에서 이야기하는 거예요. 그렇지만 우리 손자들을 돌봄으로써 우리 유전자가 생존할 수 있도록 뭔가를 할 수 있는 거죠. 그러니까 왜 우리가 죽는지를 물어보지 말고 왜 이렇게 오래 사는지를 물어봐야 해요."

"유전자는 직장 생활과 가정생활의 양립을 위해 자식들이 겪을 수밖에 없는 어려움 때문에 할아버지 할머니가 너무 손자를 돌보는 데 매달릴 수밖에 없다는 사실에 대해 불평을 하겠네요."

"그 말이 너무 우습네요. 생물학적이란 생각도 들고요. 우리는 손자들 덕분에 가임기를 넘어서도 살 수 있어요. 이런 식의 일이 선사 시대부터 일어난 거예요. '할머니 가설'을 잊지 마세요. 한 장의 소제목으로 쓰면 정말 멋질 거예요."

"맞아요. 정말 좋을 것 같아요."

아르수아가는 허공을 바라보며 잠깐 입을 다물었다. 머릿속으로 뭔가를 요리하고 있는 것 같았다. 잠시 후 뭔가 묘한 웃음을 지으며 이야기했다.

"이곳 가까이에 정말 맛있는 토레스노*를 내놓는 곳을 알아요. 마침 토레스노 시간인데 어때요?"

"아니요. 다이어트 중이에요."

✽　돼지고기 튀김 요리의 일종.

"그럼 전철을 탈 수 있는 곳에 내려 드리고 혼자 먹을게요. 잠깐이라도 같이 가는 게 좋을 것 같아요."

나는 선승과 같은 모습을 보여 주고 싶었는데, 제대로 표출되지 않았다.

6

——

벌거벗고 신나게 먹는

5월 말쯤 되었을 때, 나는 8킬로그램을 감량한 덕에 5년은, 아니 6년은 더 젊어진 것 같았다.

물론 이건 기분이기는 했다.

가볍게 걸을 수 있었고, 행복감을 느끼며 침대를 벗어날 수 있었다. 현기증이 날 정도의 속도로 머리를 굴렸고 글도 썼다. 이제는 옛날 옷도 잘 맞았다. 살이 찌는 바람에 골방에 처박아 두었지만, 거의 새 옷에 가까운 네다섯 벌의 옷을 건질 수 있었다.

"올해는 나의 해가 될 거야." 거울을 보면서 중얼거렸다. 오래전부터 육체적으로는 삶을 즐길 수 없었기에 육체에 대한 낙관주의의 희생자일 수도 있었고 수혜자일 수도 있었다(둘 중 무엇인지는 알 수 없었다). 어디에서 멈춰야 할지, 어느 선까지 살을 빼고 그것을 유지해야 할지가 문제였다. 살 빠지는 것이 일정 속도(내 생각에는 순항 속도)에 도달하자 가벼움을 향한 비행을 계속하기 위해 자동 항법 시스템에 맡기고 싶다는 유혹이 커졌다. 가벼움은 우리 몸에 내재한 신비한 힘을 끄집어냈다. 체중 감량에 들어간 사람은 흔히 담배를 끊은 사람이 범하는 잘못을 저지르곤 한다. 다름 아닌 뚱뚱한 사람이나 흡연자를 교만하게 내려다보는 것이다. 자발적으로 물질을 줄여나가는 것은 육체적 차원에서 살을 빼는 것뿐만 아니라, 정신적으로도 존재에 대한 고민을 해결하기 위한 출구를 모색하게 한다.

명상? 요가? 필라테스? 불교?

이런 생각에 빠져 있던 중에 다음과 같은 내용의 아르수아가의 메일을 받았다.

친애하는 미야스 선생님

선생님과 같이 75세 정도 된 남성이 76개의 초가 꼽힌 케이크의 촛불을 끄지 못할 확률은 1,000명 중에서 27명 정도입니다. 다시 말해서 75세의 스페인 사람 1,000명 중에서 27명은 죽는다는 소리지요. 큰 문제가 아닌 것 같은데, 문제는 이미 죽은 사람의 숫자가 점점 누적되어 많아진다는 것이지요. 내년에도 살아남는다면, 확률은 1,000분의 29가 될 겁니다. 80세가 되면 1,000분의 41이 되고요. 85세가 되면 1,000분의 71로 확률이 솟구치지요. 90세에 이르면 1,000분의 124가 됩니다. 다시 말해 100명 중에서 12명 이상이 되는 셈이지요. 그렇다면 이제 걱정을 시작해야 할 겁니다. 수치가 작은 것처럼 보이지만, 이는 주자들이 나가떨어지는 장애물 경기와 똑같습니다. 따라서 정상적인 모집단에서 인구 통계를 보여 주는 그래프는, 비록 이집트의 피라미드처럼 네 면이 일정한 비율을 보여 주지는 않지만, 어느 정도는 피라미드 형태를 드러내지요. 스페인에서는 인구 피라미드가 뒤집혀 있어요. 아이들이 태어나지 않기 때문이지요. 이런 식으로 가면 팽이 모양이되고 말 거예요. 물론 지금처럼 우리가 건강하고 멋진 모습을 유지한다면 그렇게 큰 문제는 아닐 수도 있지요. 그건 그렇고 혹시 아직도 다이어트를 포기하지 않았다면 조심하세요. 혹시 거울에서 해골을 보게 될지도 모르니까요. 당장 포기하세요.

행운을 빕니다.

후안 루이스 아르수아가

거울 속 내 모습을 꼼꼼히 바라보며 혹시라도 해골의 흔적이있나 찾아보았다. 어떻게 보면 보이기도 했다가, 달리 보면 안보이기도 했다(치아도 해골에 들어가는지 아닌지 모호했다). 뭔가 강박관념에 빠져 있으면 언제나 이와 마찬가지로 혼란스럽게 살아갈 수밖에 없다.

아무튼 이 엉뚱한 아르수아가의 종말론적인 메일은 그의 유머 감각 때문인 걸까? 단순한 통계 정보를 전하려는 걸까? 아니면 정보를 전하는 척하면서 인신공격을 하려는 걸까? 이를 확실히 밝히는 건 쉽지 않은 문제였다. 아르수아가는 알 수 없는 사람이었다. 선禪의 순간, 혹은 쾌락주의자로서의 순간을 인간 자체가 싫어지는 순간으로 바꿔 놓곤 했다. 인간에 대한 혐오감을 일깨움으로써 감정적 측면에서 나를 순식간에 확 바꿔버리곤 했다.

인간에 대한 혐오?

그건 아니었다. 나는 언젠가, 아마 사춘기였던 것 같은데, 한창 젊은 나이였음에도 불구하고 세계가 나에게 빚진 것이 있다는 엉뚱한 오해에서 비롯된 양심에 사로잡혀 있었다. 이런 생각으로 살아가는 것 자체가 바람직하지 않았음에도 불구하고, 종종 강박적으로 이에 사로잡혔다. 그런데 오해에서 비롯된 양심이 증오하는 사람을 말려 죽일 수 있다고 믿는 순간, 오히려 당신을 말려 죽일 수도 있다. 정신분석학적인 치료를 통해 이성적인 관점에서는 그런 생각을 제거할 수 있었지만, 감정적인 차원에서는 쉽지 않았다. 그러나 세상이 나에게 빚진 것이 없다는 것은 나도 잘 알고 있었다. 그런데도 자꾸 나는 그런 느낌을 받았다. 정신 분석 상담을 받으러 갔던 그날 오후 팔걸이가 없는 소파에 눕자, 의사와 나는 까맣게 잊고 있던 이 문제를 다시 끄집어낼 수 있었다.

"세상이 나에게 뭔가 빚졌다는 생각을 머릿속에서 완전히 지워 버리지는 못한 것 같아요." 내가 이야기했다.

"머릿속에서 지워 버리지 못한 걸까요? 아니면 가슴에서 지워 버리지 못한 걸까요?" 심리 상담을 하던 의사는 내 생각을 읽어 내기라도 한 듯이 똑같은 질문을 던졌다.

"가슴에서요." 내가 대답했다. "가슴에서 지워 버리지 못했어요. 머릿속에서는 지웠어요. 세상이 나에게 빚졌다는 생각을 하는 것은 논리적으로는 분명히 어리석다는 것을 잘 알아요."

"그렇지만 세상이 우리에게 뭔가 빚진 것이 있다고 생각하는 것 자체가 아름다울 수도 있어요."

"아름답기도 하고, 어떤 점에선 효과적이죠." 나는 한마디도 지지 않았다.

"어떤 점에서 효과적이죠?"

"상상의 부채 덕분에 나는 글을 쓸 수 있어요. 글쓰기는 제대로 보상받지 못했다는 부채 의식과 양심을 연결시켜 주는 일종의 통로예요. 읽는 것도 마찬가지지요. 이런 말을 하는 것이 정상은 아닐 수도 있는데, 양심 때문에 글을 읽고 쓰는 것이라고 믿는 것이 틀림없어요."

"만약 양심이 사라진다면 글을 읽고 쓰는 것을 그만둘까요?"

"그럴 거예요." 큰소리로 내 생각을 밝혔다. "아마 호기심으로 대체할지도 모르죠."

"맞아요. 선생님은 호기심이 많기로 유명해요."

"호기심은 양심의 모니터이자 덮개예요."

"세상이 선생님에게 졌을지 모르는 부채 문제를 뭐가 갑자기 선생님 기억 속으로 끌어올렸을까요?"

지난번에 냈던 우리 책의 파급 효과를 거론할 때도, 아르수 아가는 여전히 내 분석에는 출현하지 않았거나, 출현했다고 해도 잠깐 스쳐 지나가는 정도였다. 정확하게는 이유를 알 수 없 었지만, 나는 고생물학자가 내 안에 들어오는 것을 거부하고 있었다. 나의 실존이라는 사적인 영역에 그가 침범하는 것을 원치 않았다. 어떻게 해야 좋을지 몰랐다. 하지만 결국은 그가 들어오는 것을 허용할 수밖에 없었다.

"내 안에 억눌러 놓았던 일종의 인간에 대한 혐오감이 아르 수아가 안에서 숨을 쉬고 있다는 인상을 받았어요. 다시 말해 이런 감정을 치료하지 못하고 부정만 하고 있었던 것 같아요."

"아르수아가 선생도 세상이 자기에게 빚진 게 있다고 느끼나 요? 선생님만 이렇게 믿고 있는 거예요?"

"잘 모르겠어요."

"그렇다면 그분에게 한번 물어보세요."

이런 일을 경험했기에 그날 밤 아르수아가에게 보낸 메일에 서 이를 물어보았다. 자기 문제가 아니어서 그런지 여기에 대 해 즉시 다음과 같은 답장을 보내 왔다.

아닙니다, 미야스 선생님. 세상이 나에게 빚진 것이 있다고는 생각하지 않습니다. 루크레티우스의 추종자에게는 '세상/나'라는 이분법적 세계는 존재하지 않습니다. 우리는 잠시 결합했다가 조금 있으면 다시 떨어지고 다시 결합하고를 반복하는 원자일 뿐입니다. 지금 이 순간 우리 자신이라고 할 수 있는 원자들의 결합이 이루어지는 것 자체가 하나의 특권이지요. 여기에 확실한 것은 이러한 원자들의 결합은 우리가 살아가는 동안 계속해서 새로워질 거라는 사실입니다. 개인적인 차원에서 나는 신들의 축복을 받았을 뿐만 아니라 아주 행운아라는 느낌입니다. 우리는 생태적 적소와 다이어트의 관계에 대해 계속 이야기해야 할 것 같습니다.

행운을 빕니다.

세상은 아르수아가에게 빚진 것이 없었다. 그런데 나에게 한 대답이 머리에서 나온 것인지 가슴에서 나온 것인지 묻고 싶었지만, 예전처럼 그냥 묻어두는 것이 좋겠다는 생각이 들었다.

며칠 뒤, 카스티야 광장 근처에 있는 에스테바네스 칼데론 거리의 레스토랑에서 점심시간에 맞춰 약속을 잡았다. 상호가 '벌거벗고 신나게 먹는'이었다.

벌거벗고 신나게 먹는.

상호에 숨은 메시지가 있는지 궁금했는데, 금세 수긍할 만한 답을 찾았다. 그곳은 구석기 시대 음식을 취급하는 식당이었다. 식당 스스로 이런 내용을 밝힌 것은 아니었지만, 내가 인터넷에서 찾은 정보 아래 숨어 있는 취지는 분명 이런 것이었다: '벌거벗고 신나게 먹는' 레스토랑에서 지혜를 찾고 육체와 정신을 리셋할 수 있는 시간과 마주할 수 있을 겁니다. 우리는 진짜 음식을, 신선한 제철 음식을 가공하지 않고 날것으로 제공할 것입니다. 그리고 당신의 몸을 돌볼 수 있게 도와 줄 수 있는 음식, 그리고 환경을 돌볼 수 있는 음식을 내놓을 것입니다.

정신을 리셋할 수 있는 진짜 음식. 이것이야말로 내가 살을 빼기 시작하면서 찾던 음식이었다. 진짜 현실(사실 나는 가짜 현실을 살아가고 있다는 인상을 자주 받았다)에 접속하여 정신을 리셋하기. 그 순간 나는 체중을 줄이는 것만으로는 충분하지 않다는 사실을 깨달았다. 그리고 바로 여기에서 명상, 요가, 필라테스, 불교 등에 대한 의구심이 비롯되었다.

그동안 찾아다녔던 것이 혹시 구석기 시대의 생활 방식이 아니었을까?

그곳은 열린 구조의 주방이었는데 실내가 널찍해서 쾌적했다. 외부(거리)를 향해 열려 있을 뿐만 아니라, 자신에 대해서도 열려 있다는 느낌이 들어 정말 기분이 좋았다. 내심 캘리포니아식이라고 평가했던 실내 장식은 약간 히피적인 색채가 가미되었는데, 느낌이 좋은 분위기를 만드는 데 한몫했다. 글자 그대로 느낌이 좋았다. 캘리포니아식이란 말도 맞았고, 히피적인 색채도 분명했다. 그런데 내 기분 탓인지 잘 모르겠지만, 가게인지 절인지 잘 구분이 되지 않았다.

우리는 레스토랑 안쪽의 예약석에 자리를 잡았다. 호스트격인 호세 루이스 요렌테가 자리에 앉아 우리를 기다리고 있었다. 그는 조 요렌테라는 이름으로 더 잘 알려진 인물이었다.

"이분은 전직 농구 선수예요." 아르수아가가 이야기했다.

"저는 레알 마드리드와 스페인 대표팀에서 코르발란과 함께 뛰었어요." 소개를 받은 그가 직접 부연 설명을 했다.

"만나서 반갑습니다." 나는 악수를 나눴다.

종업원이 우리에게 무엇을 마시겠냐고 주문을 받으러 왔을 때, 조 정도로 마르려면 얼마나 빼야 할지, 그리고 그가 발산하는 영혼의 평온함(혹은 환희의 상태)을 얻기 위해서 얼마나 부족한지 속으로 계산하고 있었다.

"와인." 내가 한발 앞서서 무의식적으로 대답했다.

"이런 멋진 날에 와인을 드시는 것에 반대하지 않습니다만" 요렌테가 끼어들었다. "콤부차kombucha*를 드실 것을 추천하고 싶어요."

"콤부차가 뭔지 잘 모르겠는데요." 나는 뭔가 불안한 생각이 들었다.

❀   건강에 효능이 있다고 알려진 홍차의 일종. 맛이 달달하다.

"우리 몸의 미생물군에 좋은, 잘 발효시킨 차예요." 나에게 친절히 설명해 주었다.

나는 이에 관해 특집 기사를 쓴 적이 있어서 미생물군 혹은 마이크로바이옴이 무엇인지는 잘 알고 있었다. 간단하게 말하면, 이 단어는 우리 몸 전체에서, 특히 소화 기관에서 살아가는 유익한 박테리아들의 집합체를 의미하는데, 이것들이 없으면 우리는 (소화에 국한해서 이야기했을 때) 소화를 시킬 수 없다. 이러한 미생물을 배양하는 연구소도 있고, 이 미생물을, 예를 들어 요구르트 등에 집어넣어 식품을 만드는 회사도 있다. 영양제 용기에 '프로바이오틱스'가 담겨 있다고 쓰여 있으면, 이는 우리가 살아가기 위해서 절대적으로 필요한 박테리아가 들어 있다는 것을 의미한다. 겉으로 보면 우리가 박테리아들의 숙주인 셈이지만, 사실 조금 과장해서 이야기하면 이런 박테리아야말로 우리 호스트라고 할 수 있다. 혹시 여러분이 생명의 의미에 대해 궁금하다는 생각이 들었는데 아직 그 대답을 찾지 못했다면, 우리 인간이란 존재가 이런 미생물이 살아갈 수 있도록 봉사하고 있다는 가능성을 배제하지 말기 바란다. 나는 얼마 전부터 소화 속도가 더뎌졌고 묵직했다. 생화학자인 친구에게 전화해서 증상을 이야기했더니, 65세부터는 우리 몸이 염증을 일으키는 과정을 일정 범위 안에서 통제하는 장내 박테리아를 생산하지 않는다고 알려 주었다.

"충고 하나 하겠는데, 부족한 부분을 채우려면, '비피도박테

리움 비피덤 G9-1'과 '비피도박테리움 롱검 MM-2' 그리고 '락
토바실러스 가세리 KS-13'을 매일 먹게."

동네 약국에 가서 상담했더니, 이런 미생물 복합체가 이미
오래전부터 건강 보조 식품으로 상품화되었다고 알려 주었다.
나는 즉시 한 병을 샀다. 박테리아들이 냉동 건조된 채 캡슐에
담겨 있었는데, 복부 내부의 축축한 환경에 들어가면 다시 살
아난다고 했다. 내 위장은 이 박테리아 섭취로 180도 바뀌었
다고 자신 있게 말할 수 있다. 그러니 이 박테리아를 신봉하지
않을 수도 없었다. 건강한 사람의 마이크로바이옴을 환자에게
이식하는 '대변 이식'이라는 이름으로 알려진 치료법이 왜 이렇
게 널리 수용되는지 이해할 수 있었다.

콤부차가 마이크로바이옴에 좋다면 더 말할 나위가 없었다.
나는 내 몸속에서 살아가는 이 이상하게 생긴 생명체에게 엄청
난 고마움을 느끼고 있었다. 내가 그들을 위한 것인지 그들이
나를 위한 것인지 말하기 어려웠지만, 아무튼 나의 신진대사는
어느 정도 이 생명체에 빚을 지고 있었다.

우리 몸에서 살면서 건강을 유지하는 데 도움을 주는 미생물
들의 숫자에 대한 개념을 잡을 수 있게 조 요렌테가 한마디 덧
붙였다.

"우리 몸에는 우리 세포보다 100배는 더 많은, 우리 몸과는
무관한 세포가 있어요. 우리는 일종의 동물원인 셈이지요."

그러나 제조법 차원의 문제 때문에 처음부터 새로운 상품에

좀 거부감이 들었다. 음료수에 붙은 라벨을 꼼꼼하게 읽은 다음, 조금은 돌려서 반론을 폈다.

"그런데 이것이 정말 와인보다 더 건강한 음료라고 할 수 있을까요? 여기에 탄산수가 들어 있다고 쓰여 있는 것을 보면 이로 인해 가스가 만들어질 텐데, 탄산수에는 동의하기 힘든데요. 그리고 또 '여기에 첨가된 설탕은 발효 과정에서 다 사라진다'고 쓰여 있어요. 설탕은 어떤 맥락에서 나오든지 조금은 신경이 쓰이는데요."

"그렇지만 발효 과정에서 다 사라진다고 쓰여 있잖아요?"

설탕이 있는 곳에는 아무것도 존재할 수 없다는 것만은 분명한 사실이기에, 누군가가 생명이 설탕에 뭔가 빚진 게 있다고 믿는다면 모든 것을 의심해야 한다는 생각에, 나는 그만 입을 다물었다.

"이게 오늘 우리가 다룰 이야기예요." 끈질기게 시비를 붙으려는 듯한 태도 때문에 야기된, 뭔가 불편하고 껄끄러운 침묵을 무마하기 위해 아르수아가가 얼른 끼어들었다. "이건 정확하게는 음식도 아니고, 미슐랭 별점을 주는 평론가들이 말하는 것처럼 경험도 아니에요. 이건 삶의 방식의 일부일 뿐이지요."

그러고는 조 요렌테를 바라보며 한마디했다.

"나는 미야스 선생님에게 다이어트는 생태적 적소의 한 부분에 불과하며, 정말 해야 할 일은 멋진 삶의 방식을 회복하는 것이란 사실을 설명하려는 거예요. 먹는 것 이상을 의미하죠. 그런 스타일의 삶이 우리에게 건네려는 이야기가 있다면, 블루베리 당분 섭취가 정제 설탕 섭취보다 낫다는 거예요."

"왜요?" 내가 질문을 던졌다.

"블루베리 당분이 열량이 적기 때문이지요. 블루베리는 당뇨나 시력 상실과 같은 당뇨 합병증을 일으키지 않아요. 정제 설탕은 당뇨를 일으킬 뿐 아니라, 비유적인 표현이 아니라 진짜로 실명하게 만들 수도 있어요."

"알고 있어요." 나는 약간 겁이 났다.

"그렇지만 생태적 적소는 이런 게 아니에요." 고생물학자는 뭔가 가르치려는 듯이 목소리를 낮추더니, 쾌락주의자이자 향락주의자의 감각적이고 관능적인 말투로 이야기했다. "생태적 적소는 블루베리를 통해 가는 거예요. 블루베리 1킬로그램이 제공하는 칼로리는 설탕 1킬로그램의 7분의 1밖에 안 돼요. 게다가 여기에서 블루베리를 채집하느라 소비한 에너지를 제해야 해요. 완벽하다고 할 수 있을 정도의 생태적 적소는 건강하게 식사하는 것 이상이 필요한 거죠. 여기에는 음식을 얻기 위한 운동도 포함되고요."

"물론이죠." 조가 수긍하는 듯한 태도를 보이자 나도 얼른 동의했다.

아르수아가가 말을 이었다. "구석기 스타일은 운동이나 건강식을 하는 것 이상이에요. 조화로운 삶을 영위하는 거죠. 블루베리를 채집하기 위해 산이나 들판을 거니는 것을 러닝머신

위에서 뛰는 것으로 대체할 수 없어요. 우리 인간에게는 육체 뿐만 아니라 정신도 있기 때문에 느낌이 달라요."

고생물학자의 지나친 생물학적인 편향을 책망하려는 순간에 종종 의식, 영혼, 정신 등을 들먹여 나를 무장해제시켰다.

내 생각을 읽은 게 틀림없다는 생각이 들었다.

"매일매일 자연과의 접촉을 통해 몸과 마음이 충분히 즐길 수 없는 경우에는 러닝머신 위에서 뛸 수 있어요. 들녘을 뛰는 것과 똑같지 않지만, 안락의자에 앉아 있는 것보다는 낫죠."

조 요렌테가 다시 고개를 끄덕였는데, 이는 고생물학자에게 계속하라고 무언의 지지를 보내는 행동이었다.

"구석기식의 생활 스타일에는 아들이나 손자 들과 이야기하는 것, 혼자 있는 시간을 갖는 것 등이 포함될 거예요. 결과적으로 건강식을 먹는 것 이상이지요."

"뭐가 이상이라는 거죠?" 이미 풀려 버린 쾌락주의의 고삐를 완전히 풀어 줄 요량으로 질문을 던졌다.

"매일 밤, 집 근처에서 이웃에 사는 동물이 경계경보를 외치는 소리를 듣고 있어요. 규칙적으로 소리치는데요. 미야스 선생님, 다름 아닌 솔부엉이 소리예요."

"솔부엉이요?" 질문이 섞인 투로 그의 말을 반복했다.

"도시에서 즐겨 사는 야행성 맹금류죠." 아르수아가가 확실하게 부연 설명을 했다. "귀찮다는 생각 없이 솔부엉이 소리를 들을 수 있다는 것, 역시 구석기식의 생활 스타일이기도 해요."

"귀찮다고 생각해야 하나요?"

"인터넷에서는 시청에 제기된 불만을 엄청나게 많이 찾아볼 수 있을 거예요. 솔부엉이를 다른 곳으로 옮겨 달라고 요구하고 있어요."

"안됐군요!" 나는 거짓말을 했다. 바로 어젯밤에 창문을 열어 놓고 잠을 잤는데, 솔부엉이에게 엄청 욕을 했었다. 전자 기기에 녹음해 놓은 것 같은 솔부엉이의 노래 소리는 내 인덕션이 미칠 때마다 내는 호루라기 소리와 똑같았다.

"예를 들어 솔부엉이는 주로 바퀴벌레를 잡아먹기 때문에, 아주 이로운 새라고 할 수 있어요." 아르수아가의 주장이었다.

잠시 어색한 침묵이 흘렀는데, 조 요렌테가 깨고 나왔다.

"아직 내 소개가 끝나지 않았는데요." 약간 불만 어린 말투였다. "저는 운동선수 집안에서 태어났어요. 벌써 4대에 걸쳐 운동을 했는데, 삼촌인 파코 헨토는 유명한 축구 선수죠. 동생 셋이 있는데, 하나는 프로 농구팀에서 운동했고, 둘은 레알 마드리드에서 축구 선수로 뛰고 있어요. 조카인 마르코스 요렌테는 금세기 최고의 선수 중 한 사람이라고 할 수 있죠. 스페인 대표팀에서 뛰면서, 아틀레티코 마드리드에서는 리그 우승도 했어요. 우리 집안은 정말 스포츠에 미친 집안이에요. 그뿐이 아니에요. 건강한 생활과 음식에도 미쳤어요. 내가 막 운동을 시작했을 때 훈련장에 약을 가져갔더니, 사람들이 '새 모이를 가지고 어디 가나?'라고 했어요. 나를 비웃었지요. 그러나 나는 우리 세대에서 가장 오랫동안 운동한 사람이었어요."

"지금 나이가 얼마나 되죠?" 내가 물었다.

"예순둘이에요."

그가 말한 것처럼 조 요렌테는 날씬한 체형에 근육질이었다. 그런데도 꽉 끼는 옷을 입었을 때 몸의 체형이 드러나는 것처럼, 불그스레한 피부 아래 두상이 조금 드러나 보였다.

"당신은 구석기식 식단을 따르고 있나 보군요." 나는 확신을 가지고 이야기했다.

"맞아요. 그런 식의 삶을 유지하고 있지요. 내가 가족의 구루인 셈이지요."

"아르수아가 선생이 이야기한 것처럼 완벽한 생태적 적소를 만들고 있나요?" 나는 끈질기게 물고 늘어졌다.

"그럼요. 생태적 적소의 일부는 겨울에는 차갑게 여름에는 덥게 지내는 거예요. 우리 집에는 난방 기구도 에어컨도 없을 뿐만 아니라, 샤워도 찬물로 해요. 그런데도 화장실보다 밖이 더 추워서 나가기 싫어요."

그 상황을 생각하는 것만으로도 몸이 오싹해지는 기분이어서, 얼른 콤부차를 한 모금 마시며 못 들은 척했다. 그러고는 계속해서 질문을 던졌다.

"몸무게가 얼마나 되죠?"

"78킬로그램이요. 운동할 때보다는 5킬로그램이 빠졌어요."

"당신 키를 생각하면 완벽하군요." 농구 선수(가드를 맡았었다)

였다는 사실을 고려하면 정말 대단하다는 생각이 들었다.

"근육이 좀 빠졌어요." 그는 정말 안타까워했다.

"아무래도 운동을 덜 하니까 그렇겠지요." 내가 대신 변명을 해 주었다.

"그렇긴 해요. 예전에는 매일 5시간씩 운동을 했어요. 그런데 요즘은 겨우 1시간 30분이나 2시간 정도밖에 안 하니까요. 헬스를 하고 있어요. 나이를 먹으니까 근육이 점점 줄어드는 것 같은데다가, 유지하는 것도 힘들다는 생각이 들어서요."

"아직도 멋진 이두박근을 가지고 있는데요!" 진심으로 감탄하지 않을 수 없었다.

"어느 정도는요. 다리는 아직도 괜찮아요. 반바지를 입고 오려고 했는데, 마지막 순간에 좀 창피하다는 생각이 들었어요."

우리 세 사람은 동시에 콤부차를 입에 가져가면서 기분 좋게 웃었다.

"그러니까 구석기식 삶의 방식은 결국 아르수아가 선생의 발명품은 아니군요. 우리 중에도 벌써 수렵-채집인의 삶을 그대로 따라 하는 사람이 있으니까요."

"맞아요. 나에게는 네덜란드 출신의 구루도 있지만, 몇 년 전 아르수아가 선생님의 책을 접한 다음부터는 선생님의 말씀도 잘 따르는 편이에요. 책에서 하신 말씀을 한마디도 잃지 않으려고 노력하고 있지요."

그 순간 주문을 받으러 왔다. 우리는 요렌테의 충고를 따라

참치 타다키[＊] 샐러드를 주문했다.

"병아리콩 대신 고구마를, 쌀 대신 유카를 넣어 주세요. 달걀과 아보카도를 곁들인 메밀 비스킷 두 개도 부탁해요."

종업원이 물러가자 아르수아가는 탄자니아의 에야시 호수 근처에서 살아가고 있는 수렵-채집 종족을 알고 있다는 이야기로 입을 열었다.

"최근에 사람들 입에 자주 오르내리는 하드자족이죠. 20년 전에 내가 방문했을 때에는 그들을 만나러 가는 사람은 한 사람도 없었어요. 보스키만족^{＊＊}처럼 흡착음이 있는 언어를 사용하는데, 최악의 발명품인 의자가 없어서 '적극적인 휴식'을 취하지요. 의자에서는 몸통과 팔의 무게가 엉덩이로 갈 수밖에 없어요. 이때 척추는 몸무게를 고스란히 아래로 전달하는 역할을 하는데, 이런 식의 수동적인 휴식은 치명적이에요. 하드자족은 대부분의 시간을 쪼그린 자세로 보내면서, 손으로 다른 사람의 어깨나 다른 사물을 짚지요. 물론 기대지 않을 때도 있고요. 이런 식으로 하면 근육 대부분을 활용할 수 있어요. 아무

＊　　'타다키'는 다진 고기 또는 그것을 사용한 요리라는 뜻으로, 고기를 썰어 낸 후 직화로 겉면을 빠르게 익히고 양념을 두드려 입히던 것에서 유래한 음식 혹은 요리법이다.

＊＊　일반적으로 부시맨이라고 하며 전통적으로 수렵-채집을 하며 살아간다. 'bosquiman'이라는 단어는 '숲의 사람'을 의미하는 아프리칸스어 'boschjesman'에서 파생되었다.

근거 없는 이야기가 아니라, 전류를 이용하여 근육의 활동량을 측정하는 기구를 통해 측정한 값이 있어요."

"그렇군요." 아르수아가를 바라보며 이야기했다. 그가 서둘러 부연 설명을 하는 것을 보면 분명 내 생각을 또 읽은 것 같았다.

"아무튼 어떤 생활 방식도 가감 없이 문자 그대로 받아들여서는 안 돼요. 참조만 해야 해요. 존재 방식을 종교처럼 무조건 믿어서는 안 돼요. 가끔은 하지 말라는 것 천지인 종교가 되기도 하는 대부분의 철학에 내재된 위험 요소죠. 인간을 위한 다이어트가 돼야지, 다이어트를 위한 인간이 되어서는 안 돼요."

"내 구루께서는" 요렌테가 불쑥 끼어들었다. "모든 금식은 불규칙하게 해야 한다고, 그리고 즐길 수 있어야 한다고 말씀하셨어요."

음식이 나왔는데 온통 녹색이었다.

"내가 잎채소를 주문했어요." 요렌테가 입을 열었다. "우리 식생활에서 부족하기 쉬운 음식이거든요. 구석기인은 잎채소로 배를 채웠어요. 개나 고양이가 들판에 나갈 때마다 잎채소를 먹는 것처럼요. 우리 몸의 마이크로바이옴은 이런 잎채소를 좋아해요. 가능하면 다양하게, 최대로 많이 먹어야 해요."

고구마, 토마토, 유카, 아보카도, 참치 그리고 깨 등을 재료로 사용한 샐러드는 맛이 기가 막혔다.

"아보카도는 계속해서 돌리고 돌려야 하는 뇌와 관절에 좋은 오메가-3 지방산을 참치만큼이나 가지고 있어요. 붉은색 과일에는 항산화 물질이 들어 있고요. 음식은 색이 다양할수록 좋아요. 잘 보면 요즘 유행하고 있는 구기자와 검은색 후추도 넣었어요. 장의 벽을 자극하여 음식이 잘 소화될 수 있게 해 주지요." 요렌테가 우리에게 설명했다.

"장을 약간 자극하는 건 괜찮지요." 나도 거들었다.

"적당하게요." 조가 맞장구쳤다.

"미야스 선생님은 아마 구석기 시대 사람은 될 수 없을 거에요. 오후 2시에 정확하게 식사해야 하니까요. 2시에 식탁에 앉아 음식을 앞에 두고 있지 않으면 기분이 나빠질 테니까요."

"그것 역시 다른 것들과 마찬가지로 순전히 정신적인 거에요." 요렌테가 자신 있게 이야기했다.

"당신은 구석기식으로 다이어트를 하는데 가장 중요한 것으로 불규칙해야 한다고 이야기했는데, 당신도 매일 똑같은 시간에 식사하지 않나요?"

"그럼요." 간단히 대답했다.

"나는 하루에 다섯 끼를 먹는 다이어트를 하면서 8킬로그램이 빠졌어요. 그뿐만 아니라 젊어진 것 같아요. 산책하러 나갈 때마다 느끼고 있어요."

"살이 빠진 것 하고는 아무 관계도 없어요. 구석기 시대 사람에게는 하루에 다섯 끼 먹는 것은 그리 좋은 게 아니에요. 어떤 날은 하루에 다섯 번 먹을 수 있지만, 어떤 날은 한 번도 먹지 못할 수도 있거든요. 뉴욕에 있는 알베르트 아인슈타인 의과 대학의 노화 연구소 공동 책임자인 아나 마리아 쿠에르보는 세포의 신진대사 과정에서 발생하는 폐기물은 일종의 독성물질이기 때문에 세포 내에 머무르지 않게 다시 소화하려면 칼로리를 제한하고 불규칙적으로 소화하는 것을 지지해요. 다른 말로 하면 소화 기관을 쉽게 해 줘야 한다는 거예요."

얼른 아르수아가가 끼어들었다. "아나 마리아 쿠에르보는 자기가 한 말에 대해서 확실한 사람이죠. 알츠하이머와 여타 퇴행성 신경 질환의 원인에 대해 심도 있는 연구를 한 정말 탁월한 연구자예요. 누구보다도 노화의 원인을 잘 알고 있고요. '세포 청소' 혹은 '자식작용自食作用*에 대한 그분의 연구는 정말 눈부실 정도예요. 이건 적어 놓으세요. 세포들은 스스로를 청소하는 메커니즘을 가지고 있어요. 조가 말했듯이 이를 통해 연소하고 남은 찌꺼기를 제거하지요. 그런데 세포가 휴식을 취할 때만 이런 일을 해요. 만약 선생님이 종일 식사를 하면 휴식을 취할 수 없고, 쓰레기든 신진대사의 산물이든 뭐라고 해도 좋은데, 이런 것이 축적되면 매우 나쁜 결과를 가져올 수 있어요. 세포는 우리가 잠을 자는 동안만 자정 활동을 하기 때문에 충분히 자는 게 정말 중요해요. 내가 진행하는 '라디오

✽   효모가 자신의 글리코겐을 소모하는 것처럼 세포가 자기 자신의 대사산물이나 세포질의 일부를 소화하는 현상.

나시오날'에서 곧 아나 마리아 쿠에르보를 인터뷰할 예정이에요."

"'신진대사의 산물'이라는 단어가 마음에 드는군요." 콤부차를 한 잔 더 주문하며 이야기했다.

"똥이란 단어 대신에 사용한 거예요." 배설물 이야기가 주는 부담을 줄이기 위해 부드러운 표정을 지으며 밝혔다.

"'신진대사의 산물'이란 단어를 앞으로도 선호할 것 같아요."

"세포가 해독 과정을 밟기 위해서는 최소한 16시간의 휴식이 필요해요." 조 요렌테가 한마디 덧붙였다.

"그 말은 지금 이 식사를 한 다음에 16시간 동안은 음식을 입에 대지 않아야 한다는 말인가요?" 내가 물어보았다.

"어제 7시 반에 저녁 식사를 하고 나서 거의 오후 세 시가 다된 지금까지 나는 아무것도 먹지 않았어요."

"아침도 안 먹었어요?"

"네. 18시간째 먹지 않고 있어요. 가끔은 하루 종일 아무것도 안 먹어요."

구석기식의 샐러드 요리를 다 먹었는데, 상당히 만족스러웠다. 그 순간 요렌테가 다시 입을 열었다.

"그럼 지금 방사해서 키운 닭으로 만든 햄버거를 주문할게요. 두 분도 동의하면요."

물론 우리도 동의했다.

"나이를 먹으면" 드디어 나에게도 말할 기회가 왔다. "몸이 스스로 맘에 드는 것과 들지 않는 것을 이야기해요. 예를 들자면, 나는 유제품을 좋아하는데 몸이 잘 받아 주지 않아요."

여기에 요렌테가 한마디 덧붙였다.

"대사 경로代謝經路가 원하는 만큼 먹어도 살이 찌지 않는 사람도 있다고 해요. 이에 대해서는 우리가 좀 전에 언급했던 세포 생물학자인 아나 마리아 쿠에르보도 확인해 주었어요."

"'대사 경로'가 뭔가요?" 표현 자체가 흥미로웠다.

"좋은 질문이에요. 사람들이 신진대사나 소화를 시키는 방식을 이야기하는 거죠."

"순전히 생화학적인 거예요." 고생물학자도 고개를 끄덕였다. "선생님의 몸이 음식을 분해하는 방식인데, 사람마다 다 달라요."

대화가 전문 영역으로 들어가던 바로 그 순간, 종업원이 다양한 색의 야채와 방사해서 키운 닭으로 만든 햄버거를 가져왔다. 요렌테에게 햄버거를 좀 설명해 달라고 부탁했다.

"우선 올리브유를 두른 황금색 감자가 있어요. 하지만 나는 이건 먹지 않을 겁니다. 그렇지만 이 멋진 고구마와 토마토는 하나도 남기지 않고 다 먹을 거예요. 예전에는 생선이나 달걀에서 단백질을 섭취했어요. 그렇지만 지금은 방사해서 키운 닭에서 더 많이 섭취해요. 방목한 동물 고기를 먹어야 한다는 사실을 잊지 마세요. 여기 있는 것은, 젠장, 마요네즈네요. 치즈도 올려놨고요. 단순당은 장에 안 좋지만, 복합당은 괜찮아요.”

“단순당이 뭐죠?” 내가 물었다.

“예를 들면, 선생님이 슈퍼에서 사는 설탕이나 정제된 곡물에 들어 있는 거예요.”

“동물 단백질과 탄수화물을 섞어도 상관없죠?” 나는 이에 대해 어머니의 해산물 파에야에서 비롯된 오이디푸스와 비슷한 편견이 있었다.

“그것은 순전히 꾸며 낸 이야기일 뿐이에요.” 아르수아가가 화를 냈다. “게다가 구석기 시대에는 주어진 것만 먹을 수 있었기 때문에 구석기적이라고도 할 수 없고요. 쓸데없이 너무 아는 체하지는 마세요. 유대인들의 이야기처럼 들려요. 예를 들면, 양고기는 우유와 함께 먹으면 안 된다는 것처럼요. 그건 유대교인들의 금기일 뿐이에요. 예전에도 이야기했지만, 모든 걸 지나치게 종교화하려는 광적인 자세일 뿐이에요. 미야스 선생님, 다이어트를 하는 것과 건강한 식사를 하는 것은 전혀 다른 이야기예요. 아우슈비츠에서는 모두 말랐어요. 사람들이 병원에서 죽을 때 봐도 다 말라 있고요.”

나는 변명을 늘어놓았다. “하루에 다섯 끼씩 먹는 내 다이어트 요법은 이런 식이에요. 아침에는 소시지(햄, 칠면조 가슴살, 등심 등)를 넣은 빵 한 조각을 먹고요. 새참으로는 과일을 먹어요. 점심은 샐러드나 야채를 생선이나 육류와 함께 먹고, 점심과 저녁 중간에는 또 과일을 먹죠. 저녁에는 동물 단백질(문어, 연어, 훈제 대구 등)을 먹는데, 나쁘진 않은 것 같아요."

"몸을 쉬지 못하게 한다는 점을 제외해도, 아침에 소시지를 넣은 빵을 먹는다는 건 최악이에요." 아르수아가가 이야기했다.

"하루 중 유일하게 빵을 먹을 수 있는 기회예요."

"내가 선생님이라면 간헐적 단식을 할 거예요." 요렌테가 이야기했다.

"미야스 선생님은 다이어트를 생태적 적소와 혼동하고 있어요." 아르수아가가 요렌테를 보며 이야기했다. "당신이 운동 계획을 한번 짜 보세요. 선생님은 아무 운동도 하지 않거든요."

"아니에요. 걷기 운동을 하고 있어요."

"선생님처럼 걷는 것은 유산소 운동을 한다고 볼 수 없어요." 고생물학자는 잔인하게 못을 박았다. "심박수가 60 이상 오르지 않으니까요."

"그렇다면 다이어트를 구체적인 운동과 병행해야겠군요." 나도 인정할 수밖에 없었다.

"가장 이상적인 것은 생태적 적소예요." 아르수아가가 못을 박았다. "진짜 구석기 사람이 되는 것이죠. 수렵-채집인은 많이 움직이고, 무거운 것도 옮겨야 하고, 가끔은 포식자에게 쫓겨 달려야만 했어요."

"미야스 선생님은 이제 75세인 걸요." 요렌테가 가엾다는 듯이 지적했다.

"알고 있어요, 알아요." 아르수아가는 마지못해 받아들였다. "그렇지만 어느 정도의 스트레스는 모든 사람에게 좋아요. 문제가 되는 것은 지나치게 계속될 때지요. 내 생각에는 결국 구석기 시대의 음식에서 가장 구석기적인 것은 대화예요. 서두르지 말고 잠깐씩 하는 거요. 시계를 보지 말고요."

"그 점에서라면 나도 구석기인이에요." 나는 자신 있게 이야기했다.

"그 점은 인정할게요. 그럼 이제는 선생님 나이에 맞는 운동을 맞춰 드릴게요."

"결국 내 다이어트가 그리 나쁜 것은 아니라는 거죠?" 나도 끝까지 고집을 부렸다. "다만 내 몸을 쉴 수 있게 해 주지 않았다는 점과 모든 대사 물질을 다 삼켜 버렸다는 게 문제네요. 이것은 내가 내성적이기 때문이에요. 어머니가 내게 이런 말을 했어요. '너는 자꾸만 안으로 움츠러드는 성격이야. 오히려 자꾸 외연을 넓히려고 노력해야 하는데.'라고 말이에요." 나는 요렌테를 바라보며 말했다. "아르수아가 선생, 문자 그대로의 대사 물질뿐만 아니라 상징적인 의미에서의 대사 물질도 몸 안에는 하나도 남겨 두지 마세요. 싸울 때는 싸워야 하지요."

"후식이 있나요?" 고생물학자가 끼어들었다.

"네!" 요렌테가 대답했다. "땅콩버터, 야자유, 유카, 효모, 그리고 대추야자 등으로 만든 도넛을 주문했어요. 설탕은 넣지 않았어요. 그리고 지방을 뺀 100퍼센트 초콜릿도 가져올 거예요. 이건 머리에 좋은 것인데, 100퍼센트 카카오예요."

"다섯 가지 몸에 안 좋은 백색이 뭔지 아세요?" 아르수아가가 나에게 물었다.

"생각해 본 적이 없어요."

"정제된 설탕, 백색 밀가루, 하얀 쌀밥, 우유 그리고 소금이에요."

"이 메뉴에 나온 음식을 다 먹으면 17시간 식사를 하지 않아도 별로 이상하다는 생각은 들지 않겠어요." 빈정거리는 것처럼 들리지 않도록 노력했다.

"미야스 선생님이 의견을 낸 것 자체가 좋았어요." 아르수아가가 말했다. "일반적으로는 상당히 말씀을 안 하시는 편인데. 새로운 경험을 소화해 내려면 시간이 좀 걸릴 거예요."

"정신적인 대사 경로가 좀 느려서 그래요." 나를 변호했다.

7

문제는 크기야

나는 '세포 청소' 혹은 '자식작용'에 대해 수도 없이 생각했다. 그리고 며칠 후 '라디오 나시오날'에서 아르수아가가 아나 마리아 쿠에르보를 인터뷰하는 것을 들을 수 있었다. 과학자는 인간의 세포(우리는 37조 개 정도 가지고 있다)를 집에 비유했는데, 쓰레기가 집주인을 집어삼키지 못하게 하려면 규칙적으로 청소해야 한다고 이야기했다. 어렸을 적 일인데, 먼지 한 톨 남기지 않으려고 온 집안의 모든 물건을 뒤집어 놓았던 날이 있었다. 그날(금요일이었다)은 마침 학교가 쉬는 날이어서 방학을 맞이한 아이들처럼 우리는 거리에 나와 사방을 쏘다녔고, 모든 방의 청소가 끝날 때까지 집에 돌아갈 수 없었다. 안타깝지만 방금 문질러 닦았어도 바닥은 밟지 않을 수 없었고, 방금 소독한 세면대에도 얼룩을 남길 수밖에 없었다. 집도 세포와 마찬가지로 깨끗하게 유지, 보수하기 위해서는 가끔 완전히 비울 필요가 있었다.

미국에서 연구하고 있는 아나 마리아 쿠에르보는 그곳 사람들이 (너무 나쁜 것만) 지나치게 과식하는 것에 대해 대단히 유감스럽게 생각하고 있었다. 이로 인해 세포가 찌꺼기들을 없앨 시간을 찾지 못하고 있다는 것이다. 세포 노화의 속도가 빨라지고, 그 결과 인간의 노화도 빨라질 수밖에 없다고 했다.

나는 자주 노화에 대해 생각했지만, 37조 개나 되는 세포의 노화에 대해서는 생각해 본 적이 없었다. 나는 이 세포들을 37조 명이나 되는 지저분한 홀아비들의 37조 개의 화장실로 상상하기 시작했다. 병든 비만인들의 사회는 겉으로는 깨끗할 수 있지만, 개별 단위 차원에서는 디오게네스 증후군*을 앓고 있을 수 있었다.

고생물학자에게 전화를 했다.

"우리 세포가 어떤 상태인지 알아볼 방법이 있을까요? 깨끗한지, 더러운지, 늙었는지, 젊은지 말이에요."

"물론 있지요."

"한번 알아보면 어떨까요?"

"천천히요. 다 계획이 있어요. 내가 준비한 두어 가지 활동을 통해 큰 데에서 작은 데로 나아갈 거예요. 일단 내일 나와 함께

✿   가치가 없는 물건을 버리지 못하거나 또는 지나치게 모아서 생활 공간에 두는 것으로 '저장 강박증'이라고도 한다.

자연 과학 박물관에 가 주셨으면 해요."

"왜요?"

"자연 과학 박물관에 간다면 가는 거지, 뭐 다른 이유가 있겠어요?" 그가 대답했다.

"알았어요."

다음 날 오후, 아르수아가와 나는 자연 과학 박물관 내에 키가 5미터는 되어 보이는 박제된 코끼리 상 앞에 서 있었다. 마치 건물 같다는 생각이 들 정도였다.

"이것이 나에게 어제 예고했던 큰 데에서 작은 데로 갈 거라고 했던 것과 상관이 있나요?" 실망 어린 표정으로 그에게 물었다. 나는 여전히 '세포 청소' 혹은 '자식작용'이란 개념에 얽매여 있었다.

"아뇨. 아무 상관도 없어요."

"이 코끼리 주변에 박물관을 건축한 것 같다는 인상을 받았어요." 고생물학자에게 이야기했다. "잘 보면 눈에 들어온 문을 통해서는 어디로도 저 코끼리가 들어올 수 있을 것 같지 않거든요."

아르수아가도 주변을 한번 둘러보고는 놀라는 표정을 지었다.

"선생님 말씀이 맞네요."

나는 이성을 지키려고 목숨까지 거는 사람은 아니지만, 가끔

내 이야기에 동의해 주는 것만으로도 조용해졌다.

"아무튼 문의 크기와 동물의 크기를 비교하러 온 것은 아니에요. 코끼리 음낭에 주목해 주세요."

나도 음낭을 뚫어지게 바라보았다. 우리 코 높이에 있었다.

"그럼 우리는 코끼리 음낭을 보러 온 건가요?" 내가 물었다.

"지금부터 선생님에게 설명할 내용 때문에 주목할 가치가 있지요. 전체적으로 큰 의미를 찾으려고는 하지 마세요. 이것은 하나의 숨겨진 사실에 불과해요. 물론 재미는 있을 거예요."

"알았어요."

"이 코끼리는 알바 공작의 소유였어요. 베네디토 형제가 이 코끼리를 만들었는데, 그들은 이 세상에서 가장 솜씨가 좋은 박제사였어요. 커다란 트럭에 실어서 카스테야나*를 통해 옮겼지요. 여기까지 잘 온 거죠. 음낭을 다시 잘 보세요."

"눈을 떼는 것 자체가 불가능해요."

"그런데 원래 코끼리들은 복강 안에 고환이 있어서 음낭이 없어요."

"그렇다면 베네디토 형제들은 어떻게 저런 엄청난 실수를 한 거죠?"

"설명서가 없었거나 설명서를 참조하지 못한 거죠. 그래서 이 박물관을 찾는 아이들과 어른들의 구경거리가 되어 이런 식

❋ 살라망카에 속한 마드리드에 인접한 동네.

으로 남아 있게 된 거예요."

"믿기 어려운 실수군요."

"완벽한 사람은 없어요. 그건 그렇고, 코끼리의 내부 고환이라는 생리학적인 문제는 여전히 해결하지 못했어요. 정자를 생산하려면 고환은 체온보다 낮게 유지되어야 하는데 말이에요. 멀리 가지 않아도, 우리 인간은 밖에 있잖아요."

"그럼요."

"고래목의 동물도 고환이 안에 있어요. 찬 바다에 사는 고래들은 그래도 설명할 수가 있는데, 따뜻한 바다에 사는 고래들은 코끼리와 똑같은 문제를 우리에게 안겨 주고 있어요. 고환 온도를 낮추는 메커니즘이 뭔지 알 수 없어요. 혈액 순환을 통해 낮추는 것이 아닌가 추측하고 있어요."

고생물학자와 나, 모두 잠깐 침묵을 지키며, 코끼리와 따뜻한 바다에 사는 고래가 고환 온도를 어떻게 낮출지 곰곰이 생각해 보았다. 내복과 청바지 등 두 겹의 옷을 입고 있는—최소한 나의 경우에는—인간의 경우에는 고환 온도를 낮추는 방법에 대해서 고민을 해야 할 것 같았다.

"그런데 내가 선생님에게 전하고 싶었던 메시지는" 아르수아가가 돌아서며 주머니에서 조그만 책을 꺼냈다. "우리가 그렇게 걱정하는 수명이란 문제, 즉 장수와 관련이 있어요."

"그 문제를 다뤄 봅시다." 나는 메모할 준비를 했다.

"이 책은 18세기 프랑스의 박물학자였던 조르주 뷔퐁[*]의 《박물지》예요. 분량이 엄청나서 50여 년에 걸쳐 썼는데, 인류에게 헌정한 책인 셈이죠. 오류투성이이지만 정확한 내용도 적지 않아서, 나도 자주 참고해요. 여기에서 말한 것 중에 몇 가지는 코끼리 수명과 관련이 있어서 우리에게도 의미가 있어요. 아리스토텔레스는 커다란 동물이 작은 동물보다 더 오래 산다고 했어요. 다시 말해서 수명은 덩치와 관련이 있다는 거죠. 그 말이 옳은지 그른지는 곧 알게 될 거예요. 뷔퐁은 크기가 작은 동물일수록, 덩치가 큰 동물보다 심박수가 높아서 격렬한 삶을 산다는 것을 알아냈어요. 체온도 높고, 분당 맥박 수도 더 많지요."

"요약하면, 덩치가 큰 동물들에 비해 훨씬 더 격렬하게 산다는 뜻이네요."

"뷔퐁은 이런 이유로 작은 동물들이 수명이 짧다고는 이야기하지 않았어요. 그렇지만 뒤에 태어난 과학자들은 이 사실을 굳게 믿었어요. 덩치가 큰 동물들은 대체로 기초 대사량이 낮

---

[*] 18세기 프랑스의 수학자이자 박물학자로 진화론의 선구자다. 어린 시절에는 아버지의 강요로 법학을 공부했지만, 후에 식물학, 수학, 천문학 등도 배우게 된다. 꾸준한 연구를 통해 훌륭한 수학 및 과학 논문을 발표했다. 이에 대한 성과를 인정받아 왕립 아카데미의 회원이 되어 활발하게 활동했다. 그 후 동식물과 지구의 진화 등에 관심을 가지고 1749년부터 1804년에 걸쳐 모두 44권에 달하는 방대한 《박물지(Histoire Naturelle)》를 썼다.

아요."

"기초 대사량이 뭐죠?"

"고등학교 때 자연 과학 공부 안 했어요?"

"잊어버렸죠."

"기초 대사량은 가장 기초에 위치한 것이라는 개념에서 왔어요. 단순히 생명을 유지하는 데 필요한 최소한의 에너지 소비를 말하는 거예요. 크기가 다른 다양한 종들을 비교하려면, 예를 들어 대왕고래라고도 하는 파란 고래와 뾰족뒤쥐를 비교하려면, 이 수치를 각 개체의 몸무게로 나누면 돼요."

"그렇군요."

"다른 방식의 설명을 원한다면, 우리 기관이 휴식 상태에서 기능을 유지하는 데 필요한 칼로리를 말하는 거죠."

"예를 들면, 소파에 앉아 텔레비전을 볼 때 소비하는 에너지를 의미하겠네요."

"정확해요." 고생물학자도 인정했다. "코끼리처럼 커다란 동물의 기초 대사량은 매우 낮은 셈이에요. 뷔퐁은 아리스토텔레스가 지적한 것처럼 작은 동물은 큰 동물에 비해 수명이 짧다는 것을, 다시 말해 빠른 속도의 삶을 살지만 그리 멀리 가지는 못한다는 사실을 알아냈어요. 그런데 이것이 노화의 원인이 될 수 있을까요?"

"나는 잘 모르겠어요." 질문이 나를 향한 것 같다는 느낌에 메모하던 노트에서 시선을 들면서 대답했다. "선생님도 쥐의 얼굴을 봤을 텐데, 수천 가지의 위험이 자기를 노리고 있는 것처럼 언제나 불안한 모습이잖아요. 그렇지만 코끼리는 언제나 편안한 얼굴이죠. 이건 내 경험에서 나온 건데, 걱정은 죽음의 원인인데 말이에요."

"코끼리의 심장 박동이 비록 느리고 차분하지만, 쥐와 코끼리의 평생 심박수는 거의 비슷하다는 것을 명심해야 해요."

"당신에게 말하고 싶은 게 바로 그 점이에요. 지속적인 불안, 걱정…"

고생물학자는 나의 해석에는 전혀 관심도 보이지 않고 자기 생각만 계속 이어 나갔다.

"거의 모든 포유류에게 평생을 기준으로 고정된 양이 있는 것 같아요. 그리고 각각의 개체는 자기 방식대로 그걸 관리하는 거죠. 그래서 2년 만에 다 써버리는 포유류도 있고, 80년에 걸쳐 쓰는 포유류도 있고 말이에요."

"절약해서 사용하는 포유류와 낭비하는 포유류." 이해하기 쉽게 노트에 이런 식으로 적어놓았다.

"이건 아주 중요하니까 나중에라도 잘 적어 놓으세요." 아르수아가가 말을 이어 갔다. "결국은 이 모든 것이 식사와 연결되어 있어서, 동물들의 수명 차이는 산화 스트레스 개념으로 설명할 수 있어요. 그리고 바로 여기에서 항산화제 관련 산업이 잘나가는 이유도 설명할 수 있죠."

"나도 멜라토닌 영양제를 먹고 있어요."

"산화 스트레스는 어디에서 비롯되는 것일까요?" 아르수아가가 직설적으로 나에게 질문을 던졌다.

"어디에서 나오는 거죠?"

"산화 결과물들이 축적되는 데에서요. 만일 선생님도 빠른 속도로 살면 이런 독성 물질이, 대사산물이자 산화되어 나온 찌꺼기 등이 쌓이게 되죠. 이것에 대해서는 나중에 '세포 정화'나 '자식작용'을 다룰 때 다시 이야기할 거예요. 쥐는 코끼리에 비해 짧은 시간에 이런 물질들을 쌓는데, 쥐의 기초 대사량이 코끼리에 비해 높기 때문이지요."

"그래서 우리는 다시 구석기 시대의 식사법 혹은 간헐적 단식 문제로 돌아가는 것이군요. 이 모든 쓰레기를 청소하려면 세포가 휴식을 취할 수 있어야 하니까요."

고생물학자가 나를 여기까지 끌고 와 다시 한 번 나의 다이어트 문제—나는 여전히 이에 만족하고 있다—를 따져 보게 하고 있다는 생각에 놀라지 않을 수 없었다.

"그럼 지금부터 여기에 약간 수학적인 면을 도입해 보기로 하죠. 선생님이 이 문제를 얼마나 이해하고 있는지 한번 볼까요?"

"별로일 거예요. 이미 말했지만, 나는 이해력이 별로예요." 나는 얼른 선수를 쳤다.

"선생님이 이 문제를 놓고 고민한다면, 최종적인 답은 결국 표면적과 부피와의 관계에 달려 있어요. 동물은 크기가 크면 클수록, 피부 표면적과 부피 사이의 상관관계는 줄어들어요. 여기까지 이해하겠어요?"

"아뇨."

"다른 말로 하면, 쥐는 코끼리보다 상대적으로 피부의 표면 적이 넓어요."

"아! 알겠어요. 언제나 좀 더 쉽고 간단하게 말할 수 있는 거 군요."

"그런데 우리는 어디로 열기를 배출할까요?" 아르수아가는 이야기를 끌고 나갔다.

"피부요."

"맞아요. 그러므로 부피에 비해 피부 표면적이 큰 동물은 다 른 동물보다 더 열량을 많이 잃게 되어 있어요. 따라서 신진대 사 속도가 훨씬 빨라질 수밖에 없죠. 쉽게 말해 작은 동물들이 상대적으로 피부 표면적이 넓어서 체열을 더 많이 잃고 있지 요. 반대로 코끼리는 부피에 비해 피부 표면적이 작아서 더 많 은 체열을 보유할 수 있고 따라서 에너지 소비가 적어요."

"이제 이해가 돼요."

"지금부터는 수학 공식으로 설명할게요. 이것을 단순히 신 념에서 나온 도그마로 받아들이지 않게요."

"신념에서 나온 도그마로는 받아들이지 않았어요. 당신을 믿기 때문에 받아들인 거죠. 당신은 과학계에서 권위 있는 대 가이니까요."

"그건 잘못된 거예요. 제발 공식이나 적어 놓으세요."

"공식을 쓸 생각은 없는데요."

"왜요?"

"방정식이 나오는 책은 잘 팔리지 않아요. 스티븐 호킹 박사의 유명한 저서인 《시간의 역사》 잘 아시죠?"

"물론이죠. 베스트셀러잖아요."

"초고에는 방정식이 정말 많았어요. 편집자가 방정식 하나에 판매 부수가 10만 권씩은 떨어질 거라며 원고를 돌려보냈죠. 편집자들은 사랑을 이야기하고 싶을 때는 뭘 말해야 할지 잘 알고 있죠. 돈이 필요했던 호킹은 결국 방정식을 다 뺐고, 덕분에 책은 전 세계적으로 성공을 거두었죠. 잘 이해가 되지도 않는데 말이에요."

"좀 아이러니컬한 이야기네요."

"나는 그렇게 생각하지 않아요. 나는 이해가 잘 되는, 그리고 잘 팔리는 책을 쓰고 싶어요. 지금처럼만 설명하면 잘 이해할 수 있어요. 그렇지만 방정식을 넣으면 엉망이 될 거예요."

아르수아가는 잠시 침묵을 지켰다. 수학 공식을 쉽게 포기할 것 같지 않았다.

"팔리든 말든 무슨 상관이죠? 혹시 돈이 필요한가요?"

"당신 이야기만 하세요."

"최소한 페이지 하단에 각주로라도 넣으세요." 그가 타협안을 내놓았다.

"과학자들은 각주를 정말 좋아하지만 나는 정말 싫어요. 주석이 정말 중요하다면 페이지 하단에 넣으면 안 되고, 별로 중요하지 않다면 없애도 되는 것 아닐까요?"

"이것이 최후통첩인가요?"

"네! 이 문제는 타협할 생각이 없어요."

고생물학자와 나는 눈싸움을 했다.

"보통 대부분의 싸움에서 당신이 이겼어요." 나는 화해를 원하는 듯한 말투로 넌지시 덧붙였다. "그렇지만 이것은 나에게 양보해 줘요."

"다시 한 번 잘 생각해 보세요." 그가 결론을 내렸다. "그럼 코끼리 이야기는 그만하죠. 그런데 저 기린 정말 멋있죠?"

"또 다른 덩치 큰 포유류군요."

"그래서 오래 살 거예요. 중요한 것은 기린은 라마르크가 진화를 설명하기 위해 예로 들었던 동물이라는 점이죠."

"언젠가 당신이 내가 라마르크주의*에 병적으로 빠져 있다고 말한 적이 있어요. 그 병을 꼭 낫게 해주겠다고 말이죠."

"그럼 그 이야기를 해 보죠. 라마르크는, 예를 들어, 선생님이 도서관 서가의 가장 높은 단까지 머리를 디밀려고 계속 목운동을 한다면 결국 기린처럼 목이 길어질 거라고 주장했어

❋　　획득 형질의 유전을 말한다. 라마르크는 개체가 생애 동안 획득한 형질이 유전된다고 생각했다. (감수자 주)

요. 나무 꼭대기에 도달할 수 있는 기린처럼요. 라마르크는 정보가 몸에서 유전자로 간다고 믿었던 거죠. 그런데 사실은 반대예요. 유전자에서 몸으로 가요. 라마르크주의는 직관적이란 특징 때문에 널리 퍼져 있어요. 그러나 지치지 않고 계속 반복할 텐데, 과학은 반反직관적이에요. 그래서 선생님이 도서관에서 가장 높은 서가에 있는 책을 손에 넣으려고 아무리 팔을 늘려도 팔은 길어지지 않아요."

"그러면 어떻게 길어진 거죠?"

"예를 들어, 팔 길이가 긴 것이 성적인 매력이 되었다면 길어질 수 있어요. 팔이 긴 사람들이 배우자로 팔이 긴 사람들을 고르기 시작할 테니까요. 이런 선택 과정에서 언제나 팔이 긴 사람들이 선호될 테고 어느 순간 선생님의 후손들은 선생님은 닿지 못했던 그런 높은 서가의 책까지도 손에 넣을 수 있게 될 거예요. 선생님도 보다시피 정보는 안에서부터, 즉 유전자로부터 밖으로 나오는 법이에요."

"일본 사람들의 눈이 왜 그렇게 가는지를 설명했을 때와 같은 논리군요."

"'성 선택'이라고 부르죠. 오늘날 기린의 목이 길어진 이유는 다양한 원인이 있다고 믿고 있어요. 그렇지만 가장 중요한 원인은, 아니 가장 중요한 원인 중 하나는 번식과 관련이 있어요. 목을 이용하여 싸우거나 때리기 때문이지요. 목은 싸우기 위한 기관이에요."

"라마르크는 직관적이기는 하죠."

"모든 사람이 라마르크주의에 가깝지요. 이런 식으로 추론하는 의사들을 많이 봤어요."

"라마르크주의에 대한 내 병은 이제는 다 나은 것 같아요. 고마워요. 그만 갈까요?" 서둘러야 한다는 생각에 시계를 바라보며 덧붙였다. 그뿐만 아니라 우리가 바닥에 그려 놓은 화살표 방향을 따라가지 않았던지 경비원들이 두어 차례 우리를 주목해서 바라보았다. 경비원들과 문제를 만들고 싶지 않았다.

"아뇨. 다른 것이 남았어요."

"뭐가요?"

"기린은 저렇게 목이 긴데도 목뼈가 일곱 개예요. 모든 포유류는 목의 길이와 상관없이 일곱 개의 목뼈를 가지고 있지요. 한번 세어 보세요."

나는 집게손가락을 목으로 가져가 만져보았지만, 잘 구분이 되지 않았다. 다행히 가까운 곳에 오카피와 고래의 골격이 전시되어 있었다. 고래의 엄청나게 큰 골격이 천장에 매달려 있었다. 둘 다 목뼈는 일곱 개였다.

"반대로 새와 파충류는 목뼈의 개수에 따라 길이가 달라져요. 백조는 오리보다 목뼈가 많지요." 아르수아가가 말했다.

"그렇다면 포유류만 목의 길이와 상관없이 목뼈의 개수가 고정되어 있는 셈이군요." 서두를 요량으로 얼른 정리했다. 심리 상담사와의 약속이 잡혀 있었던 것이다. "그럼 우리가 할 수 있는 유일한 일은 목뼈 하나하나의 길이를 늘이거나 줄이는 것뿐이네요."

"그래서 이것이 중요해요. 이유가 뭘까요?"

"모르겠는데요." 불안한 마음에서 다시 시계를 바라보았다.

"자연의 진화에 대해 우리에게 많은 이야기를 해 주고 있기 때문이지요. 해면동물, 산호, 해파리 정도를 제외한 거의 모든 동물은 좌우 대칭이에요. 실질적으로 거의 똑같이 생긴 반반이 서로 합쳐진 셈이지요. 근대 유전학에서 발견한 것은 우리 인간처럼 양쪽 대칭 구조로 된 동물은 모듈 형태로 만들어져 있다는 점이지요. 여기에는 아주 현명한 진화 전략이 있었던 거예요. 원래 이 모듈은 각자 따로따로 변해서 특화될 거였어요. 그런데 대칭 구조로 된 동물의 몸은 똑같은 것이 반복된 모듈이 합쳐진 결과예요."

"모듈러 주택처럼 말이죠? 넣거나 빼는 모듈의 기능에 따라 커질 수도 작아질 수도 있는 콘크리트 블록으로 구성된 모듈러 주택 말이에요."

"비슷해요. 복잡한 형태를 만드는 가장 좋은 방법은 모듈러 구조를 활용하는 거예요. 기차를 만든다면…"

"…기차에 객차를 더하면 되죠." 다시 한 번 힐끔 시계를 바라보며 내가 말을 맺어 버렸다.

"첫 번째 모듈은 기관차가 될 것이고, 두 번째 모듈은 침대칸이 될 거예요. 세 번째는 식당칸이 될 거고, 네 번째는 뭐든 원하는 것을 붙이면 되죠. 모듈 시스템을 갖추고 있다면 다양한 모듈로 세분해 나갈 수 있어요. 한쪽에는 다리를 붙일 수도 있고, 다른 쪽에는 날개를 달 수도 있지요. 한쪽에는 복부를, 다른 쪽에는 두개골을 붙일 수 있어요. 여기에 턱뼈도 붙여도 되고요."

"괜찮네요."

"6억이나 7억 년 전에 살았던 생명체가 이렇게 만들었어요."

이젠 가야 한다고 말을 하려고 했는데, 모듈이란 주제가 나를 사로잡아 버렸다.

"어떤 종류의 생명체죠?" 내가 질문을 던졌다.

"일종의 유충이죠. 그때까지만 해도 (해면동물이나 해파리도 포함해서) 동물들은 모듈 형식으로 설계되지 않았어요. 그런데 7억 년 전쯤 동물이 나타나, 모듈 형식의 기관 시스템을 만들었어요. 여기에서부터 모든 동물이 나온 거죠. 포유류, 조류, 쌍시류* 등 모든 것이요. 물론 앞에서 지적한 것처럼 몇 가지 예외는 있기는 해요. 하지만 대부분 호메오박스homeobox**에 속한 혹스 유전자hox gene들이 이와 같은 모듈 시스템을 통제하지요. 호메오박스의 특징은 똑같은 서열이 반복된다는 것입니다."

✿   곤충류 유시류에 속한 목. 파리, 등에, 모기 따위가 이에 속한다.

✿✿   상동성이 높은 180개의 염기로 구성되어 있는 특정 DNA의 단편. 배 발생의 조절과 관계된 단백질 정보를 코딩하는 염기에서 주로 발견된다.

"상자와 같은 것인가요?"

"상자예요. 초파리나 선생님이나 저의 몸을 구성하고 있는 모듈 시스템의 발전을 통제하는 유전자를 '혹스 유전자'라고 해요. 대칭 구조의 동물은 모두가 똑같은 형태를 가지고 있지요. 즉, 처음에는 모든 것이 똑같은데 다양한 진화의 선에 따라 세분화됐어요. 그래서 초파리에게 유의미한 것은 선생님에게도 유의미해요. 이런 개념은 아주 최근의, 1980년대나 1990년대의 것으로, 우리가 학교에 다닐 때는 공부하지 않았어요."

"우리는 상자로 되어 있는 셈이군요. 두개골 상자, 흉부 상자, 복부 상자…"

"모듈, 모듈, 모듈로 이뤄졌죠. 희한하게도 포유류의 혹스 시스템은 일곱 개 이상의 목뼈가 발현하는 것을 허용하지 않아요. 이유는 아직 알려지지 않았어요. 그렇지만 우리 책과 관련해서 아주 중요한, 다면발현***이란 개념과 관련이 있을 거예요."

고생물학자는 또 다른 개념을 제시했다. 내 심리 상담은 포기해야만 했다.

"뭔가 불안한 것 같은데요. 무슨 일 있어요? 수학 공식 문제 때문인가요?" 그가 이야기했다.

"아니요. 그건 이미 잊어 버렸어요."

*** 하나의 유전자가 두 개 이상의 형질에 영향을 미치는 것. (감수자 주)

"그런데 무슨 일인데요?"

잠시 망설이다가 결국은 털어놓았다.

"심리 상담을 받기로 했는데 내가 가지 않았어요."

"심리 상담을 받아요?"

"네!"

"심리 상담사에게 내 이야기를 했어요?"

"내 인생에서 당신이 그렇게까지 중요하지는 않아요."

"그건 선생님도 마찬가지예요. 그렇지만 내가 심리 상담을 받는다면 선생님 이야기를 끄집어냈을 거예요. 젠장! 책도 같이 썼잖아요. 또 지금도 다른 책을 쓰고 있고요."

"그렇긴 해요. 다음 만남에서는 혹시라도 당신 이야기를 할지 모르죠."

"고마워요. 그럼 다면발현 이야기를 계속해 볼까요?"

"그럽시다."

"유전자가 하나 이상의 효과를 만들어 낼 수 있는 현상을 우리는 이런 식으로 불러요. 사람들이 생각하는 것과는 달리, 유전자들은 동시에 여러 가지를 코드화할 뿐 아니라 다양한 형질과 관련이 있어요. 포유류의 혹스 시스템에서는 목뼈의 개수가 일정한 것 같아요. 인간을 포함해서 어떤 개체든 목뼈가 하나 더 있으면 젊은 나이에 죽어요. 번식을 못 하는 거죠."

"목뼈가 하나 더 있다면, 특히 기린에게는 언뜻 생각하면 큰 장점이 될 수 있을 것 같은데요."

"그렇지만 아니에요. 정해진 범위 안에서 유지해야 해요. 정확하게 일곱 개 안에서요."

"이것은 수명과도 상관이 있나요?"

"이것은 진화의 상태와 관련이 있어요. 간단하게 이야기하면, 내가 알고 싶은 것은 쥐는 세 살에 죽는데, 왜 우리는 아흔살에 죽느냐는 거죠. 이것이 내가 고민하는 문제예요."

"나도 고민하고 있어요."

"우리가 봐 왔던 것의 숨은 의미를 찾아 행간을 읽는 법을 배워야 해요. 그리고 미래에 보게 될 것의 행간을 읽을 준비를 해야 하고요."

"왜 행간을 읽어야 하죠?"

"선생님은 정말 영리하니까요."

"고마워요."

우리는 계속해서 경비원들의 경계심 어린 눈길을 의식하며 박물관 여기저기를 돌아다녔다. 사람이 거의 없는 한적한 시간이었다. 경비원들은 바닥에 표시해 놓은, 틀에 박혔지만 강제성을 띤 경로를 알리는 화살표를 끊임없이 우리에게 상기시켜 주었다. 박물관의 화살표를 보자니 어마어마하게 큰 이케아에 설치되어 있던 화살표가 떠올랐다. 길을 잃지 말라는 의미도 있었지만 모든 곳에 배치한 물건을 소비하게끔 유도한다는 의미도 있었다.

갑자기 어마어마한 규모의 수족관이 나타났다. 대왕오징어가 그곳에서 멋진 나날을 보냈을지도, 아니 죽어 있는 것을 보면 악몽과도 같은 나날을 보냈을지도 모른다. 하긴 박물관의 여타 동물들도 죽어 있기는 마찬가지였지만, 이 오징어의 사체는 정말 인상적이었다. 우리와 비슷한 인간 앞에 서 있는 느낌이었다. 박물관이 방금 영안실에서 뛰쳐나온 것 같았다.

"오징어를 담아 놓은 액체가 혹시 포르말린인가요?" 감정에서 벗어나 기술적인 문제로 도망치기 위해 질문을 던졌다.

"포르말린이라고는 믿기지 않는데요." 아르수아가가 이야기했다. "아무튼 방부제인 것 같아요."

"어제 죽은 것처럼 잘 보존했네요."

"이 오징어가 유명한 아르키테우티스Architeuthis예요. 이 세상에서 눈이 가장 큰 동물이지요."

눈이 컸을 뿐만 아니라 아름답고 그윽해서 정말 뭔가 의미를 간직하고 있는 것 같았다. 그 눈앞에 서 있으려니까 마치 심연을 마주하고 있는 것 같았다. 진화의 심연인지 과학 자체의 심연인지는 알 수 없었다. 어쨌든 평범하다고는 할 수 없는 이런 안구를 일상의 시각에서 관찰하자니 정신이 혼미해지는 것 같았다.

"이 안구는 원래의 것이 아니에요." 눈 이야기를 하면서 아르수아가가 덧붙였다. "박제사가 전구를 가지고 아주 정교하게 모방해서 만든 거예요."

"몇 와트짜리를 쓴 거죠?"

"그게 뭐가 중요해요?"

"모르겠어요. 진짜인 것처럼 나에게 감동을 줬거든요."

"촉수는 길이가 2미터쯤 돼요." 아르수아가는 말을 이어 나갔다. "일곱 개고요. 그런데 가장 긴 것들이 아직 남아 있네요. 전 세계에서 가장 길이가 긴 무척추동물이에요. 심연에서 사는데, 두 살이나 세 살이 되면 번식을 하고 죽어요. 단 한 번의 번식을 한 다음 죽으려고 삶을 사는 셈이죠."

"자본주의 관점에서 보면 별로 이익도 나지 않는 것에 에너지를 너무 많이 소비한 것 같군요."

"이것은 말라가에서 어망에 걸렸어요." 아르수아가가 좀 더 자세히 설명했다. "배에 올라왔을 때까진 살아 있었는데 금세 죽었죠."

상식을 벗어난 존재들에 대해 경건한 표정을 지으라고 무언의 압력을 행사하는 것 같은 거대한 시신에 작별을 고했다. 우리는 관리자들에게 잔소리를 듣지 않고 둘러보기 위해서는 바닥에 그려진 화살표를 잘 관찰해야 했다. 아르수아가는 멀지 않은 곳에 떨어져 있었지만, 강제된 경로를 따라가다 보니 멀어질 수밖에 없었던 뭔가를 보여 주고 싶었던 것 같았다.

"이것은 벨라스케스의 '시녀들'만 보려고 프라도 미술관에 갔는데 강제로 모든 전시실을 다 돌아다니게 만드는 것과 똑같네요."

마침내 박제된 거대한 갈라파고스 거북이 앞에 도착했다.

"이 거북이들은 150년 이상을 살아요. 170년까지도 살 거예요." 아르수아가 입을 열었다.

"번식을 많이 하나요?"

"할 수 있는 만큼요. 그러나 저걸 꼼꼼히 관찰한 다음 깊이 생각해 보세요. 선생님과 저는 계속해서 무엇을 할까요?"

"우리가 무엇을 해야 할지 잘 모르겠어요. 당신이 좀 말해 줘요."

"어떤 종은 80년을 살고, 어떤 종은 170년을 사는데, 방금 봤던 오징어와 같은 종은 왜 3년밖에 살지 못하는지 한번 질문을 던져 봐야 하지 않을까요? 이것이야말로 가장 근본적인 질문일 테니까요. 나이 어린 제 딸이 나에게 '거북이를 공부해야 해요. 거북이는 틀림없이 알약 형태로 먹을 수 있는 분자를 가지고 있어서, 그거 하나면 다 끝날 거예요.'라고 이야기했어요."

"항산화제가 추구하는 것이 그것이겠죠. 그래서 내가 멜라토닌을 복용하는 거예요." 내가 이야기했다.

"이런 말을 해서 미안한데, 항산화제는 아무런 효과가 없어요."

"공장 차원에서는 뭔가 있겠죠. 그들은 백만장자가 되었으니까요."

"그렇지만 효과는 정말 없어요."

"기업들은 정말 부자가 되었을 뿐만 아니라 장수 기업이 되었어요." 나도 끈질기게 고집을 부렸다.

"기업에는 효과가 있었을지 모르지만, 선생님에게는 아니에
요."

"알았어요. 당신은 이게 굉장히 의미가 있는 질문이라고 했
는데, 아직 답을 주지 않았어요."

"혹시 노벨 생리학·의학상을 받고 싶으세요?"

"혹시 이 책 때문에 당신이나 나에게 노벨상을 줄 거라고 생
각하는 것은 아니죠?"

"노벨 의학상이요." 아르수아가가 범위를 좁혔다.

"생리학상이나 화학상이나 나에게는 다 똑같아요. 그렇지만
이 책으로는…."

"의학상이 더 나아요." 고생물학자는 계속 헛소리를 했다.

"노벨 문학상보다 의학상이 더 좋겠어요." 나도 큰 소리로 생
각을 밝혔다.

"만약 우리가 어떤 종은 3년을 사는데 왜 어떤 종은 80년을
사는지 밝힐 수 있다면, 그것은 죽음이 프로그램되어 있기 때
문일 거예요. 그래서 죽음을 프로그램한 망할 놈의 유전자와
부딪혀야 해요. 해가 갈수록 세포에는 독성 물질이 쌓이는데,
우리는 이런 것을 어떤 형태로든 제거할 수 있을 테니까요…."

"…그럼 우리에게 노벨상을 주겠죠." 내가 결론을 내렸다.

"그리고 우리는 살고 싶은 만큼 살 수 있을 거예요."

"한번 시도해 봅시다."

아르수아가는 쓸데없는 소리를 그만두었다. 전혀 의식하지

못하는 사이에 우리는 박물관의 꼭대기 층에 도착했다.

"여기에는 기이한 곤충들을 모아 놓은 연구 구역이 있어요. 안타깝지만 대중들에게 공개하지는 않아요."

그 순간 문이 열리면서, 고생물학자(이미 이야기했듯이 사피엔스는 사방에 지인이 널려 있다)의 여자 친구가 나타나, 우리를 안으로 들어보내 주었다. 그녀의 이름은 메르세데스 파리스였는데 오래전부터 정말 환상적인 곤충 전시실을 관리하고 보살피는 일을 맡고 있었다.

"우리는 다리가 여섯 개인 곤충들의 표본만 보존, 보관하고 있어요." 그녀가 입을 열었다. "거미 종류는 다른 관리자가 맡고 있지요. 여기에는 문제가 한 가지 있어요. 여러분들이 보고 있는 모든 것들이 죽었다는 거죠. 죽은 것을 먹고 사는 곤충이 있는데, 이런 곤충을 여기에 두면 수집해 놓은 표본들을 망가뜨릴 수 있어요. 잘 관리하지 않으면 어느 날 텅 빈 상자에 곤충 핀만 남아 있게 될 거예요. 바닥에 부스러기만 조금 남아 있겠지만 여기 있는 것을 다 끝장내 버릴 거예요."

"시체를 먹는 곤충들로부터 어떻게 지키고 있나요?" 내가 물어보았다.

"예전에는 살충제를 사용했어요." 그녀가 이야기했다.

"살충제로 죽은 곤충들을 보호하고 있다고요?"

"조금은 역설적이란 것을 잘 알아요. 여기에서는 살아 있는 곤충들이 죽은 곤충들을 먹어 치우지 못하게 막는 일이 살충제의 임무예요. 그러나 살충제는 건강에 좋지 않아요. 그래서 지금은 다른 예방 시스템을 갖추고 있어요. 새로운 표본이 들어오면 영하 40도의 냉동고에서 보름 이상을 나게 하는 거예요. 혹시라도 표본이 살아 있는 벌레를 안고 들어왔다손 치더라도 죽을 수밖에 없거든요. 그뿐만 아니라 실내는 이미 아셨겠지만 덥지 않아요. 절대로 16도를 넘는 법이 없죠. 여름이 좀 복잡한데, 살아 있는 유충이 있다고 해도 활동을 거의 할 수 없을 거예요. 우리는 200여 개의 선반이 있는데 각각의 선반에는 120개 정도의 상자가 들어가요."

그녀는 계속 설명을 하면서, 우리에게 운반이 가능한 진열장처럼 생긴 상자를 보여 주었다. 그 안에는 잠자리, 풍뎅이, 나비 등이 들어 있었다. 점점 더 멋진 표본들이 나왔다. 자연이라기보다는 천재적인 금은 세공사들이 만든 작품 같다는 생각이 들었다. 그리고 자기들이 늘 앉아 있던 나뭇잎과 똑같이 생긴 날개를 가진 메뚜기도 보았다.

"이런 모방은 라마르크가 착각한 것이라는 좋은 증거예요." 이번에는 아르수아가 입을 열었다. "자연 선택만이 이런 것을 만들어 낼 수 있지요. 어떻게 곤충 한 마리가 잎과 비슷해지려고 노력할 수 있었겠어요? 나뭇잎을 씌웠을까요? 불가능한 이야기죠."

"날이 갈수록 라마르크와는 멀어지는 것 같아요."

커다란 막대기처럼 생긴 곤충과 장미 나무 이파리처럼 생긴 날개를 뽐내고 있는 나비들을 보았다. 그러자 젊은 날 에스파사 출판사의 백과사전에서 봤던 '의태擬態'라는 항목이 떠올랐다. 어떤 유충들은 새들에게 잡아먹히지 않기 위해 새똥 모양을 하고 있다고 쓰여 있었던 기억이 났다. 그때도 똥을 흉내 내면서까지 살아야 할 가치가 있는지 의문이었는데, 이 점은 지금도 마찬가지였다. 나는 의태에 대해서 이중적인 태도를 여전히 유지하고 있었다. 한편으로는 놀라워서 그것에 열광했지만, 다른 한편으로는 자연의 가장 굴욕적인 모습이라고 생각했다. 포식자들로부터 자신을 지키기 위해 곰팡이가 잔뜩 핀 시신의 모습을 한 벌레도 있었다. 물론 무탈하게 지낼 수 있기는 했지만, 대가가 너무 컸다. "얘야, 너무 눈에 띄는 행동은 하지 마라." 우리가 수염을 기른 채 코트를 걸치고 집에서 나서는 것을 보면, 우리 시대 어머니들은 이렇게 말씀하시곤 했다. 눈에 띄지 않는다는 것은 사람들의 경계심을 유발하지 않는다는 것을 의미하거나, 혹은 똥이나 부패하기 시작한 시체처럼 여겨진다는 것을 의미했다. 여기에서 가장 중요한 것은 아무도 당신을 주목하지 않는다는 점이다. 왜냐하면 위치가 발각되면 당신보다 훨씬 더 난폭한 종의 먹이가 될 수 있기 때문이다. 군대에 있을 때 어머니들과 똑같은 충고를 하던 하사관이 있었다. 그는 좀 더 직설적인 표현을 사용했다. "뚱뚱한 놈은 살이 빠져야 하고, 마른 놈은 살이 쪄야 해."

절대로 아랍인, 흑인, 중국인, 무정부주의자, 사민주의자처럼 보여서는 안 돼. 눈에 띄지 말고 주변 사람들과 똑같아지려고 노력해야 해. 뚱뚱하면 살을 빼야 하고, 말랐다면 살이 쪄야 하지. 네가 원하는 그런 튀는 사람 되기에는 그리 적절한 때가 아니야. 닮지 않으려고도 노력해야 하지만, 닮으려고도 해야 해. 고기도 생선도 닮아서는 안 돼. 생각을 숨기고, 다른 의견을 내놓지도 말고, 눈에 띄어서도 안 되고, 돋보이려고 해서도 안 돼. 자기가 마른 가지처럼 보이는 것이 곤충 입장에서는 나쁜 것이 아닌 것처럼, 너도 반드시 누군가를 닮으려고 노력해야 하는 거야. 계단을 오를 때도 내려갈 때처럼 해야 하고, 내려갈 때는 올라갈 때처럼 해야 해. 목소리를 높이지 말고, 생김새를 잘 관리해야 해. 살을 빼, 살을 찌워, 이리 와, 꺼져, 나가, 들어 와. 살아남아야 한다고. 요컨대 똥이든, 막대기든, 나무껍질이든 뭐든 흉내 내야 해. 그리고 10시면 집에 있어야 해.

내가 의태에 대한 그 항목을 읽었을 때 생각했던 것인데, 박물관의 표본 상자를 바라보다 정말 환상적이고 예술적이라는 생각까지 들었다.

박물관을 나섰을 때 이미 어둠이 내리기 시작한 시간이었다. 심리 상담사는 노쇼no-show를 통보하지 않은 죄로 비싼 상담료를 청구할 것이다.

8

나간 살, 들어온 살

"늙음에 대해서 심각하게 생각해 본 적이 있나요?" 아르수아가가 전화로 물어보았다.

"늙음은 하나의 국가나 마찬가지라고 하고 싶어요."

"친절한 나라인가요?"

"확신은 못 하겠어요. 아직 나는 그 나라에서는 이방인이니까요."

순수하게 나이라는 측면에서 보면 몇 년 전부터 나는 분명 노인이었다. 그렇지만 고생물학자와 이 문제를 다룰 때까지만 해도 노인이라는 생각은 하지 않았다. 그렇게 의식하지 않았던 것은 젊은 시절 이후로 단 한 번도 일을 중단해 본 적이 없어서 그랬을 것이다. 75세인 지금도 40대 이상으로 일을 하고 있다. 일은 예전과 똑같이 쏟아졌지만, 아직도 글쓰기에 대한 두려움이 없다. 좀 더 정확하게 이야기하면 공황 상태에 몰아넣지 않았다. 공황은 나를 마비시켰을지 모르지만, 두려움은 반대로 나를 자극했다. 예전 나이대에 느꼈던 것처럼, 문장과의 관계에서 팽팽한 긴장감을 느끼지 못하고 있다. 물론 문장이 여자 친구처럼 살갑게 구는 날도, 덕분에 문장이 거침없이 물 흐르듯이 흘러가는 그런 날도 있다. 그런 날에는 도대체 왜 그런지 의심이 일기도 한다. 글쓰기란 단어들이 이야기하고 싶은 것과 당신이 말하고 싶은 것이 일치하느냐에 달려 있다. 단어들이 자기 말만 하게 놔둔다면 절대로 재미있는 이야기를 하지 못할 것이다. 당신이 내뱉는 헛소리의 고삐를 풀어버린다면 당신은 목적어가 필요 없는 자동사 같은 이야기만 쓰게 될 것이다. 문학 텍스트는 협상의 결과물로, 때로는 정말 가혹해야 한다. 더욱이 대담 형식의 글이라면 더욱 문장에 신경을 써야 한다.

다른 측면에서 봤을 때, 늙는다는 것은 완벽하게 선적線的인 운동이라고는 할 수 없지만, 어느 정도 선적인 과정을 밟아간다고 이야기할 수는 있다. 모든 사람은 결국 죽을 수밖에 없다. 이는 분명한 사실이다. 그러나 가끔 세 걸음 정도 앞서기도 하고, 두어 걸음 정도 늦어지기도 한다. 나는 50세에서 60세 사이보다 60세에서 70세 사이가 더 좋았다. 건강도 좋았고, 원기도 넘쳤고, 창의력도 더 뛰어났다…. 물론 고속도로를 타고 시속 120킬로미터로 죽음을 향해 직진할 수도 있다. 혹은 샛길 투성이인 지방 도로를 타고, 80킬로미터를 넘지 않는 속도로 달리다 독특한 풍경 앞에서는 잠깐씩 섰다 가다를 반복할 수도 있다.

노동이 주는 건강한 스트레스 때문인지 앞으로만 가는 시간이 가진 선적인 성격을 제대로 느낄 수 없어, 내가 이미 노인이라는 사실을 제대로 인식하지 못하고 있었다. 그렇지만 이것을 눈치채는 순간, 이 상태, 즉 노년의 나라가 어떤 나라인지 이해할 수 있었다. 누가 다스리고 있는지, 주민들의 풍속에는 무엇이 있는지, 어떤 말을 하는지 등을 밝히고 싶었다.

"좋아요. 선생님은 이미 늙었고 나 역시 늙어 가고 있어요." 아르수아가가 결론을 내렸다. "늙음이 선생님에게 다가왔을 때는, 선생님도 그 나라에 대해 더 많은 정보를 갖게 되길 바랄게요."

"나는 이미 그 나라에 들어갔어요." 그에게 단정적으로 이야기했다.

"그렇지만 내가 선생님에게 전화한 것은 후안 안토니오 코르발란 박사가 우리에게 시간을 내주겠다는 약속을 받아 냈다는 것을 전해 주려는 거예요."

후안 안토니오 코르발란은 스페인의 유명한 심장 전문의로, 한때 레알 마드리드 농구팀의 게임메이커 역할을 하던 가드였고, 국가 대표팀의 일원으로도 120경기 이상을 출전했었다. 그는 마드리드의 아르투로 소리아 거리의 비타스Vithas 국제 메디컬 센터에서 일하고 있었는데, 그곳에 있는 운동생리학실에서 6월 초 금요일에 우리를 만나 주었다. 고생물학자와 나의 나이와 관련된 신체 능력의 상대적인 감소 내지는 활력을 알아보기 위한 종합 검진을 준비해 놓고 기다리고 있었다.

물론 나에 대해서 나도 알고 싶지 않은 것이 있었지만, 아르수아가는 우리 몸 안에서 진행된 늙음의 정도를 직접 관찰하지 않고서는 정확하게 조사할 수 없다고 강하게 주장했다.

"우리가 알게 된 것이 별로 맘에 들지 않으면 어떡하죠?" 내가 질문을 던졌다.

"어른인데 잘 대처할 거예요." 그는 대수롭지 않게 대답했다.

코르발란 박사는 미국 텔레비전 드라마에 나오는 의사들처럼 우아함이 몸에 배어 있었을 뿐만 아니라, 그를 위해 발명한 것처럼 하얀 의사 가운이 잘 어울렸다. 호감 어린 얼굴, 세심함, 예의 바른 태도 등은 절대로 나쁜 소식을 전할 것 같지 않았다. 아니 백번 양보해서 혹시 나쁜 소식을 전하더라도 가슴 아프게 하지는 않을 것 같았다. 그의 사무실 벽은 온통 하얀색이었고 널따란 창문에는 회색 커튼이 쳐져 있었다. 모든 것이 이 멋진 두 가지 색 사이에서 묘하게 흔들거리고 있었다. 햇살은 우윳빛이었는데 그렇게 싫지는 않았다. 그리고 온 사방에서 쏟아져 들어오는 것 같기도 했다가, 들어오는 곳이 없는 것 같기도 했다. 이에 대해서, 조명과 조금은 공격적으로 보이는 벽에 걸린 그림에 대해서 이런저런 생각을 해 보았다. 그러나 무엇보다 육체적으로도 정신적으로도 건강할 것 같다는 느낌을 강하게 주었다. 사방의 벽에 갇혀 있으면서도 편안한 느낌이었다. 방 한가운데에는 의사의 진료대뿐만 아니라 흰색과 회색의 다양한 기구가 있었는데, 가장 눈에 띈 것은 운동 부하를 테스트하기 위한 러닝 머신이었다. 내가 보기에는 심전도를 측정하는 것 같았다.

의사들이 환자를 대할 때 일상적으로는 개인의 프라이버시를 지키는 형태를 취했다. 그러나 아르수아가와 나는 마치 한 사람인 것처럼, 아니 샴쌍둥이인 것처럼 동시에 진료를 받았는데, 그가 내 테스트의 증인인지 내가 그의 증인인지 알 수 없었다. 비록 암묵적인 계약에서 나온 결과물이겠지만, 시간이 조금 흐르자 나는 이런 프라이버시를 포기하겠다는 결정을 도대체 누가 내린 것인지, 나인지 그인지가 궁금해졌다. 우리는 경쟁을 원하는지도 모른다는 생각이 들었다. 그래서 각자의 상태가 어떤지 아는 것이 중요했는지 모른다. 특히 상대방과 비교했을 때 어떤 상태인지 확실히 밝혀내는 것이 중요했을 것이다. 나는 9킬로그램이나 살을 뺀 것이 너무 기뻤다. 우리가 받게 될 모든 테스트에서는 불가능하겠지만, 그중 몇 가지만이라도 나를 긍정적으로 판단해 줄지 궁금했다.

첫 번째로 놀란 사실은 아르수아가는 최근 몇 달 동안 정확하게 내가 뺀 체중만큼 살이 쪘다는 것이다. 그는 체중계에서 믿기지 않는 표정으로 나를 바라보며 자기 입으로 이 말을 했다.

"내가 선생님 살을 받았나 봐요."

"내 살이 어디론가 가기는 갔는데…." 안타깝지만 내가 점수를 땄다는 생각을 하면서 대답을 했다.

자원해서 의사에게 먼저 검사받았다. 나는 신발을 벗었고, 고생물학자가 지켜보는 가운데 상체를 탈의했다. 그런데 조금씩 불안해지는 것을 느꼈다.

"선생님은 운동복을 입고 왔네요." 그가 한마디했다.

"네!"

"운동복을 잘 활용하네요." 그가 빈정댔다.

바로 그 순간 내가 기억에 담아 두려고 했던 테스트의 전원 스위치를 넣었다. 그런데 훗날 테스트 받았던 것을 기억하려고만 하면 언제나 장소가 헷갈렸다. 코르발란 박사가 내 체중, 신장, 나이 등을 기록한 다음 나를 의자에 앉혔던 사실은 또렷하게 기억났다. 양팔을 가슴 위에 팔짱을 낀 채, 아무 데도 짚지 말고 자리에서 벌떡 일어나 보라고 시켰다. 내가 보기에는 다리 근력을 측정하려는 것 같았다. 바보 같은 테스트라는 생각이 들었고, 여기에서 의미 있는 결과를 얻을 수 있을지 의문이었다. 그런데 정신적으로 엄청나게 당황할 수밖에 없었다. 다섯 번은 실패했던 것 같다.

이 테스트 이후에 일어난 모든 일은 꿈결에서 일어난 것 같았다. 오른손에 들고 있던 악력계에 힘을 꽉 주었는데 평범한 결과를 얻었던 것이 또렷이 기억났다. 이어서 박사가 지방과 근육(내 지방과 근육) 사이의 관계에 관해 이야기하는 것을 들었다. 체내 수분량이 좀 부족한 것 같다며 중배엽형*이라고 이야기했던 것 같다.

"아르수아가도 마찬가지예요. 두 분 다 중배엽형이에요."

나는 우리 둘 다 평균 정도에 속한다고 해석했다. 아무튼 우리는 주목을 받을 만한 몸이 아니었고, 이는 나의 나르시시즘에 상처를 주었다. 아마 고생물학자도 마찬가지였을 것이다.

그러고는 시키는 대로 입으로 공기를 최대치까지 한껏 들이마신 다음, 공기를 완전히 비울 때까지 세게 한 번에 내쉬게 하여 폐활량을 측정했다. 나는 공기와 함께 좋은 것과 나쁜 것 사이에 든 다른 것을, 영적인 것을 내뱉고 있다는 인상을 받았다. 산소만 잃었다고 그렇게까지 모든 것이 텅 비어 버린 느낌을 받는 것은 불가능했기 때문이다.

"이런 식으로 가슴의 근육량도 측정할 수 있어요." 나는 코르발란 박사의 말에 귀를 기울였다.

나는 한 번도 가슴 근육에 신경을 써 본 적이 없었다. 그러나 분명한 것은 갈비뼈의 보호대로서 존재하고 있었다는 사실

✿ 　미국 하버드대 심리학 교수였던 윌리엄 셸던(William H. Sheldon, 1898~1977)이 제안한 배엽에 의한 체형 분류법으로, 내배엽형, 외배엽형, 중배엽형이 있다.

이다. 그런데 이에 대해서는 단 한 번도 생각해 본 적이 없었던 탓에 이제야 그 사실을 깨달았다.

가슴 근육, 하느님 맙소사! 갈비뼈, 심장, 폐와 허파 꽈리, 호흡기…. 뭐가 이렇게 많을까. 이러니 모든 것이 다 정상적으로 작동하기가 정말 어려울 것 같다는 생각이 들었다. 다음으로 넘어가면 박사가 나에게서 뭔가 치명적인 것을 찾아낼 것만 같았다.

나는 가끔 곁눈질로 아르수아가를 바라보았다. 그는 "이웃이 수염 뽑히는 것을 보면…"이라고 중얼거리는 것 같았다.

이런저런 테스트 중에 누군가가 입을 열었다. 이 모든 것을 기록해 놨던 것을 봐서는 코르발란인 것 같긴 했다.

"한 번 숨을 쉴 때마다 우리는 0.5리터 정도를 마셨다 내뱉지요."

몸에 대해 의식하는 것과 당신이 곧 육체라는 사실을 확인하는 것이야말로 최악일 수밖에 없다. 이런 생각이 드는 순간, 신체의 한계와 있을 수도 있는 온갖 병의 목록이 한꺼번에 다 드러나기 때문이다.

박사가 나에게 규칙적으로 복용하고 있는 약이 있는지를 물어본 시점이 바로 그때였는지, 혹은 의학 차원에서의 3종 경기인지 5종 경기인지 모를 이상한 테스트를 시작하기 전이었는지 잘 기억이 나지 않았다. 고생물학자가 내가 복용하고 있는 약과 관련된 사생활을 아는 것을 원치 않았기 때문에 거짓으로 대답할까 잠시 망설였다. 그러나 진실을 말하는 것이 오히려 문제를 발견하지 못하리라는 미신에 가까운 생각에 진실을 말하기로 마음먹었다.

"매일 고혈압 약을 먹고 있어요." 나는 솔직히 털어놓았다. "그리고 콜레스테롤 약과 잠을 자기 위해 신경 안정제를 한 알씩 먹고 있어요. 가끔은 두 알을 먹기도 해요."

그는 나의 약 복용량에 상당히 관심을 보였다. 다행히 복용량이 그리 많지 않았기에 나도 조금은 떳떳할 수 있었다. 내 일상의 삶에 끼어든 약을 통한 건강 관리에 대해 큰 소리로 대답하면서, 어떤 나이대에 들어섰는지를 다시 한 번 떠올렸다.

75세였다.

과장된 것 아닐까? 어떤 메르세데스 벤츠나 아우디가, 혹은 닛산 주크의 엔진이 이렇게 오랫동안, 다시 말해 1946년부터 잘 작동할 수 있단 말인가? 내 심장과 폐가 일해 왔던 것처럼 잠시도 쉬지 않고 말이다.

"오른손잡이인가요?" 그 순간 박사가 물어보았다.

"네!"

"그러면 왼손으로 코를 막고 이 튜브를 입에 대세요."

나는 튜브를 입에 댔다. 숨을 쉰 다음 비우기를, 즉 수차례 비우기를 반복한 다음 가슴에 주렁주렁 케이블을 매단 채 러닝머신에 올랐다. 또 다른 튜브와 연결된, 얼굴 전체를 덮을 수 있는 방독면과 유사한 마스크를 썼다. 그리고 이를 통해 엘 코르테 잉글레스 백화점 쇼핑백처럼 생긴 허파라는 이름의 두 개의 공기 주머니가 끊임없이 요구하는 산소를 들이마셨다. 나는 산소가 피를 통해 내 몸 말단 세포까지 여행하는 모습을 상상해 보았다. 37조 개의 세포, 그중에서 상당히 많은 부분을 차지하는 뇌세포들도 5월에 물을 기다리듯 산소를 기다리고 있을 것이다. 산소가 없으면 죽거나 바보가 되어 버릴 테니까. 그 순간 문득 셀라야*의 다음과 같은 구절이 떠올랐다.

　…일 분에 열세 번이나 요구하는 공기처럼
　(가난한 사람을 위해 시가, 그들에게 필요한 시가) 되기 위해서는
　우리는 이를 찬양하는데 동의할 수 있는 존재여야 한다.

　진짜 일 분에 열세 번이나 요구할까? 아니면 시적 허용인 걸까?
　어쨌든 그것은 '운동 부하 검사'라고 부르는 것이었다. 예전에는 단 한 번도 이를 받아 본 적이 없었다. 심장 전문의는 우주선의 조종사처럼 나의 심전도를 지켜보면서, 속도를 올리거나 더 부하가 많이 걸리게 러닝 머신에 경사를 주고는 방금 새

＊　가브리엘 셀라야(1911~1991)는 스페인의 시인으로, 20세기 스페인 시의 모든 관심사와 스타일을 멋지게 종합한 시를 써서 1986년 스페인 문화부로부터 스페인 문학상을 수상했다.

장에 갇힌 새처럼 내 심장이 갈비뼈에 주는 충격량을 기록하고 있었다. 검사 기구에는 비상시를 대비한 정지 버튼이 있었는데, 나는 누르고 싶다는 욕망으로 버튼을 바라보았다. 그러나 의사 뒤에 서 있던 아르수아가의 시선에 나는 누를 수 없었고, 더는 참을 수 없었던 순간까지 참고 또 참았다. 의사가 기구를 정지시킨 0.1초 뒤에 그만하겠다는 표시로 손을 들었다.

숨을 헐떡이며 쓰고 있던 마스크를 벗은 다음, 가슴에 부착한 케이블을 떼어 내는 순간 코르발란이 아르수아가에게 하는 이야기가 들려왔다.

"러닝 머신에 경사도를 준 '브루스 프로토콜'이에요."

운동 부하 검사를 만든 '브루스'라는 사람의 이름을 따서 이렇게 부른다는 것을 알 수 있었다.

난기류를 만났을 때 조종실을 벗어나 알 수 없는 표정으로 비행기 통로를 오가는 비행기 조종사를 바라볼 때의 존경 어린 눈길로 나는 의사를 지켜보았다. 나의 불안한 마음을 반영한 파동이 분명히 코르발란에게도 전해졌던 것 같았다.

"선생님 나이에 비하면 괜찮았어요."

뭔가 좀 설명하려는 듯한 목소리 톤이었다.

"우리는 피곤해지면 더 많은 이산화탄소를 배출해요. 우리는 매일 기본 활동을 유지하기 위해 유산소 신진대사를 하는데, 기본적으로 지방에 의지해요. 예를 들어, 차분하게 걸을 때는 우리 세포가 몸에 비축된 지방산을 받아들일 수 있어요. 그런데 선생님이 걷는 게 아니라 달리기 시작하면 지방은 빠르면서도 밀도 있게 에너지를 공급하지 못해요. 그래서 다른 형태의 연료가 필요하게 되는데, 바로 그게 포도당이에요. 포도당은 많은 에너지를 줄 수 있어요. 특히 아주 빠른 속도로요. 지방이 만족시킬 수 있는 생리적 욕구가 있고, 포도당이 만족시킬 수 있는 것이 있어요. 이처럼 지방에서 포도당으로 넘어가는 변화는 무산소 운동으로 넘어가는 분기점에서 만들어져요. 선생님이 거의 숨을 쉬지 않을 때죠."

나는 우리 몸을 그때그때 필요한 에너지에 따라 배터리와 휘발유로 엔진을 움직이는 하이브리드 자동차와 비교할 수 있을 것 같았다. 하지만 큰 소리로 이런 이야기를 할 수는 없었다.

"자, 보시죠!" 코르발란은 내 테스트 결과지의 그래프를 살펴보며 이야기를 시작했다. "심박수 95퍼센트에 맞춘 '최대하 운동 부하 테스트'예요. 아주 논리적인 테스트죠. 테스트를 받는 동안 흉통이나 부정맥이 없었어요. 심장에 문제가 있다고 의심케 하는 그런 심전도 상의 변화가 없었다는 거죠. 긴장성 반응도 정상이었고요."

나는 의자에 앉아 호흡이 정상으로 돌아오기를 기다리며, 고생물학자가 검사를 시작하는 것을 지켜보았다. 나는 정상적으로 숨을 쉬었던 것 같은데, 고생물학자는 숨을 잘 뱉지 못하고 있다는 인상을 받았다. 그뿐만 아니었다. 시작부터 걷지 않고 달렸던 탓에, 그가 기대했던 것만큼 좋은 결과가 나오지 않았다. 잠시 후 코르발란은 그의 가슴에 부착했던 케이블을 떼어 주면서 긍정적인 수치가 나오지 못한 것을 마스크 성능 탓으로 돌렸다.

이 테스트를 받느라 오전이 다 지나갔고, 의사는 다음 주에 우리를 만날 약속을 다시 잡았다.

"그때 두 분에 대한 결과 보고서를 준비해 놓을게요. 그리고 차분하게 설명도 할 수 있을 거예요."

일주일 후, 우리는 테이블 옆에 앉아 있던 농구 선수 출신의 심장 전문의 앞에 서야만 했다. 나와 아르수아가는 일단 반대쪽에 앉았다. 박사는 서류철 두 개를 준비해 놓았는데, 하나에는 내 이름이, 다른 하나에는 고생물학자 이름이 쓰여 있었다. 그 안에는 우리가 받았던 검사에 대한 결과 보고서가 들어 있었다. 그는 직접 말로 설명하면서도 우리가 읽을 수 있게 보고서를 펼쳐 놓았다. 우리에게 기말 고사 성적을 주는 것 같았다.

"건강한 모습으로 뵙게 되어 반갑습니다." 그가 입을 열었다.

아르수아가와 나는 모범생처럼 짧게 시선을 교환했다. 코르발란은 계속 말을 이어 갔다.

"첫 번째 요소인 내장 지방에서, 즉 몸에 쌓여 복부 기관까지 깊게 스며든 지방은 두 분이 어느 정도 비슷한 것 같아요. 이것은 지방을 태워야 할 필요가 있을 때 마지막으로 사용하는 것이기도 하죠. 나이를 먹으면 내장 지방은 일반적으로 염증에 우호적인 대사 활동을 해요. 일상적인 지방보다 나쁜 지방인 셈이지요. 그뿐만 아니라 저장 지방으로서 기능도 해요. 적정 수준의 체중을 가진 사람이라면 가장 먼저 들어온 것이 가장 먼저 나간다는 저장 이론에서처럼 지방이 쌓이면 바로 소비하는 게 가장 이상적이에요. 만약 쌓이게 놔둔다면 저장된 지방의 일부는 손해 볼 수밖에 없지요. 이러한 첫 번째 항목에서 두 분은 13을 기록했어요. 가장 이상적인 수치는 12인데, 조금 위죠. 보통은 우리가 나이를 먹어감에 따라 12로 설정된 표준보다는 조금 더 많이 나오는데, 두 분 모두 허용치 안에 있어요. 그 정도면 괜찮은 거죠."

아르수아가와 나는 우리에 대한 모든 이야기를 진지하게 들으며, 그래프와 수치로 가득 찬 보고서에서 의사의 얼굴로 시선을 옮겼다. 혹시라도 처음에는 좋은 소식을 전하기로 하고, 지금부터는 나쁜 소식을 전할까 봐 조금은 겁을 먹고 있었던 것 같다.

의사가 말을 이었다. "우리가 평가한 두 번째 요소는 체지방 비율이에요. 두 분에게 이미 설명한 것처럼 근육이 엔진이라면, 지방은 연료인 셈이죠. 미야스 선생님은 체지방이 21.30 퍼센트이고 아르수아가 선생님은 24.40퍼센트예요. 체지방이 10퍼센트 이하라면 아마 상당한 수준의 스포츠 선수이거나,

정말 운동을 열심히 하는 사람이거나, 거식증이란 섭식 장애가 있는 사람일 거예요. 신장 대비 체중-지방 관련 지수는 종종 사용되는 항목이긴 한데, 아주 전문적인 것은 아니에요. 두 분은 모두 6정도인데, 아르수아가 선생님이 조금 높아요. 다른 기본적인 데이터로는 근육량과 지방량이 얼마나 되는지와 연결해 봐야 해요. 여기에서 우리는 지방량에 대한 근육량의 관계에서 우리가 어디에 위치하는지 지수를 뽑을 수 있어요. 미야스 선생님은 3.51이고, 아르수아가 선생님은 2.94예요. 비록 공식적인 수치는 아니지만, 긍정적인지 부정적인지 따지기 위한 변곡점은 3정도예요. 나이를 먹어 갈수록 근육을 개선하기가 굉장히 어려워요. 근육량을 증가시킬 수는 있지만, 유의미하지는 않아요. 항산화 물질을 잃어 테스토스테론이 감소하고 뼈와 관절이 퇴화하기 때문이죠. 운동을 하더라도 그 혜택 역시 질이 떨어지기 시작해요. 그래서 나이를 먹으면 체중을 유지하는 것이 중요해요."

아르수아가와 나는 서로를 바라보았다. 그는 분명히 내가 자기에게 넘겼다고 믿고 있을 9킬로그램에 대해 생각하고 있었을 것이다. 코르발란은 우리 얼굴을 뜯어보며 그 문제에 최종 결론을 내렸다.

"아무튼 두 분은 지금 가장 일반적인 3정도예요. 이것은 유산소 운동이라는 기능의 관점에서 봤을 때 두 분 모두 상태가 아주 좋다는 의미예요."

　우리는 한 시간 내지 한 시간 반 정도를 천천히 우리 보고서를 훑어보며 그곳에 머물렀다. 나는 몇 가지는 쉽게 이해했지만, 몇 가지는 이해가 되지 않았다. 반면에 아르수아가는 이에 대한 기본 지식이 있어서 모든 것을 금세 이해하는 것 같았고, 의사와 의견을 주고받기도 했다. 나는 무식한 인간의 간절한 열망을 안고, 문장 차원에서는 잘 짜여진 그들의 대화에 귀를 쫑긋 세웠다. 고생물학자는 나의 침묵을 변명하려는 듯이 가끔 나를 가리키며 이야기했다.

　"이건 글자 그대로 받아들이면 돼요."

　우리는 생리학 차원에서 우리 몸의 기능에 대해 많은 것을 확인할 수 있었다. 모든 통계 자료의 분석을 통해 우리 프로필이 나이에 비하면 괜찮다는 것을 추론할 수 있었다. 몇 가지에서는 낮은 편이었지만, 어떤 영역에서는 상당히 높은 편이었다. 한마디로 샴페인을 딸 정도는 아니었지만, 실망할 정도도 아니었다.

　아르수아가에게는 고혈압을 조심해야 한다고 경고했다.

　"혈압계를 하나 사세요." 코르발란이 그에게 충고를 건넸다. "혈압을 재는 가장 정확한 방법은 아침에 재는 거예요. 5분 정도 가만히 누워 있다가요."

　코르발란은 그날 가운 아래 사무실의 인테리어와 잘 어울린다는 생각이 드는 하늘색 톤의 셔츠를 받쳐 입고 있었다. 영화 속 의사, 즉 환자라면 아무리 나쁜 진단을 받더라도 그에게

서 진단을 받고 싶다는 생각이 드는 그런 의사였다. 나는 열정
적인 그의 설명에 빠져들었다가 잠깐씩 벗어났다. 그의 모습
에, 완벽하게 둥근 그의 민머리에조차 빠져 있었다. 그의 머리
는 완벽하게 머리카락이 빠졌을 때를 대비하여 만들어진 것 같
았다. 다른 민머리들처럼 머리카락이 없다는 것 때문에 보상
심리에서 콧수염을 기르는 실수를 저지르지도 않았다. 반대로
깔끔하게 면도를 한 모습이 촉촉하고 윤기 있는 피부를, 그러
니까 도덕적으로도 깔끔할 것 같다는 생각을 하게 만드는 인상
이었다.

"건강 측면에서 봤을 때" 그의 목소리가 나를 현실 세계로 되
돌아오게 했다. "우리 몸은 완전히 긴장을 풀고 살아가기 위해
서 만들어진 것도 아니고, 그렇다고 한 시간에 15킬로미터씩
달리기 위한 것도 아니에요. 소비와 필요 사이에서 균형을 잡
을 수 있게 만들어졌지요."

"구석기인들은 일상적인 걷기나 가볍게 뛰는 것 사이를 오갔
어요." 아르수아가가 박자를 맞췄다.

"사냥하거나 사냥을 피해 도망가기 위해서는 반드시 달릴
수 있는 최소한의 힘을 남겨 둬야 한다는 사실을 잘 알고 있었
기 때문에 구석기인들이 달리지 않았던 거예요." 의사가 다시
이야기를 이어 갔다. "활동적으로 살아가는 사람은 누구나 문
제가 언제 닥칠지 모르기 때문에 노력도 경제적으로 해야 해
요."

또 다시 전문 용어가 난무하는 시간이 잠시 이어졌고, 이어서 고생물학자에게 충고가 뒤따랐다.

"체중을 줄이면 활력이 증가할 거예요."

"그렇다면 체중 감소가 긍정적인 일이라는 거죠." 내가 얼른 끼어들었다.

"물론이에요! 체중을 잘 줄였어요!" 코르발란이 당연하다는 듯이 이야기했다.

"나는 활동적인 뚱보고요." 아르수아가가 입을 열었다. "선생님은 '방콕'을 좋아하는 말라깽이인 셈이에요."

"아뇨. 선생님은 그렇게 뚱뚱한 것은 아니에요." 의사는 그를 위로하려고 했다. "경계선에 서 있는 거죠. 5킬로그램만 빼면 이 결과에 반영될 거예요. 우리 삶에서 가장 이상적인 것이 무엇인가는 아무도 정의할 수 없어요. 가장 이상적이라고 하는 것들은 대개 감정적인 개념이에요. '10킬로그램을 뺄 수 있어요?'라고 물었을 때 선생님은 '네!'라고 대답할 거예요. 먹지 않고 움직인다면, 배가 좀 고프다는 생각은 들겠지만 결국 살은 빠지겠죠. 그러나 삶을 즐기는 것을 포기해야 할 거예요. 친구들과 포도주 한잔 마시는 것, 혹은 맛있는 빵을 즐기는 것과 같은 것을 말이에요. 이것이야말로 선생님이 소중하게 계산해야 할 점이에요."

"물론이에요." 아르수아가는 에피쿠로스적인 통찰력을 가지고 말을 받았다.

"용감하게 죽은 사람보다 비겁하게라도 산 사람이 더 좋다는 말을 환자들에게 가끔 해요. 두 분이 살을 뺄 계획을 세우거나 운동 계획을 짤 때는 목표를 너무 크게 잡지 마세요. 이 문제는 어쩌면 아주 미세하게 감정적인 부분과 연계되어 있어요. 환자들 앞에서는 언제나 '잘 들어보세요. 우리는 평생을 욕이나 하면서 돌아다니기 위한 것이 아니라 행복해지기 위해 여기 있는 거예요.'라고 이야기하죠."

"한마디로 요약한다면 뭐라고 하면 좋을까요?" 점심시간이 가까워졌고 탄수화물과 당이 떨어지고 있다는 것을 느꼈기 때문에 서둘러 결론을 요구했다. 아니, 이 시간이 되면 당 수치가 낮아지고 기분이 나빠지기 시작한다는 것을 알고 있었기 때문인지도 모른다.

"요약하자면 두 분은 서로 정말 많이 닮았어요. 미야스 선생님 역시 8년 후에도 상당히 괜찮은 건강 수준을 유지할 거라는 거죠. 선생님 연세면 약한 사람들은 죽기 마련이에요. 계속 움직여야 해요. 가만히 있는 것은 죽음이에요."

손에 결과 보고서를 들고 병원을 나섰을 때 우리 두 사람 모두 약간은 실망했다. 아르수아가도 나도 모두 너무 평범하다는 사실에 실망한 것이다. 우리 자신에 대해, 우리 심장과 폐와 근육, 그리고 우리의 지방까지도 남들보다 조금은 나을 거라는 생각을 가졌던 게 분명했다.

거리로 나서기 전에 엘리베이터 안에서 아르수아가는 자기 결과 보고서를 별 흥미 없다는 듯이 나에게 건네주었다.

"왜 이걸 나에게 주죠?"

"혹시라도 집에서 내 것과 선생님의 결과를 비교해 보고 싶을 것 같아서요." 그리고 한마디 덧붙였다. "책에 쓰려면요."

그것을 받아들고 거리로 나섰다. 해가 나서 날씨가 더웠고, 조금은 불안한 기운이 맴돌았다. 어쩌면 우리에게서 나온 것인지도 몰랐다.

"선생님이나 내 결과 보고서가 좀 더 황당하게 나왔다면 더 문학적이었을지도 모르겠어요. 우리가 죽음의 경계선에 서 있다고 했다면요." 아르수아가가 입을 열었다.

"문학적이라는 당신 이야기에 동의할 수 있을지 모르겠어요. 그런데 저기에 괜찮아 보이는 일식집이 있는데 갑시다. 내가 점심 살게요."

아르수아가는 잠깐 망설였다. 누군가에, 내 생각으로는 에 피쿠로스나 자기 자신에게 잔뜩 화가 난 것 같았다. 하지만 결국 내가 이끄는 대로 따라왔다.

일식집이 있는 쇼핑몰에 가기 위해 길을 건너며 그에게 말을 건넸다. "심장 전문의를 만나보자던 건 당신 생각이었어요."

"안 좋았어요?"

"아니, 반대예요. 내가 얼마나 늙었는지 볼 수 있어서 좋아요. 마음에 들었는지는 잘 모르겠지만, 뭔가 생각하게 만들어 줬어요. 내가 가장 좋아하는 책 중 하나는 영국 작가인 C. W. 루이스가 쓴 《고통의 문제》예요. 당신도 아마 알 거예요. 그는 이 책을 아내를 잃은 다음에 느꼈던 고통을 꼼꼼하게 성찰하는 방법을 통해 기술했지요."

고생물학자는 쇼핑몰 2층에 있는 레스토랑까지 잘 따라 왔다. 테이블이 몇 개 되지 않았는데, 마침 하나가 비어 있었다. 우리는 그 자리를 차지하고 해초 샐러드 하나와 회 2인분을 주문했다.

"그리고 베르데호 두 잔 주세요."

나는 노란색 때문에 베르데호를 무척이나 좋아했다. 어떤 사람은 오줌색을 떠올릴지도 모르지만, 나는 액체로 된 황금을 닮았다는 생각을 했다. 나는 아르수아가의 기분이 나빠지면 오히려 내 기분은 좋아진다는 사실을 깨달았다. 나에게는 '잉여'인 살을 그에게 넘겼는데, 그는 반대로 즐거움을 넘겨주었다.

이 관계에서 누가 더 이득을 봤을까? 궁금했다. 그 순간 빅토르 마누엘Víctor Manuel[*]의 노래 후렴구가 떠올랐다. 노래 속 화자는 이와 비슷한 질문을 던졌다.

---

[*] 스페인의 싱어송라이터로, 그의 노래와 앨범에는 사회적, 정치적 내용의 작품이 많다.

누가 더 많이 비난했을까?

누가 더 균형을 무너뜨렸을까?

누가 열정, 부드러움, 이해심을 더 많이 가졌을까?

누가 더, 누가 더 사랑했을까?

아르수아가는 일식을 좋아하지 않았고, 나는 이미 그 사실을 잘 알고 있었다. 그는 좋아하는 척했지만, 먹고 있다는 인상을 주기 위해 젓가락으로 음식을 이리저리 뒤적일 뿐이었다.

"원하면 다른 것을 시킬게요." 내가 이야기했다.

"아뇨. 이것도 괜찮아요. 고마워요."

"알았어요." 나는 음흉하게 못을 박았다. "나이에 비교해 봤을 때 내 건강이 당신보다는 더 나은 것 같더군요."

"선생님은 이미 9킬로그램이나 살을 뺐는데, 반대로 나는 9킬로그램이나 쪘으니까요." 그가 서둘러 반론을 했다.

"그렇다고 내가 뺀 9킬로그램을 고스란히 당신이 받았다고는 생각하지 마세요."

고생물학자는 진심에서 우러난 말인지 묻고 싶다는 듯한 표정으로 나를 바라보았다. 그는 과학자였다.

과학자!

그러나 과학자들도 감정은 있다. 그 순간 작년 우리 책을 홍보하기 위해 세비야에 갔던 날이 떠올랐다. 성탄절이 다가오고 있었는데, 우리는 일반 복권과 스포츠 복권을 함께 팔던 가게 앞을 지나고 있었다. 나는 그곳에서 '엘 고르도'[*] 크리스마스 복권을 사고 싶었다. 그렇지만 과학자가 나를 비웃을까 봐 감히 복권을 살 생각을 엄두도 내지 못했다. 엘 고르도 복권에 당첨될 확률은 제로라고는 할 수 없지만, 정말 낮다는 것을 잘 알고 있었기 때문이다. 그런데 고생물학자는 아주 자연스럽게 복권 가게에 들어가 번호 하나를 샀다.

"과학자들도 복권을 살 거라곤 상상도 못 했어요." 내가 이야기를 꺼냈다.

"이건 정말 기가 막힌 번호예요." 나에게도 번호를 보여 주었다.

그런 다음 나에게 묘한 수수께끼와 같은 시선을 보내며 복권을 지갑에 갈무리했다. 다음 날 나는 몰래 호텔을 빠져나와 복권 가게에 가서, 처음 만난 아가씨의 전화번호를 기가 막히게 머리에 담는 젊은이들처럼 재빨리 기억해 뒀던 그 번호의 복권을 샀다.

그러나 당첨되지 않았다.

고생물학자는 나를 바라보았다.

"만일 우리가 사자에게 쫓기고 있다면 사자는 나보다는 선

---

[*] 스페인 복권국과 ONLAE 사에서 공동 운영하는 스페인의 5/54 로또로, 기본 당첨금 500만 유로에서 시작하며 1등 당첨자가 없을 시에는 당첨금이 이월된다.

생님을 먼저 사냥할 거예요. 아직 기능 면에서는 내가 선생님 보다는 조금이라도 낫거든요. 믿을 수 없다면 경주를 한번 하 거나, 팔굽혀펴기를 해 보면 돼요. 그럼 문제를 정리할 수 있을 거예요. 그렇지만 선생님이 이 말을 그렇게 듣고 싶다면 그대 로 해 드릴게요. 나이에 비교해 봤을 때 내 건강보다는 선생님 건강이 더 좋아요."

"드디어 인정했네요."

"나는 뭐든 무턱대고 부정하는 사람은 아니에요. 그렇지만 사자는 나보다는 선생님을 먼저 사냥할 거예요."

"우리 몸이 나이에 따라 변하고 있다는 사실과 아직은 만성 질환이 없다는 사실은 생체 프로그램에 잘 적응하고 있다는 것 이겠죠." 나도 한마디했다.

"그것이 프로그램된 노화와 죽음에 대한 이론이에요. 그렇 지만 나는 그 이론에 반대해요."

"그러면 노화와 죽음은 무엇의 결과물이죠?"

"진화생물학에서는 우리 정도의 나이가 되면 나타나는 몸 에 해로운 변이가 축적된 결과가 노화와 죽음이라고 이야기해 요. 우리 유전자가 다음 세대에 이바지하는 바가 전혀 없는 것 은 아니지만, 아주 비중이 작거든요. 죽든지 살든지 우리 유전 자의 지속성에 미치는 영향에도 별로 특이한 것이 없고요. 이 는 육체적으로 상이한 퇴화 단계에 있다는 것을 의미해요. 나 이를 따지지 않는다면 어쨌든 내가 퇴화한 것보다는 선생님이 더 많이 퇴화했어요. 러닝 머신 데이터와 75세라는 나이와 관련된 데이터가 아무리 나보다 좋다고 해도, 내가 선생님을 이길 거예요."

나는 경쟁에 대한 열망과 호승심이 에피쿠로스적인 것인지 진짜 궁금했다. 그러나 아무 말도 하지 않기로 했다.

"우리가 규명하고 싶은 것은" 연어에 가볍게 간장을 치면서 아르수아가가 구체적으로 이야기했다. "노화와 죽음의 원인이 무엇인가예요. 왜 이런 일이 일어날까요?" 그는 생선 토막을 입으로 가져가려다가 다시 접시에 내려놓으며 계속 말을 이어 나갔다. "만약 이상주의자들이 혈통이나 가문에 대해 믿는 것처럼 죽음이나 노화가 프로그램되어 있다면, 과연 누구에게 이익이죠? 생명체가 태어난 지 40억 년이 흐른 우리 시대까지 프로그램된 죽음이 어떻게 내려올 수 있었을까요? 왜 수백만 년 전에 자연 선택이 죽음을 제거하지 않았을까요? 죽음이 만약 유전자에 종속되어 있다면 왜 자연 선택에 의해 제거되지 않았을까요? 진짜로 유전자에 종속되어 있다면 죽음을 다음 세대에 전하는 변이와 죽음을 제거하는 변이 중 무엇이 우리에게 유리할까요?"

나는 버터를 발라 구운 생선 조각을 간장에 푹 적시며 입을 열었다.

"그렇지만 죽음은 분명히 나름의 의미가 있어요."

"제발 간장에 생선을 그렇게 푹 적시지 마세요. 일본 사람들은 그런 식으로 먹지 않아요."

"그렇지만 나는 이렇게 먹는 것이 좋은데요."

"별수 없죠!" 그는 싫은 표정이 역력했지만 어쩔 수 없이 받아들였다. "프로그램된 죽음을 믿는 사람들은 프로그램된 죽음이 개인에게는 유리하지 않지만, 집단이나 파차마마에게는 유리하다고 이야기해요. 우리 논쟁을 끝마치려면 어떤 대가를 치르더라도 누구에게 유리한지 알아내야 해요."

"그 경우에는 죽는 것이 이타주의의 한 형태가 될 수 있겠네요."

"선의의 세계에 온 것을 환영하지만, 그럴 수는 없어요. 맞지 않거든요. 그것은 진화 이론과 양립할 수 없어요. 이것은 선생님이 나에게 누가 중력의 법칙에서 벗어날 수 있는가를 묻는 것과 같아요. 불가능하죠. 죽음이 선택의 결과가 되기 위해서는 누군가가 이것으로 이득을 봐야 해요. 왜냐면 해로운 것은 절대로 선택되지 않거든요. 그렇지만 발전은 프로그램되어 있는데 죽음은 그렇지 않다는 것 사이에는 모순이 있다는 것 또한 분명한 사실이에요. 어쨌든 죽음은 아무에게도 이득을 주지 않아요."

"전체 공동체에는 이득이지 않을까요?" 나는 종업원에게 베르데호를 한 잔 더 달라는 신호를 보내며 가볍게 고집을 피웠다.

"좋아요. 그것은 낭만적인 크로폿킨식의 이론이죠. 우리는 여기에서 벗어나려고 노력하고 있고요. 모든 것을 순식간에 육성으로 설명해야 하는 〈라 도스〉 채널의 다큐멘터리 계획에는 절대로 나를 끼워 넣지 마세요."

"좋아요." 사근사근한 목소리로 그의 의견을 받아들였다. 베르데호의 술기운이 약간 올라왔다. "모든 것이 변이의 판단력 탓이에요. 정확하게 무엇을 의미하는지는 잘 모르겠지만, '변이의 판단력'이란 말은 정말 매력적이에요. 소설이나 시의 제목으로도 쓸 수 있을 것 같아요."

"메더워가 말한 거예요." 아르수아가는 두 번째 잔을 거절하며 꼭 집어서 이야기했다. "변이의 판단력이 노쇠를 가져왔다고 했지요."

"우리 변이의 판단력을 위해 건배합시다." 내가 얼른 제안했다.

"정자와 난자를 만드는 과정에서 변이가 일어나요." 아르수아가는 계속 이어 나갔다. "여기에 대해서는 이미 이야기한 적이 있어요. 어른이 되어서 다시 복제할 수 있기 전에 1타입의 당뇨병을 갖도록 프로그램된 변이가 생겼다고 상상해 보세요. 그러면 12세에 변이가 발생하여 후손도 남기지 못하고 죽을 거예요. 자연 선택이 변이를 제거한 셈이지요. 그럼 이젠 이런 변이가 80대에 결과를 가져온다고 상상해 보세요. 자연 선택은 변이를 보지 못할 테니까 변이를 제거할 수 없을 거예요. 자연 상태에서 우리 인간의 수명은 70세를 넘지 못하거나 넘어도 조금 넘는 수준이에요. 개체 하나하나는 아주 나약하고, 각 세대 구성원들 역시 차례로 죽어갈 테니까요. '얼마 남지 않았어.'라고 말하겠죠."

"노쇠가 문화의 산물이라는 것을 깨달았어요. 그리고 자연 상태에서는 절정기든지 죽음만 있다는 것도요. 그렇지만 75세에도 이 맛있는 생참치와 황금빛 베르데호를 즐길 수 있게 그냥 놔두세요."

"사람에게는 생명과 죽음의 의미를 찾는 것이 필요해요." 아르수아가는 자기를 위해 이야기하듯이 말을 이어 나갔다. "생명에 의미를 부여하는 유일한 방법은 우주 차원의 계획에 생명을 끼워 넣는 거예요. 존재 이유를 갖게 말이에요. 우주 차원의 계획에서는 아무리 대수롭지 않은 개인이라도 어떤 역할이든 가지게 될 거예요. 아이가 세 살밖에 되지 않았는데 죽으면 정말 황당하죠. 안 그래요? 그렇지만 기독교인들이 찾아와 이 죽음은 우리 이해 범위를 뛰어넘는 계획의 한 부분이라고 이야기했어요. 하느님은 삐뚤삐뚤하게 써 내려갔어요. 절대로 이해하려고 하면 안 돼요. 그냥 받아들여야 하는 거예요. 어쩌면 개가 칸트를 이해하길 바라는 것과 같으니까요. 무엇이 최악의 죄일까요?"

"오만함이요."

"그래요. 오만함과 비교하면 다른 죄는 정말 별 볼 일 없어요." 아르수아가가 이야기를 마무리했다. "선생님이 뭘 훔친다면 나쁜 죄를 짓긴 했지만 그래도 용서받을 수 있을 거예요. 간통이 옳은 것은 아니지만, 인정한다면 그것으로 끝이죠. 탐욕, 분노,… 모두 다 용서받을 수 있어요. 그러나 오만함은 안 돼요. 오만은 지식, 알고 싶다는 열망, 우주 차원의 계획의 실체를 의심하는 거만함 등과 관련이 있기 때문이지요."

"진화론자에게는 우주 차원의 계획이란 있을 수 없는 것 아닌가요?"

"우주 차원의 계획에서 선생님의 부모님이 서로 알게 되었고, 선생님을 낳게 되었다고 믿고 있나요?"

"이성적으로 이야기한다면 그렇진 않지요. 그렇지만 그렇게 생각하는 것이 나에게 위안이 될 수도 있을 거예요. 한 잔 더 하겠어요?"

"고맙지만 그만 마실게요."

"나는 한 잔 더 할게요. 당신이 자꾸 나에게 먹을 것을 주니까요."

"우연히 일어나는 일은 없다고 믿나요?" 그는 끈질기게 물어보았다.

"이성과 감성이 자꾸만 밀폐된 공간에서 마주치는 것과 같죠. 하긴 그래서 어떻게 잠에서 깼는가에 따라 긍정적으로 믿을 수도 있고 부정적으로도 생각할 수도 있는 것 아니겠어요. 다행히 나는 오늘 낙관주의자로 일어났어요."

"오스카 와일드에 따르면, 낙관주의의 기저에는 공포가 있다고 해요. 이걸 잊지 마세요." 고생물학자가 덧붙였다. "재미있지만 19세기나 20세기 초보다 지금 21세기에 유물론자가 되는 것이 더 어려워요. 모든 사람이 별자리나 타로는 믿지 않는다고 하면서도, 기氣와 이와 유사한 이야기는 잘 믿어요. 대체로 나는 흥을 깨는 훼방꾼이라 주로 재난을 예언해서, 사람들이 별로 원치 않는 사람인 셈이에요. 거기에는 아무것도 없다고 자신 있게 이야기하지요. 개새끼예요. 그래서 아무도 내 이야기를 들으려고 하지 않죠. 사람들은 뭔가 믿는 것이 필요하니까요."

"나는 당신 이야기가 정말 재미있는데요." 아르수아가의 자기 비하에, 절제된 시인의 자기 비하에 마음이 움직여 솔직하게 이야기했다. 여기에서 절제는 어쩌면 명석함이란 개념의 친구 중에서는 최악의 친구라고도 할 수 있었다.

"미야스 선생님, 유물론은 이제 한물갔어요. 나는 최악이라고 믿어요. 아마조네스*를 믿든지, 이베리아 스라소니의 구원을 믿든지, 열대 밀림을 믿든지, 뭐든 믿어야 해요. 이것이 세계적인 외침이에요. 누구든 우리를 유물론에서 구해 줬으면 좋겠어요. 제발요."

"그렇지만 나는 유물론적인 지적 전통에서 살아왔어요."

✲　그리스 신화에 나오는 아마존의 복수형. 여성 전사로 구성된 부족을 이른다.

"그런데 그런 전통을 잊어버렸지요. 구아다라마 공원을 조성할 때 최악은 택지 개발업자들이 아니었어요. 택지 개발업자들과는 협상할 수 있었으니까요. 그런데 극단적인 환경론자들과는 협상을 할 수 없지요. 왜 그럴까요?"

"신념이 너무 강해서 그럴 거예요."

"그들은 아무것도 인정하지 않아요. 모든 것을 나라를 팔아먹는 행동이자 배신이라고 보죠. 너무 순수해서···. 내가 아주 지엽적인 간섭을 하자, 환경론자들은 건축가들이 나에게 어딘지 모르는 곳에 별장을 지어 줬다는 이야기까지 했어요."

"쓸데없는 분쟁에 끼어든 셈이죠. 우리 어머니가 비슷하게 흉내 내면 절대로 튀지 않을 수 있다고 말씀하셨어요."

"농부들, 목축업자들, 호텔업자들, 개발업자들과 이야기해야 했어요. 오물을 뒤집어써야 했어요. 극단적인 환경론자들은 절대로 타협을 하지 않기 때문에 절대적으로 순수하기는 했죠. 종교가 없으면 사상을 하나 골라 보세요."

"아니면 조국을 골라도 되죠." 용기를 내서 이야기했다.

"선생님은 나와 있는 것이 별로 어울리지 않아요." 그는 못을 박았다. "지난여름 해변에서 죽음과 노화에 관한 이 책의 출판 계획을 논하면서 선생님을 구원할 기회를 드려야겠다는 생각을 했어요."

"그렇지만 나는 구원받고 싶지 않아요. 야채 튀김과 베르데 호를 한 잔 더 마시길 원할 뿐이죠."

"맙소사! 내가 무슨 생각을 한 건지. 아직도 의미의 가능성을 믿는 선생님의 삶을 망칠지도 몰라요."

"의미를 추구하는 날도 있고, 무의미한 것을 위한 날도 있어요. 무의미한 날에는 당신에게 전화할게요."

"최소한 선생님을 구원할 기회를 주었다는 것만은 확실히 해두세요."

"확실히 할게요. 이젠 한 잔 더 할래요? 이 베르데호는 풀 향기와 호두 맛이 나요. 약간 꿀맛도 있고요."

"좋아요. 이제는 선생님이 구원을 받지 못하면 그건 선생님의 의지라는 게 분명하니까요."

9

사자의 먹이

아르수아가가 다니던 체육관에서는 그에게 일 년에 몇 명 정도는 손님을 데려오는 것을 허락했다. 그래서인지 어느 날 나에게 전화를 해서 이렇게 이야기했다.

"운동복 빨았어요?"

"아직 안 빨았는데요. 세 번밖에 안 입었어요."

"그러면 화요일에 맞춰 운동복을 준비하세요. 유산소 운동을 하기 위해 우리 동네에 있는 체육관에 모시고 갈까 해요. 선생님은 다이어트와 헬스를 병행해야 하거든요. 이미 이것은 널리 알려진 사실이에요."

"완벽한 생태적인 적소를 만들기 위해서군요."

"잘 이해한 것 같네요."

체육관은 그의 집 가까운 곳에 있었다. 우리는 이른 아침 그의 집 현관에서 만나, 간단하게 산책을 했다. 체육관 여기저기에는 다양한 기구가 있었고, 몸매가 드러난 짧은 운동복을 입은, 단단한 몸의 사람들이 근육을 만들거나 강화하고 있었다. 상당히 나이 먹어 보이는 사람이 내 눈길을 끌었는데, 그는 〈ABC〉 지紙를 읽으며 차분하게 헬스 자전거의 페달을 밟고 있었다.

우리는 일립티컬*을 탔다. 나는 2단으로 놓고 12분과 13분 두 번을 탔다. 기구에 달린 컴퓨터가 제공하는 정보에 따르면, 난이도를 1, 2, 3단으로 차례대로 올리면서 1킬로미터씩 계속해서 타면 70칼로리를 소모할 수 있다고 했다. 아르수아가에게 이것보다는 더 탈 수 있다고 이야기하자, 그는 기구의 프로그램을 다시 짜 주었다. 나는 다시 완벽하게 준비를 마치고 기구에 올랐다. 그러나 잠시 후 내가 숨을 몰아쉬는 것을 보고는 그는 그만하라고 종용했다.

"갑작스레 힘이 빠지는지 봐야 해요. 잘못하면 선생님을 응급실에 데려가야 하니까요. 오늘은 이만하면 됐어요. 이제는 선생님께 아침 식사를 대접할게요."

고생물학자는 날이 갈수록 살이 빠지는 나를 보고, 병적으로 야위었다고 생각한 것 같았다. 물론 그의 생각이 착각이 아닐지도 몰랐다.

＊　관절에 과도한 압력을 가하지 않고 계단 오르기, 걷기, 달리기 등의 효과를 볼 수 있는 고정식 운동 기계.

가까운 카페에 가서 노천에 놓인 테이블을 차지하고 앉았
다. 아직은 날씨가 더운 시기였지만, 이른 시간이라 그런지 기
분 좋을 정도의 기온이었다. 아르수아가에게는 커다란 추로스
세 개가, 나에게는 훈제 햄이 든 토스트가 왔다.

"콘셉트." 고생물학자가 입을 열었다.

"갑자기 '콘셉트'라니 무슨 의미죠?" 내가 물었다.

"네오프렌으로 만든 레깅스 콘셉트요. 피부가 하얀 사람은
검은 레깅스가 더 잘 어울릴 뿐만 아니라 예뻐요."

"그런데요?"

"곧 알게 될 거예요. 선생님과 피부 이야기를 하고 싶었어요.
이 경우에는 땀과 연결해 봐야 해요. 선생님은 일립티컬을 탈
때 땀을 많이 흘렸어요."

"맞아요. 그렇지만 막 재미를 느끼고 있었어요. 고행을 요구
하는 운동 같기는 하지만요."

"그건 그렇고, 우리는 침팬지와 비슷한 정도의 모낭을 가지
고 있어요."

"그럴 것 같지는 않은데요."

"솜털, 체모, 머리카락, 겨드랑이 털, 수염 등을 구별해야 해
요. 옳은 건지는 잘 모르겠지만, 어감 문제이기는 한데 필요한
것 같아요. 아무튼 우리는 침팬지를 포함한 여타 영장류와 똑
같은 수의 모낭을 가지고 있어요. 우리는 털이 없는 원숭이가
아니라 털이 있는 원숭이인 셈이지요."

"그럼 왜 등에 털이 난 사람도 있고, 없는 사람도 있는 거죠?"
털이 무척 많은 친구가 갑자기 생각나 질문을 던졌다.

"우리는 털이 나오는 조직인 모낭을 가지고 있어요. 어떤 사람은 털이 억세고 길게 자라지만 솜털 정도인 사람도 있지요. 그러나 모두 털의 개수는 똑같아요. 체육관에서 신는 레깅스는 당연히 있어야 할 두툼한 털을 대신하고 있어서 느낌이 좋은 거예요. 이건 순전히 내 생각이기는 하지만요. 만약 솜털이 털이라면 우리는 털로 된 레깅스를 입은 셈이 되는 거죠. 한마디로, 우리는 털을 솜털로 대체했어요. 덕분에 땀도 흘리는 거고요. 땀은 우리 체온을 통제하는 메커니즘이에요."

"침팬지는 땀을 흘리지 않나요?"

"아주 조금밖에 안 흘려요. 우리는 침팬지보다 10배나 많은 '에크린 땀샘'을 가지고 있어요."

"에크린이요?"

"이렇게 불러요. 일종의 관인데 체온을 낮추기 위해 여기를 통해 땀이 밖으로 나오는 거예요. 땀이 증발하면서 체온이 떨어지는 거죠. 그렇지만 여기에도 비용이 들었어요. 아프리카의 태양 아래에서 심하게 운동을 하면 10~12리터 정도의 땀을 흘리지요. 즉 수분을 잃게 되는 건데, 정말 끔찍한 거예요. 물을 마시지 않고는 버틸 수 없지요. 그 정도 수분을 잃으면 죽거든요."

"수원지나 강이 필요하겠네요."

"그렇지 않으면 커다란 물통이 있어야죠. 우리는 물이 없으면 안 돼요. 우리 몸의 냉방 메커니즘은 땀에 기초하고 있거든요."

"물이 에어컨의 냉매와 같은 거네요."

"여기에 과학적인 부분이 있어요." 고생물학자는 계속 말을 이어 갔다. "땀이 증발하면서, 다시 말해 액체 상태에서 기체 상태가 되면서 에너지를 흡수해요. 물을 끓일 때 일어나는 것과 똑같은 현상이죠. 물리적인 위상을 바꾸려면 불을 가하면 되잖아요. 그렇죠?"

"네!"

"증발하면서 물은 에너지를 빨아들여요. 불이 이런 에너지를 제공하는 셈이죠. 열과 활동은 우리 몸의 물을 증발시키면서 피부의 에너지를 흡수하지요. 이런 식으로 피부를 식히는 거예요. 이런 것은 우리 인간이 유일해요. 나머지 동물들은 숨을 몰아쉬며 몸을 식히지요."

"개를 보면 그 말이 맞는 것 같아요."

"말이 유일한 예외예요. 말은 피부를 통해 땀을 흘리지요. 그러나 우리와는 차이가 커요. 인간은 땀을 정말 많이 흘리는 종이에요. 이것이 정말 중요한 점인데요. 곧 이유를 알게 될 거예요. 우리는 한낮에 빨리 움직이지는 않지요. 하지만 우리가 냉방 시스템 덕분에 더위를 가장 잘 참을 수 있다는 것은 사실이에요. 물만 있으면 언제든지 계속 달리면서도 관을 다 비울 수 있어요. 여기에서 내가 말하고 싶은 것은 물통이라고 할 수 있는 기관이 필요하다는 것이지요."

"탈수로 인해 일어나는 증상에는 무엇이 있죠?"

"가장 보편적인 것은 방향 감각 상실이에요. 뇌는 움직일 수 있는 체온의 범위가 아주 좁아요. 저체온 상태에서는 작동하지 않죠. 그리고 39도 이상이 되면 정신을 잃기 시작해요. 오스트레일리아 사막에서 죽은 채 발견된 많은 사람이 길을 벗어난 상태였어요. 수분 부족으로 방향 감각을 상실한 탓에 길을 잃은 거죠."

"물만 보충하면 시스템은 괜찮나요?"

"물론이지요."

"그럼 언제 물통이 발명되었죠?"

"그것은 생각해 봐야 할 부분이에요. 선사 시대에도 물통이 있었을까요? 강이나 웅덩이, 연못 등을 발견할 수 있는 곳을 확실하게 알고 있었을까요? 언제나 물에 의존할 수밖에 없다는 것은 확실한 사실이에요."

"사실 모든 도시는 강 주변에 만들어졌잖아요."

"100만 년 혹은 150만 년 전에도 물통을 가지고 갔을까요? 아마 그랬을 거예요. 부시먼Bushman은 언제나 물통을 가지고 다니거나, 물통을 전략적인 장소에 묻어 두었어요."

"부시먼이요." 찻잔을 입으로 가져가며 메아리처럼 따라 했다. 대화가 이어지다 보니 목이 마르기 시작했다.

"운동할 때에는 체온이 높아지고, 맥박도 빨라지죠. 체온과 맥박은 묶여 있거든요. 열이 있는지 알아보려면 손을 이마에 대거나 맥박을 재죠. 우리 할아버지는 내가 어렸을 적에 맥박을 잰 다음 '37.5도'라고 말씀하시곤 했어요. 열이 있으면 맥박도 빨라지거든요. 그리고 반대도 마찬가지예요. 맥박이 빨라져서 열이 있는 거예요. 직접적인 관계가 있죠. 오늘 유산소 운동을 했을 때, 선생님의 심장과 맥박이 빨라졌을 거예요. 그러면 몸은 땀이라는 수단을 이용해 체온을 낮추는 반응을 보여요. 정말 경이로운 메커니즘이죠. 진화의 놀라운 발명품이에요."

"그런 것 같네요."

"진화라는 주제에서는 언제나 그렇지만 이 냉각 시스템 역시 수백 가지 이상의 문제와 연결되어 있어요. 예를 들어, 일어서는 것도 체온을 낮추는 데 도움을 줄 수 있어요. 피부 전체가 공기와 접하게 되거든요. 4족 보행에서 2족 보행으로 넘어가면서 우리는 땅과 떨어져 살 수 있게 되었어요. 덕분에 몸은 조금 온도가 내려갔지요. 땅이 매우 뜨거웠거든요. 어떤 사람은 우리가 체온을 조절하기 위해 똑바로 일어서기 시작했다고 주장해요. 나는 시너지 효과라고는 생각하지만, 체온을 조절하기 위해 두 발로 섰다고는 믿지 않아요. 하지만 두 발로 선 자세가 체온 조절에 유리했다는 것은 사실이에요. 그런 자세를 취하면 바람을 이용할 수 있거든요. 4족 보행인 경우, 해가 정점에 있을 때는 등 전체가 자외선에 노출될 수밖에 없어요. 그런데 우리는 머리카락이 보호하고 있는 머리만 노출되잖아요. 2족 보행과 체온 조절 메커니즘 덕분에 한낮에는 우리 인간이 다른 동물에 비해 훨씬 우월한 위치를 점할 수 있는 셈이에요. 이것이야말로 우리가 개발할 수 있었던 생태적인 적소의 하나라고 말하는 사람도 있어요."

"동물 관련 다큐멘터리를 보면 한낮에 사자들이 언제까지라도 낮잠을 즐길 것처럼 축 늘어져 있는 걸 볼 수 있어요." 나도 한마디 거들었다.

"그 시간대에는 벌레도 움직이지 않아요. 아프리카에서는 모든 동물이 해 질 녘에만 움직이거나 야행성이에요. 새벽녘이나, 해가 질 무렵, 혹은 밤에만 활동하는 거죠."

"추로스 어때요?"

"정말 맛있어요. 반쪽이라도 드릴까요?"

"아뇨, 고마워요."

"이번 기회에 절대로 그 셔츠를 입고는 체육관에 가지 말라는 말을 하고 싶어요."

내가 좋아하는 네안데르탈인이 그려져 있던 그 셔츠는 분명 그가 선물한 것이었다.

"내 셔츠가 어때서요?"

"면으로 만들어서 땀이 그대로 천에 배어 있어요. 산에 올라갈 때, 땀에 젖은 채 정상에 도착했다고 상상해 보세요. 가만히 있으면 물기가 증발하면서 폐렴에 걸려 죽을 수도 있어요. 진짜로 다이어트를 완성하기 위해 운동을 시작하겠다고 생각했다면 이것을 적어 놓으세요. 제 셔츠처럼 땀을 잘 배출하는 천으로 만든 걸 입어야 해요. 자세히 보면 구멍이 송송 나 있을 거예요. 그리고 몸에 달라붙는 옷을 입어야 해요. 두 번째 피부가 되는 셈이거든요. 에베레스트 같은 곳에 갈 때도 입을 수 있는 옷이 있어요. 체온을 보존하고 젖지 않으려면 산에서는 몸에 달라붙는 옷을 입어야 해요."

"그럼 언제 데카트론 매장에 함께 가서 좀 알려 주세요."

"좋아요. 물론 이것들도 단점이 있어요. 물은 통과시키지만, 소금은 통과시키지 않을 뿐만 아니라, 나쁜 냄새가 조금 날 수 있어요. 물론 나쁜 냄새가 나는 건 소금 때문은 아니고, 박테리아의 분해 활동 때문이에요."

고생물학자가 아이들처럼 천진한 모습으로 이런 종류의 지식을 펼쳐 놓고 있을 때면 나는 벌떡 자리에서 일어나 박수를 쳐 주고 싶었다. 나는 정확한 것을 미칠 정도로 좋아한다. 시역시 정확한 것이라고 할 수 있다. 바로 이런 점에서 과학적인 담론의 서정적인 아름다움이 나오는 것이다.

"그러니까 냄새는 천에 남은 박테리아 탓이군요." 이야기를 계속하라고 그를 부추겼다.

"그렇지만 그 이야기는 그만 제쳐두기로 해요. 우리는 10~12리터 정도의 물뿐만 아니라 세 스푼 정도의 소금을 잃었어요. 다른 말로 하면 물도 보충해야 하고 소금도 섭취해야 해요. 이런 이유로 이온 음료가 만들어진 거예요. 선생님과 나는 마라톤을 하지 않으니까 이온 음료가 별로 필요하지 않지만, 운동선수들에게는 정말 절실해요."

"사이클 선수도요." 갑자기 생각이 났다.

"그리고 피부에 대해서도 뭔가 할 이야기가 있어요. 침팬지 피부가 어떤 색인지 아세요?"

"하얀색 아닌가요?"

"잘 맞혔어요. 자외선을 받지 않아서 원고지처럼 하얀색이에요. 인간은 진화 과정에서 털을 잃어버리면서 피부가 검은색으로 변했어요. 자외선에 노출되었기 때문에 멜라닌 색소가 형성된 거죠. 침팬지 피부에는 멜라닌 색소가 거의 없어요. 유럽인들 역시 마찬가지고요. 그러나 아프리카인의 조상들과 아프리카인들은 멜라닌 색소가 있어요. 그렇지 않았다면 피부암이 정말 엄청났을 거예요."✱

"그래서 침팬지의 피부색은 하얀색이고 우리 인간의 피부색은 검은색이군요."

"이야기 잘했어요. 검은색이 정상이고, 하얀색이 비정상인

✱ 멜라닌 세포는 사람의 피부색을 결정하는 멜라닌 색소를 생성하는 세포다. 멜라닌은 자외선으로부터 피부를 보호하는 기능을 가지고 있다. 악성흑색종은 이 멜라닌 세포 또는 모반 세포(반점)가 악성화한 것이다.

셈이죠. 고위도 지방에서는 멜라닌 색소가 불편한 존재예요. 우리는 피부암에 걸릴 위험이 없거든요. 그러나 피부에서 합성해야 하는 비타민 D에는 문제가 있어요."

"한 달에 한 번씩 비타민 D를 복용하고 있어요." 갑자기 기억이 났다. "모든 것을 종합적으로 분석해서 약을 복용하고 있지요."

"그래서 선생님에게 이런 말을 하는 거예요."

"그럼 왜 피부는 노화하죠?"

"콜라겐의 탄력성을 잃기 때문이죠."

"콜라겐은 재생이 안 되나요?"

"안 돼요. 우리에게는 이런 일을 하는 유전자가 없어요. 콜라겐을 잃기 시작하는 나이가 되면 이미 죽었어야 하는 거예요. 장년층 사람들이 많이 걸리는 여타 질병처럼 알츠하이머 역시 우리가 죽었어야 하는 그런 나이에만 나타나는 거예요. 그래서 자연 선택이 제거하지 못했던 거죠. 선생님에게 여러 번 설명했던 것처럼요."

"배운 것을 완벽하게 소화하는 것이 그렇게 쉽다고 믿지 말아요." 나는 변명을 시도했다. "특히 당신도 이미 죽었어야 하는 그런 나이에서는요."

"선생님에게 질문 하나를 하려고 해요. 우리가 체육관에 있을 때 사자가 들어왔다면 누구를 먼저 잡아먹을까요?"

"아마 나겠지요." 순순히 인정했다. "가장 늙고, 가장 느리니까요."

"맞아요. 그다음에는요?"

"헬스 자전거를 타면서 〈ABC〉를 읽고 있던 사람이요."

"우리 둘 중에서요."

"그럼 당연히 당신이겠죠."

"좋아요. 선생님에게 가끔 대학에서 하는 재미있는 농담 하나를 할게요. 아프리카 한복판에 사냥꾼 두 사람이 있었는데 갑자기 사자가 나타났어요. 무기를 살펴봤는데 장전이 안 되어 있다는 사실을 알았어요. 두 사람은 고민했어요. 어떻게 해야 할지 몰랐어요. 그런데 갑자기 그중 한 사람이 몸을 숙이더니 신발 끈을 묶기 시작했어요. 그러자 다른 사람이 물었죠. '뭘 하는 거야?' '신발 끈을 묶고 있어.' '사자보다 더 빨리 달리려고?' '아니. 너보다 빨리 달리려고.'"

나는 본능적으로 내 신발 끈을 바라보았다. 아르수아가는 빙그레 웃으며 한마디 덧붙였다.

"이것이 자연 선택이에요. 다른 사람보다 더 빨리 뛰는 것이요. 먼저 선생님이 잡힐 거예요. 더 느니까요. 다음에 나를 잡아먹겠지요. 선생님이 잡아먹힐 확률은 나이를 먹어감에 따라 높아져요. 다시 말해서 성능이 떨어진 탓이에요."

"알고 있어요."

그는 커피 한 모금을 마신 다음 말을 이어 갔다

"늙어 가는 것과 늙은 것의 차이를 명확하게 할 필요가 있어요. 나는 늙어 가는 거고, 선생님은 이미 늙었어요.”

“그것에 대해서 이미 이야기했던 것 같은데요.”

“그럼 늙어 간다는 것은 뭐죠?”

“사자에게 잡아먹힐 확률이 높아진다는 거죠.” 내가 퉁명스

럽게 대답했다.

“정확하게 맞췄어요. 나는 늙지는 않았어요. 그러나 10년 전

보다는 분명히 느려졌을 거예요. 시간이 흐르면 자연스럽게

능력이 떨어지게 되어 있어요. 올림픽 기록은 스무 살에서 서

른 살 사이에 만들어져요. 그때가 지나면 떨어지게 되어 있죠.

늙어 간다는 것을 설명하는 방법 중에는 스포츠 경기의 기록도

있어요.”

“그렇지만” 갑자기 황당한 생각이 떠올랐다. “로마 교황님들

의 평균 나이는 76세예요. 나도 아직은 교황이 될 수 있어요.”

“맞아요.” 고생물학자는 안타깝다는 표정을 지으며 고개를

끄덕였다. “날이 갈수록 기능이 떨어진다는 것을 표현하는 단

어는 많아요. 영어에서는 나이를 먹었다는 것을 ‘aging’이란 단

어로 표현하지요. 나 역시 20대에 비하면 늙었어요. 그러나 늙

어 가는 것과 늙은 것은 구별하고 싶어요.”

“늙었다는 것은 일종의 상태죠.” 내가 결론을 내렸다. “늙어

가는 것은 과정이고요.”

“선생님처럼 자연 상태에서는 이미 죽었을 수밖에 없는 인간

이 ‘늙음’의 세계에 아직도 머물러 있기에 우리를 이해할 수 있

는 거예요. 이미 우리가 이야기했고 앞으로도 계속 반복할 테지만, 자연 상태에서는 완전하거나 죽거나 둘 중 하나라는 사실을 잘 기억해 두세요. 피터 메더워 경의 시험관의 사례에서 볼 수 있듯이 처음이나 마지막이나 깨지기 쉽다는 것은 똑같아요. 하나도 남지 않을 때까지 우연에 의해서 깨지지요. 그런데 하나도 남지 않았을 때부터 자연 선택이 제거하지 못한 유전자들이 나타나는 것이에요. 그런 유전자가 발현된 사람이 없었기 때문에 자연 선택은 그런 유전자를 볼 수 없었던 거죠."

"인간의 평균 수명이 70세인데 이제 75세이니까 5년 정도 죽음을 이겨 낸 셈이지만, 나도 곧 자연 선택의 레이더에 걸리지 않았던 질병으로 고통을 받기 시작하겠네요."

"드디어 이해하셨군요. 자연 선택이 80세 된 노인에게서 백내장을 제거하지 못했다는 것은 무슨 이야기일까요?"

"10년 전에 이미 죽었어야 한다는 것이죠. 수정체도 내구성을 유지할 수 있는 기간만 상태가 좋을 테니까요. 그 이상은 아니죠. 그것은 낭비예요. 자동차 소비에서 포드가 말한 것처럼 쓸데없는 소비죠."

"정말 잘 이해했네요. 자연 선택의 법칙에서는 이미 탈출했지만, 요양원에서는 보편화된 백내장, 알츠하이머 등의 수많은 질병에 노출되기 시작한 거죠. 미야스 선생님, 이것이 늙었다는 거고, 유전자예요. 그것을 이해했으니 아마 이것도 이해했을 거예요. 그렇죠? 가끔 선생님이 이해한 척한다는 것도 알고 있기는 한데⋯."

"그래요. 이해를 못 한다는 사실이 부끄럽다는 생각에 그런 척하기도 했어요. 그러나 이번에는 확실히 당신 이야기를 잘 따라가고 있다고 믿고 있어요."

"그렇다면 좋아요. 이것을 이해하면 '길항적 다면발현 antagonistic pleiotropy'이라고 부르는 메더워 이론과 그가 흥미를 느꼈던 시험관의 세세한 부분을 이야기할 수 있을 것 같아요."

"차를 한 잔 더 시키는 것이 좋겠어요. 당신도 커피 한 잔 더 할 건가요?"

"그러죠. 길항적 다면발현, 이것을 적어 두세요. 이전의 이론은 '변이의 판단력 이론'이라고 부르기로 하죠. 선생님이 이 표현이 마음에 든다고 했으니까요. 우리가 게놈 안에 가지고 있는데, 상당히 나이를 먹어서야 발현되는 것으로, 우리 몸에 해로운 변이들 전체를 표현하는 단어로요."

"자연 선택이 더 이상 활동하지 않는 나이라⋯." 정확하게 이해하려고 다시 한 번 따라 해 보았다.

"맞아요. 사냥꾼이나 채집자 무리에서는 아무도 살아남지 못했기 때문이죠. 배고픔, 추위, 목마름, 사자, 곰, 늑대, 붕괴, 벼락, 다른 인간⋯ 이유는 많아요. 세대 구성원 모두가 차례차례, 한 사람 한 사람씩 죽어 나갔어요. 그렇다면 지금부터는 이미 말한 것을 잘 다듬어 보죠. 만일 내가 시험관이라고 했을 때, 내가 사자에게 잡아먹힐 확률은 20세 아이들의 확률과 똑같아요."

"맞아요. 메더워에 따르면 완벽하게 존재하거나 깨지거나 둘 중 하나일 수밖에 없으니까요."

"그런데 시험관은 늙지 않을 뿐만 아니라 기능을 잃지도 않고요. 하지만 나는 아니에요. 우리는 그것을 박물관에서 이미 봤어요. 유전자는 다양한 효과를 만들어 낼 수 있어요. 이런 능력을 다면발현이라고 해요. 유전자는 다양한 일을 하는데, 상당히 자주 길항적인 성격의 일을 해요. 길항적 다면발현은 젊어서는 유익한 효과를 만들어 내다가 늙어서는 부정적으로 돌변하는 유전자가 있다는 거죠. 앞에서 한번 이야기했던 조지 윌리엄스는 이렇게 이야기했어요. '젊어서는 뼈를 단단하게 석회화시키는 호르몬인 칼시토닌을 만드는 유전자를 한번 상상해 봅시다. 그런데 이 유전자는 늙어서는 관상동맥의 석회화(동맥 경화)를 유발하지요.'"

"여기에서 길항 작용이란 말이 나오는군요."

"젊어서 지나치게 풍요를 즐긴 대가를 치르는 거죠."

"같은 유전자 안에 생명의 동인과 죽음의 동인이 함께 머무는 것이군요. 에로스와 타나토스라는, 프로이트에 의하면 인간 고유의 두 가지 기본 동인이 말이에요."

"자연 선택에서는 양 끝에서 서로 당기는 상반된 두 가지 힘이 작용해요. 첫 번째 힘은 두 번째 번식기를 즐길 수 있을지 모르니까 가능하면 처음에 많은 자식을 낳아야 한다고 주장하죠. 그런데 두 번째 힘은 두 번째 해가 있으니까 첫 번째 해에 죽는다는 것은 적절하지 않다고 이야기하고요."

"균형을 잡아야겠군요."

"자연 선택은 바로 이 균형점에 접근하고 있어요. 선생님에게 이미 말씀드린 것처럼, 예를 들어 태평양 연어의 경우에 사망률이 높을 뿐만 아니라, 강의 유량이 많고 길어서 두 번째 산란의 가능성이 낮으니까 '첫해에 가능한 모든 것을 쏟아라'라고 말하는 힘이 다른 모든 것을 이겨 냈어요. 반대로 한 시즌 이상 강을 거슬러 올라갈 수 있는 대서양 연어의 경우, 다른 힘이 즉 '미래에 더 좋은 기회를 가질 수도 있으니 조금은 비축해 둬라'라고 말하는 또 다른 힘이 모든 것을 이겨 냈죠. 한마디로 두 개의 힘이, 즉 선택에 대한 두 개의 압력이 존재해요. 즉, 번식기를 많이 가지면 가질수록 유전자의 영속에 유리하다는 압력과 만약을 대비해서 처음에 모든 것을 쏟아붓는 것이 낫다는 압력이죠. 각각의 종은 죽음의 확률, 달리 말하면 살아남을 확률에 따라 둘 중 하나를 선택하는 게 유리할 수밖에 없어요. 선생님이 속한 종의 사망률이 높다면 문어처럼 처음에 모든 것을 쏟아붓는 게 유리해요. 그렇지만 사망률이 만약 높지 않다면 더 많은 기회를 누리기 위해 능력을 나눠 사용하게 될 거예요. 인간의 경우에는 번식력이 나이를 먹어감에 따라 감퇴하지만 다양한 연령대에서 아이를 가질 수 있어요. 전성기에 많은 아이를 갖게 해 준 유전자가 훗날 암을 유발할 수도 있지요.

전립선을 생각해 보면 알 수 있어요. 생명을 부여했던 바로 그 것이 나중에는 죽음의 원인이 될 수 있다는 거죠. 자연 선택은 기적을 만들지 않아요. 50세부터는 만성 질환으로 번식력에 대한 대가를 치를 테고, 70세부터는 특별한 주의를 기울이지 않으면 죽을 거예요."

"젠장." 나는 두 번째 차를 공격적으로 마셨다.

"나는 괜찮아요." 아르수아가는 계속 말을 이어 갔다. "내 정 자들은 별로 괜찮지 않겠지만요(발기와 관련된 농담은 하지 맙시다). 그뿐만 아니라, 나는 경험이 있는데, 이는 기능 상실을 보상해 줘요. 내가 말하고 싶은 것은 많은 젊은이를 죽음으로 몰고 가 는 그런 바보 같은 짓을 나는 하지 않을 거란 거죠. 그리고 아 직 뭔가를 할 수 있어요. 달리 말하자면 그럭저럭 아직 2년 정 도는 사자를 피할 수 있을 거예요. 아니 3년 정도는 가능할지 도 몰라요. 그러나 자연에서 산다면 4년이 지날 때쯤에는 죽어 있을 거예요."

"그래서 우리 인간이 자연을 만들지 않았을 거예요. 대신 문 화의 불을 밝히려고 노력했을 테고요."

"노쇠를 경험하려면 대가를 치러야 해요. 노쇠라는 것은 한 때 손을 잡았거나 팔에 안았던 수많은 자식의 멋진 금발이나 갈색 머리카락을 만들어 줬던 유전자들이 선생님에게 보낸 청 구서예요. 선생님도 한때는 공동체에서 가장 강한 전사였을 수 있고, 젊은이들을 바라보며 이야기도 했을 거예요. 그렇지만 이젠 곧 선생님을 건드릴 거예요. 사자가 선생님에게 눈길을 주기 시작했으니까요."

"우리를 이해하기 위한 첫 번째 접근법이 있어요." 나는 마무리를 짓고 싶었다. "메더워의 시험관처럼요. 메더워에 의하면, 자연적인 죽음이 존재하지 않기에 조만간 우리 머리에 벽돌이 한 장 떨어져 죽음을 맞을 거예요. 조지 윌리엄스가 도입한 뉘앙스는…"

"둘 다 맞아요." 고생물학자는 커피 잔을 움직이며 마지막 결론을 내렸다. "윌리엄스의 뉘앙스는 30, 40, 50, 60으로 점차 나이가 들면서 야기되는 기능 상실을 설명하고 있어요."

잠시 후 몸짓으로 계산서를 달라고 하면서 마지막으로 숨통을 끊어 놓았다.

"미야스 선생님, 사자는 매일 식사를 한다는 사실, 절대 잊지 마세요."

10

속도를 늦추자

나는 팔걸이가 없는 소파에 누워 가슴에 손을 얹은 채 심리 상담사에게 (아니 나에게) 삶과 죽음이라는 모순적인 동인을 다루는 유전자와 영혼의 묘한 유사성에 관해 이야기를 늘어놓고 있었다. 마침 그 순간 주머니 속 핸드폰이 울리는 것을 느꼈다. 호랑이도 제 말 하면 온다는 말처럼 누군가를 이야기할 때마다 당사자가 전화하는 일이 종종 있었기에 아르수아가라는 사실을 직감했다.

"삶은 자기에게 전혀 빚진 것이 없다는 고생물학자가 마침 나를 찾고 있네요." 진동을 일으키고 있는 주머니를 가리키며 이야기했다.

"그 사람인 줄 어떻게 알았죠?" 치료하던 의사가 질문했다.

이런 우연의 일치가 나에게 자주 일어난다는 이야기까지는 하고 싶지 않았다. 말로 표현하지는 않더라도, 내가 미신에 사로잡혀 있다고 생각할 게 뻔했기 때문이다.

"순전히 직감이죠."

"순전히 직감이라니, 뭘 말하는 거죠?" 끈질기게 물고 늘어졌다.

이 문제를 마술과 연결해 이야기하기를 원한다는 것을 눈치 챘기 때문에 나는 얼른 주제를 바꿨다. 일종의 박해를 받았다는 피해망상의 변이 혹은 변종이라고 할 수 있는 문제였다. 나에게 사실을 인정하라고 강요하지 않는다면, 내가 조금 편집증이 있다는 사실까지 부정하지는 않겠다. 즉 나는 융이 제창한 동시성synchronicities[*] 개념을 믿고 있었지만, 골수 프로이트주의자인 심리 상담사에게 상처를 줄 것 같다는 생각이 들었던 것이다.

자질구레한 걱정 탓에 내 인생을 망쳐 버렸다.[**]

치료를 마치고 거리에 나선 다음에 고생물학자에게서 전화가 왔던 게 사실이라는 것을 확인할 수 있었다. 그에게 전화했는데 네 번째 신호에서 전화를 받았다. 그는 내가 아는 사람 중에서, 누가 전화했든 별로 중요하지 않다고 생각하는지는 모르

---

[*]　칼 융이 제창한 개념. 개별적인 인과 관계를 가지는 두 사건이 동시에 연속적으로 발생했을 때, 이는 우연이 아니라 비(非)인과적 법칙이 있다고 보는 것이다.

[**]　장 니콜라 아르튀르 랭보의 '가장 높은 탑의 노래'의 한 구절. 원문은 다음과 같다. Par délicatesse j'ai perdu ma vie.

겠는데, 전화를 가장 늦게 받는 사람 축에 들었다.

"전화를 확인하기 전에 당신인줄 알았어요." 그에게 이야기
했다.

"어떻게요?"

"순전히 직감이죠."

"순전히 직감이라니, 뭘 말하는 거죠?" 바로 반문이 들어왔
다. 그 역시 심리 상담사처럼 미신에 기초한 생각이나 의견을
내는 것을 정말 싫어했기 때문이다.

"당신이 성탄절에 복권을 사려고 했던 것과 거의 같은 맥락
이에요."

"그러나 제가 당첨되지 않은 것을 보면 제게는 직감이 작용
한 것 같지 않은데요. 정확하게 말하면 당첨되지 말라고 복권
을 산 거예요. 그래야 키메라를 믿고 싶다는 유혹에 빠지지 않
을 테니까요." 그는 역설적인 대답을 했다.

"나는 반대로 직감이 잘 맞아요. 전화가 왔을 때 '풀라노일
거야'라고 하면 거의 99퍼센트는 풀라노가 맞으니까요."

"알았어요." 적당히 마무리 지으며 이야기했다. "직감이 잘
맞아서 좋겠어요."

"고마워요."

"믿기 어려운 일로 전화했어요."

"뭐든 다 믿어 줄 테니 말해 보세요."

"세포와 세포의 노화에 대해서 이야기했던 것 기억하죠?"

"물론 완벽하게 기억하고 있죠."

"전 세계에서 유일하게 혈액 분석을 했던 사람을 알고 있어요. 그 사람 덕분에 생물학적 나이와 실제 연대기적 나이의 차이를 명확하게 구별할 수 있게 되었죠."

나는 잠시 망설이다가 입을 열었다.

"누구를 말하는데요?"

"믿어도 돼요. 마드리드 콤플루텐세대학교의 정교수예요."

나는 계속 망설였다.

"정교수라고 했죠?" 중간에 소개하는 사람이 아르수아가인데, 터무니없이 황당한, 다시 말해 밀교와 같은 성격에 젖은 사람이 절대 아닐 거라는 사실을 재차 확인하고 싶었다.

"정교수, 맞아요! 그런데 왜요?"

"전 세계에서 유일한 혈액 분석이라는 말이 좀 이상하게 들려서요. 혹시 흡혈귀는 아니죠?"

"미야스 선생님! 우리 책에서도 굉장히 관심을 두고 있는 문제를 30년 이상이나 연구한 존경받는 연구자인 모니카 데 라푸엔테 이야기를 하는 거예요. 정말 복잡한 혈액 분석을 통해 우리 몸의 생물학적 나이를 이야기해 줄 수 있을 거예요. 정말 바쁜데 29일에 한 시간 정도 내 주겠다고 했어요."

"내 세포의 실제 나이를 알아야 하는지 잘 모르겠어요."

"그러면 이 책을 쓰고 싶지 않으세요?" 거의 협박조로 다그쳤다.

"이 책은 다 만족스럽지는 않지만 내 문제를 돌아볼 기회를 줬어요."

"진실이 큰 만족을 주지는 않아요."

"코르발란과 있었던 일을 떠올려 보세요. 당신 실제 나이보다 더 나이를 먹었다는 것을 인식하게 했잖아요."

"그 문제는 해결해야 해요. 그리고 해결하려고 노력하고 있고요. 벌써 2킬로그램을 뺐어요."

"또 우리에게서 뭔가 안 좋은 걸 찾아내면요?" 내가 계속 고집을 피웠다.

"연대기적인 나이가 생물학적 나이와 일치하는지만 이야기해 줄 거예요. 이건 정말 유일한 기회라는 사실을 보장할 수 있어요."

모니카 데 라 푸엔테 박사는 실제로 마드리드 콤플루텐세 대학교의 생리학과 정교수가 틀림없었다 (나는 어떤 식으로든 피를 뽑는 것을 별로 좋아하지 않기 때문에 이 모든 것을 미리 확인했다). 아르수아가는 실제로 젊어 보였을 뿐만 아니라 엄청난 활동량과 능률을 보여 줬지만, 나는 그의 나이를 66세 아니면 67세로 정도로 봤다. 첫인상도 매우 좋았고, 언제나 정확한 단어와 운율이 느껴지는 문장을 이용해 자기 의견을 밝혔기에, 그의 친밀감은 언제나 안정감을 주었다.

우리는 아주 이른 아침에 의대 건물에서 만났다. 복도는 날

짜(6월 29일) 탓인지 황량하기만 했다. 채혈하기 전에 우리는 테이블 주변에 모여 앉았다. 이곳에서 우리가 받을 분석이 주로 면역 체계가 어떤 식으로 작동하는지를 보기 위한 것이라는 설명을 들었다.

"전염병, 암 등에 대한 방어를 맡는 세포들이 어떤 상태인지를 보는 겁니다." 간단하게 부연 설명을 했다.

나는 질병이나 암 이야기로 시작하는 것을 원치 않았지만 별수 없이 박사의 이야기를 계속 들어야만 했다.

"오랜 연구 끝에 이런 세포들의 기능이 건강의 가장 좋은 지표라는 사실을 깨닫게 되었습니다. 다른 연구자들도 이미 그것을 간파했었고, 우리는 확인했을 뿐이지요. 그뿐만 아니라 우리는 이 분석을 통해 얻은 특정 매개 변수들이 개인이 어떤 속도로 늙어 가고 있는가를 알려 준다는 사실을 확인했고 이를 활용할 수 있게 됐지요. 어쨌든 생물학적 나이가 종종 연대기적인 나이와 일치하지 않는다는 것을 알 수 있었어요."

아르수아가와 나는 서로를 바라보았다. 나는 망설이는 듯한 몸짓을, 아마 "여기에서 나갑시다."라고 말하는 듯한 몸짓을 보였다. 나는 얼마나 빠르게 늙어 가고 있는지, 생물학적 나이가 어떻게 되는지 알고 싶지 않았다. 분석을 통해 좋지 않은 결과가 나올까 봐 두려웠는데, 아르수아가는 구미가 당기는 것 같았다. 기운을 내라는 듯이 테이블 밑으로 내 무릎을 가볍게 쳤다.

나의 망설이는 듯한 태도를 눈치채고 박사는 이렇게 이야기했다.

"여기에서 우리가 하는 것은 채혈해서 실험실로 가져가 좀 복잡한 시스템을 거쳐 면역 세포, 식균 세포, 림프구, 자연 킬러라고 부르는 엔케이NK 세포 등으로 분리하는 것뿐이에요. '자연 킬러'라는 것은 우리 신체 조직이 암세포를 죽이기 위해 태어나는 순간부터 활용하는, 자연이 보낸 준 자객이기 때문에 이렇게 부르고 있어요. 늙을수록 수는 증가하는데, 종양 세포에 접근하여 이를 죽이는 능력은 떨어지지요."

'자연 킬러'라는 단어는 나에게 별로 좋지 않은 감정이 남아 있는 타란티노가 만든 영화 제목 같다는 생각이 들었다. 게다가 자꾸 암이란 단어가 반복적으로 출현하는 것 자체가 마음에 들지 않았다. 나는 암이란 단어를 들을 때마다 손가락으로 X 자를 만들었지만, 아무도 보지 못하게 손을 숨겨야만 했다.

"그래서 종양 세포를 죽일 수 있는 능력을 측정하는 거군요." 아르수아가가 이야기했다.

"우리는 자연 킬러에 내재된 활동성을 분석할 겁니다." 모니카 데 라 푸엔테가 설명했다. "실험실에서의 병렬적인 테스트를 통해 상이한 형태의 세포들이 보유한 일련의 모든 기능을 분석할 겁니다. 이 일을 30년 이상 해 오고 있는데, 이런 기능이 좋은 사람이 진짜로 건강하다는 사실을 확인했습니다. 병에 잘 걸리지도 않고 더 오래 살지요. 생물학적 나이를 결정하는 이런 지표의 신뢰도는 90퍼센트 이상입니다."

"예를 들어 연대기적 나이가 70세인 사람이 생물학적으로는 80세인 경우도 있나요?" 아르수아가가 물어보았다.

"반대로 50세일 수도 있지요." 박사가 가볍게 대답했다. "우리는 수백 건이 넘는 분석을 했는데, 놀랍게도 가장 흔하게 나타나는 예는 30세에서 40세 정도의 나이를 먹은 건강한 사람이 실제로는 60세나 70세 정도의 생물학적 나이를 가진 것이었어요. 성별에 따라 상당한 차이가 있어서, 다양한 나이대의 남녀 각각에서 수많은 기능이 어떻게 작용하는가를 평가하여 축적한 엄청나게 많은 데이터를 토대로 작업하고 있어요. 그런 다음에 이 데이터에서 각 개인의 상태와 가장 가까운 각 기능의 능력치를 보여 주는 수리적인 모델을 뽑지요. 모두가 똑같은 값을 가지지 않아요. 그러면 최종적으로 생물학적 나이를 결정할 수 있는 면역 시계immunity clock를 구성하는, 다시 말해서 어떤 속도로 늙고 있는지 결정하는 다섯 가지 매개 변수가 남게 되는 거예요. 우리는 이에 대해서 다양한 형태로 검증을 마쳤어요."

"혹시 쥐를 가지고요?" 내가 실험실의 동물이 된 듯한 느낌이 들어서인지 갑자기 이런 의문이 떠올랐다.

"이런 기능을 분석하는 데 필요한, 충분한 양의 피를 쥐에서는 뽑을 수 없어요. 하지만 쥐들을 희생시키지 않고는 더욱 불가능해요." 데 라 푸엔테 박사가 대답했다. "면역 세포가 많이 들어 있는 비장이나 흉선에서는 선생님도 기능을 분석할 수 있을 거예요. 하지만 동물이 자연사할 때까지 평가하고 싶기 때문에 우리에게는 별 의미가 없어요. 그래서 쥐들은 피, 비장, 흉선 등에 있는 모든 면역 세포가 복막에 있다는 사실을 확인했어요. 이것은 온몸을 돌고 있는 인간의 피에 들어 있는 것과 똑같아요. 이런 복막 세포는 어떤 동물에서든 마취할 필요도 없이 아주 쉽게 얻을 수 있지요. 이 과정에서 우리는 많은 연습을 해야 해요. 적당한 온도의 식염수를 복막에 주입하고, 조금 마사지를 해 주면 면역 세포의 현탁액을 얻을 수 있으니까요. 각각의 동물이 늙어 가면서 이런 세포들의 기능이 어떻게 변하는지 분석했고, 기능이 변하는 궤적이 인간에게서 나타나는 궤적과 비슷하다는 것을 발견했지요. 물론 인간의 기대 수명은 2년이나 3년밖에 안 되는 쥐의 기대 수명보다는 훨씬 더 길다는 차이는 있지만요. 이 연구를 발표한 적도 있고요."

"쥐들은 고통을 받지 않나요?" 완벽하게 쥐의 입장에 서서 질문을 했다.

"아주 단순한 과정을 거치는 것이어서 별로 피해가 없어요. 우리가 채혈하는 것과 마찬가지예요."

나는 방금 들었던 말과 특히 나에게 반향을 불러일으킨 말을 속으로 되뇌었다(내가 두려움을 가졌던 대화에서 일상적으로 사용하던 방어 차원의 의식이었다). 내가 지옥에 빠진 이를 위해 바친 연도煉禱[✿]

✿   가톨릭 용어로서 연옥(煉獄)에 있는 이를 위해 바치는 기도를 의미한다.

는 다음과 같았다: 쥐, 비장, 흉선, 복막, 마취, 마사지, 적당한 온도의 식염수….

의식을 마친 다음 나는 다시 의사의 말에 빠져들었다.

"쥐들은 3년 정도밖에 살지 못하기 때문에 노화 과정이 6개월에서 7개월이 될 때부터 시작해요. 그뿐만 아니라, 각각의 개체가 죽을 때까지 얼마든지 기다릴 수 있어요. 덕분에 우리는 쥐를 이용해서 완벽한 수학적인 모델을 만들 수 있어요. 《내 쥐는 언제 죽을까?》라는 질문을 표제로 발표했지요. 동물들이 성체가 되었을 때 복막의 면역 세포 기능을 분석한 다음, 그 모델을 인간에게 적용하여 각각의 개인이 언제 죽을지 예측해 본 결과, 정확하게 맞아떨어진다는 사실을 밝혔어요."

맙소사! 내 쥐는 얼마나 살까? 아르수아가는 얼마나 살까? 나는 얼마나 살까?

사실로 밝혀졌다고!

기분 안 좋네.

여기는 오면 안 되는 곳이었어.

아르수아가는 전문가다운 질문을 던졌다. 아니 잘 모르긴 하지만 에피쿠로스적이란 생각도 들었다.

"이 분석을 통해 우리가 언제 죽을지 알 수 있을까요?"

"어느 정도는요." 박사는 장난기 섞인 웃음을 지으며 대답했다. "그렇지만 기존의 생활 습관을 바꾼다면 나빠질 수도 있고 좋아질 수도 있어요. 이것이 생물학적 나이를 밝힘으로써 언

을 수 있는 긍정적인 점이에요. 생물학적 나이를 바꿀 수 있다
는 거죠."

포도주, 포화 지방, 좌식 생활, 싸구려 햄버거, 냉동 크로켓,
가공한 닭고기, 기름에 튀긴 돼지고기, 담배, 커피에 절은 삶에
대해서, 그리고 사춘기와 젊은 시절에 대해서 반성한다면 생물
학적 나이를 바꿀 수 있다는 박사의 말을 조용히 생각해 보았
다. 나는 속으로 모든 것에 대해 생물학에, 나의 생물학에 용서
를 빌었다. 그리고 75세라는 나이인데도 아직도 용서받을 수
만 있다면 확실하게 나를 바꿀 것을 맹세했다.

아르수아가는 감정을 드러내지 않고(나는 속으로 '이건 에피쿠로
스를 읽은 덕일 거야.'라고 중얼거렸다) 계속 전문적인 질문을 했다.

"인간의 면역 시스템에서 기능이 최대치로 올라가는 때는 몇
살쯤이죠?"

"여성인 경우에는 최대치가 40세 전후에 나타나요. 남성의
경우에는 30대이고요."

그 순간 일시적으로 강박 관념에서 벗어나 나도 모르게 이런
말을 꺼냈다.

"40세 전후의 여성에게 무슨 일이 일어나는지 잘 이해가 되
지 않는데요."

"아르수아가 선생이 면역력이 가장 강할 때가 언제인지 물었
어요." 데 라 푸엔테가 인내심을 가지고 대답했다. "언제가 정
점인지, 언제가 방어력이 가장 좋은지를요. 그래서 여성은 40

세 전후이고, 남성은 30세 전후라고 이야기한 거예요. 정상적인 경우에는 이렇다는 거죠. 청소년기를 잘못 보낸 사람을 한 번 생각해 보세요. 나쁜 식습관으로 얼룩진 청소년기를 보낸 사람을요."

"생각났어요." 내가 말을 받았다.

"뭐가요?" 박사가 물었다.

"그런 청소년을 생각해 봤는데, 지금 생각이 났어요."

데 라 푸엔테는 도대체 자기에게 어떤 인간을 데려왔는지 묻는 듯한 모습으로 고생물학자를 바라보며 말을 이었다.

"이런 청소년은 정상적인 상태로 노화가 시작되는 시점에 도달하지 못할 거예요, 성년이 되었을 때 이미 늙어 있을 테니까요. 이를 개선하기 위해 뭔가 행동을 취하지 않는다면 노화는 더 가속화될 테고 결국 자기에게 주어진 수명보다 훨씬 더 빨리 죽게 될 거예요. 우리는 이에 대해 정말 열심히 연구했고 발표도 했어요."

"그럼 우리 피를 분석해서 우리가 몇 살에 죽을지 알려 줄 겁니까?"

신경이 예민해진 탓에 재차 이에 관해 물어보았다.

"두 분이 어느 정도의 속도로 늙어 가고 있는지 말씀드릴 거예요." 박사는 부드럽게 이야기했다. "연대기적인 나이와는 상관없이 말이에요. 생물학적 나이가 실제 나이보다 더 늙었는데, 이를 바로잡기 위해 아무것도 하지 않는다면…."

"만일 담배를 끊는다면." 나는 종종 숨어서 담배를 피웠기 때문에 이런 예를 들었다. 가끔은 나까지도 속이고 숨어서 피우기도 했다(공식적으로는 담배를 피우지 않는 것으로 되어 있었다).

"좋은 예예요." 박사가 확실하게 지지를 표했다. "어떤 경우에는 1년 간격으로 분석을 반복해요. 그런데 똑같은 사람이 60세 정도의 생물학적 나이에서 30세 남짓의 나이로 바뀐 것을 가끔 봐요. 유명한 사람 중에는 생물학적 나이를 알려고 왔다가 버럭 화를 낸 사람도 있었어요. '나는 이해를 못 하겠어요. 트라이글리세라이드triglyceride와 콜레스테롤도 괜찮고, 내 몸을 잘 관리하고 있는데 말이에요.'라고 말한 사람도 있었어요. 그러면 나는 이렇게 이야기하죠. '그게 다는 아니에요. 건강을 유지하고 천천히 늙기 위해서는 다이어트만 중요한 것이 아니라, 활동도 중요해요. 슬픔도 영향을 주고요. 당신의 경우에는 바꿔야 할 것이 있어요. 기운이 너무 없거든요.'라고요."

나는 다이어트가 생태적 적소의 일부라는 것을 기억하고 있었다. 그런데 내가 꿈에도 생각하지 못했던 것은 기분도 생태적 적소의 일부를 구성한다는 것이었다.

"우리가 여기에서 봤던 모든 요소 중에서 감정적인 요인이 가장 중요하다고도 할 수 있어요." 박사가 결론을 내렸다.

"감정이라고요! 혈액 분석을 통해 감정 상태까지 측정할 수 있나요?"

"물론이지요." 박사가 대답했다.

"믿기 어렵군요."

"곧 믿게 될 거예요. 나는 정신-신경-면역내분비학이란 과목을 35년째 가르치고 있어요. 발음이 어렵기는 하지만, 이 학문은 우리 감정이나 감정을 불러일으킨 우리 생각이 면역 시스템에 어떤 영향을 미치는지를 연구하는 거예요. 예를 들어, 우리가 슬픔에 빠지거나 스트레스를 받으면, 나쁜 쪽으로 작동하기 시작해요. 적절하게 우리 몸을 방어하지를 못하죠. 그렇지만 우리가 삶에 만족하고 있다면 반대의 일이 일어나지요."

"심신 의학인 셈이군요." 내가 결론을 내렸다.

"맞아요! 정신과 몸은 분리된 게 아니라는 거죠. 모든 우리의 감정은 먹는 것이나 육체 활동 이상으로, 우리 면역 체계를 조절하는 방법을 통해 건강에 영향을 미치지요."

"그렇다면 건강을 유지하려면 어떻게 하면 되죠?" 내가 질문을 던졌다.

"저는 먹는 것을 좋아할 뿐만 아니라, 필요 이상으로 먹고 있으니까 다이어트 측면에서 보면 상당히 안 좋은 셈이지요. 여기저기 돌아다니고, 활동적으로 살고 있지만, 그렇다고 운동할 시간이 많은 것도 아니에요. 그래서 제가 가장 심혈을 기울이는 것은 긍정적인 기운을 잃지 않으려는 거예요. 다시 말해 낙담하지 않으려고 노력하지요. 가끔 힘이 들지만 가능한 한 모든 노력을 해요. 빨리 늙지 않는 방법이란 사실을 잘 알고 있으니까요."

"자연 킬러 세포는 피에 들어 있나요?" 그 순간 내가 물었다.

"맞아요. 그렇지만 다른 곳에도 많이 있어요. 면역 시스템과 관련된 세포들의 장점은 흉선이나, 비장, 신경절에만 머무르는 것이 아니라 재순환을 한다는 거죠. 그래서 채혈을 하면 그걸 발견할 수 있는 거예요. 순찰 중인 것이죠."

"이 세포들은 간에서 종양을 탐지하기도 해요." 아르수아가는 질문인지 확신인지 애매한 이야기를 꺼냈다. "그리고 피를 통해 그곳으로 옮겨가지요. 그렇지만 활동을 하기 위해서는 혈관에서 벗어나기도 해요."

"맞아요!" 데 라 푸엔테가 맞장구쳤다. "우리 몸의 순환 시스템을 돌아다니는 면역 세포는, 병원체를 발견하거나 조직에서 문제를 발견하면 혈관 벽을 구성하고 있는 세포를 뚫고 나와 면역 활동이 필요한 곳에서 일을 시작하지요."

이번에는 내가 끼어들었다.

"우리가 모르는 곳에 암세포가 있을 수 있나요?"

"우리 세포는 언제나 악성으로 변할 수 있어요. 그러나 암세포를 청소하는 일을 하는 면역 체계를 갖추고 있어서 암으로 발전하지 않는 거죠. 이러한 감시 기능이 저하될 때만 암이 나타나는 거예요."

"그렇다면 우리를 대상으로 한 분석 자체가 아무 데서나 할 수 있는 것은 아닌 것 같네요. 안 그래요? 아르수아가 선생도 어디에서나 할 수 있는 것은 아니라고 했거든요."

"그렇지는 않아요." 데 라 푸엔테가 대답했다. "하지만 선생님이 사는 방식을 바꿔 예방할 수 있게 해 준다는 점에서 중요한 거예요. 사람들에게 100퍼센트의 영향을 미치는 질병은 없어요. 물론 노화에는 영향을 미치지요. 그러나 노화는 질병이 아니라 우리 모두에게 영향을 미치는 생리적인 과정이에요. 따라서 깊이 생각하는 것이 필요해요. 피할 수 없으니까요. 건강하게 오래 살기 위해서는 최대한 멋지게 늙어야 해요."

피를 뽑고 싶은지 확신이 서지 않았기에 혹시라도 피뽑기를 지연시킬 수 있을까 하는 생각에 나는 계속해서 쓸데없는 주장을 했다. "분석 방법을 여기에서 개발했나요? 그리고 이곳에서만 하고 있나요?"

"맞아요. 이것은 수년간에 걸친 연구의 결과예요."

"특허는 안 냈나요?"

"불가능해요. 특허를 낼 수 있는 것이 아니고, 기껏해야 등록하는 정도예요. 우리는 분석 방법과 결과를 공개만 했어요. 그것도 마드리드 콤플루텐세대학교라는 틀 안에서 한 거죠. 스페인 밖에서도 마찬가지예요. 비용 때문이 아니라 너무 힘이 많이 들거든요. 전문적인 과정이 필요해요."

나는 자발적으로 한 것인지, 아니면 부끄러워서 그런 것인지 잘 모르겠는데, 결국 채혈을 받아들였다. 고생물학자와 마찬가지로 정상적인 분석에 필요한 양 이상으로 뽑은 것 같다는 생각이 들었다.

의대를 벗어났을 때만 해도 아직은 이른 시간이었다. 상쾌한 아침 공기가 다시 정신을 찾게 해 주었다.

"우리가 저지른 일에 확신이 있는 것 같군요?" 아르수아가에게 물어보았다.

"물론이에요." 아르수아가는 예의 낙관적인 모습으로 소리를 지르다시피 했다.

6월 29일이었다. 다음 날 고생물학자는 아타푸에르카의 발굴 현장에 갔고, 나는 아스투리아스에 있는 집에서 9월까지 지냈다. 모니카 데 라 푸엔테는 이메일로 2주 만에 우리에게 결과를 통보했다.

나는 2주를 정말 불안하게 보냈다. 생물학적 나이와 연대기적인 나이가 너무 판이하게 나올까 봐 무척 걱정됐다. 짜증이 날 정도로 이중적인 세상에 대한 인식을 담아내고 있는, 산적한 분열에 추가된 또 하나의 이분법이었기 때문이다. 자기 굴에 똬리를 튼 독사처럼 실존과 본질, 생명과 죽음, 철야와 잠, 사실과 허구, 광기와 신중함, 육체와 정신, 젊음과 늙음, 위와 아래, 안과 밖, 좌와 우가 산적한 분열 안에서 빙글빙글 돌고 있었다. 좌와 우와 같은 순수한 장소 부사까지도, 참을 수 없는 도덕적인 함의가 담겨 있었다.

연대기적 나이와 생물학적 나이.

하느님 맙소사!

유배의 삶을 살고 있던 어느 날, 아스투리아스 집 근처 무로스 데 날론Muros de Nalón 광장에서 신문을 사서 돌아오면서 어떤 집 앞을 지나게 되었는데, 마침 두 여자가 문 앞에 서서 이야기를 나누고 있었다. 그 순간 한 여자가 이런 말을 했다.

"피나의 파코가 죽었대요."

"로사리오한테 들었어요." 다른 여자가 말을 받았다.

죽음이 길거리의 진부한 대화로 환원되었다.

피나의 파코가 죽었다.

《이반 일리치의 죽음》에서 주인공이 숨을 거두면서 내뱉었던 마지막 말 한마디가 떠올랐다.[*] '아! 그거였어!'

나는 톨스토이 작품 속 등장인물은 그것은 바보 같은 짓이었다고 말하고 싶었을 거라고 해석했다. 죽는 것은 어리석은 짓이었다. 물이 기화하거나 얼음으로 변한다고 해서 죽은 것은 아닌 것처럼, 죽는 것 자체가 죽는 것이 아니라 상태를 바꾸는 것이라고도 할 수 있다. 오히려 생명 속으로 옮겨 가는 것일지도 모른다.

아! 그거였어!

그렇다면 생명이란 무엇이었을까?

---

[*] 주인공 이반 일리치는 "죽음은 끝났어. 더 이상 죽음은 없어."라고 말하고는 숨을 거두었다. 레프 톨스토이 지음, 석영중·정지원 옮김, 《이반 일리치의 죽음·광인의 수기》, 열린책들, 2018

마음속으로 이데아 빌라리뇨**의 끔찍한 시구를 웅얼거렸다.

> 삶은 무엇이었을까?
>
> 뭘까?
>
> 썩은 사과일까?
>
> 쓰고 남은 것일까?
>
> 쓰레기일까?

어느 날 아침 이메일을 살펴보는데 드디어 모니카 데 라 푸엔테가 보낸 서류가 첨부된 메시지가 있었다. 나는 서둘러 열어보았다. 그래프와 색상, 화살표, 퍼센트 등이 눈에 들어왔다. 그러나 내 눈은 최종 결론을 알아보기 위해 전체를 먼저 한눈에 훑어 내려갔다.

결론이 이런 식으로 쓰여 있었다.

"생물학적 나이: 50세"

덜렁 이것뿐인 데이터에 다음과 같은 메모가 첨부되어 있었다.

"축하합니다. 당신의 노화 속도는 50세에 해당합니다."

** 후안 카를로스 오네티, 마리오 베네데티 등과 함께 '45년 세대'의 일원이었던 20세기 우루과이의 여류 문인이자 시인.

나는 그 사실을 믿을 수 없었다. 연대기적 나이와의 차이가 나에게 유리한 쪽으로 적어도 25년, 즉 4반세기나 되었다.

감격해서 결과 보고서를 아르수아가에게 보내자, 그 역시 자기 것을 나에게 보내 주었다. 나는 불안한 마음으로 훑어 내려갔다.

"생물학적 나이: 66세"

그의 경우에는 연대기적인 모습과 생물학적인 실제 사이에 별 차이가 없었다. 고생물학자는 메일을 통해 이렇게 이야기했다.

미야스 선생님,

정말 멋진 소식이군요! 내가 선생님보다 더 나이가 많다니요! 이것이 선생님에게 풍성한 글감을 줄 것 같아요.

행운을 빕니다!

그러나 "풍성한 글감"을 주지는 않았다. 오히려 슬픔을 불러일으켰다. 혹시라도 고생물학자에게 무슨 일 없을까? 나는 궁금했다. 그만의 독특한 몸에 대한 낙관적 사고와 시동이 잘 걸리는 전투적인 에피쿠로스주의는 어떤 형태로든 정신적으로 크게 낙담한 것을 숨기거나 부정하는 데 도움을 주지 않았을까? 물론 낙담했다고 이것이 공황 상태로 가는 출구를 열어젖히지도 않을 테지만, 잘 참을 수 있게 도와 줄 것 같지도 않았다. 아르수아가가 일종의 선禪 수행에서처럼 자기 자신 속으로 사라져 버릴 것 같은 순간이(덧없다는 건 사실이다) 머리를 스쳐 지나가자, 나는 모니카 데 라 푸엔테의 결과 보고서에 비춰 그에 대해 예전과는 상반되는 해석을 했다. 아마 순간적으로는 낙담할 테지만, 결국은 본 모습과는 달리 씩씩하고 지칠 줄 모르는 사람인 양 다시 한 번 세상을 향해 치고 올라올 것이다.

나는 너무 혼란스러워 그의 이메일에 답도 할 수 없었다.

그러자 며칠 후 그는 나에게 다시 메일을 보내왔다.

미야스 선생님,

대화를 풍성하게 하려고 모니카 데 라 푸엔테와 함께 나눴던 이야기 전체를 뜯어보면 아주 중요한 내용이 들어 있습니다. 분석 결과가 의미하는 바는 선생님이 50세의 몸을 가지고 있다는 것이 아니라, 50세가 된 보통 남자 속도로 늙어 가고 있다는 것이지요. 나는 66세이지만, 선생님보다 더 빠른 속도로 늙어 가고 있고요. 이는 결과적으로 내가 선생님보다는 늦게 죽어 선생님 장례식에는 갈 수는 있지만, 선생님 나이보다는 더 빨리 죽을 거라는 것이지요. 그것이 선생님 사후 일 년 후가 될지 언제가 될지는 잘 모르겠지만요. 내가 말하고 싶은 것을 이해하겠어요? 사람들은 생물학적인 나이를 잘못 이해하고 있어요. 측정한 것은 노화의 속도예요. 나는 노화의 속도를 낮춰야 하는데, 선생님은 이미 잘하고 있으니까 얼마든지 더

늦출 수도 있을 거예요. 어쨌든 축하해요! 나는 우리가 함께 죽어도 상관없어요.

행운을 빌어요.

후안 루이스

이메일 덕에 나는 해방될 수 있었다. 아르수아가는 이 문제를 논리적으로 처리하고 평소 기분으로 돌아가 있었다. 나는 활기가 넘치는 고생물학자의 모습에, 그리고 맥이 풀린 미야스, 즉 나의 모습에 익숙해져, 역할이 뒤바뀐 것을 받아들이기 어려웠다.

아무튼 박사에게 문제를 제기하는 편지를 썼고, 다음과 같은 답을 받았다.

정말 좋은 질문입니다.

우리가 찾은 (그리고 발표한) 사실을 가지고 선생님에게 답을 해 보지요. 우리가 분석한 사람 중 수백 명은 연대기적인 나이보다 훨씬 더 어린 생물학적 나이를 가지고 있었습니다(60세 정도의 연대기적인 나이를 가진 사람 중에 생물학적으로는 40세의 나이를 가진 사람도 있었으니까요). 그러나 이런 생물학적 나이에도 불구하고, 40세 남자가 할 수 있는 것처럼 오후 내내 춤을 출 수 있다고 생각하십니까? 아닙니다. 다만 전체적으로 건강하다는 것이지요. 덕분에 노화 속도가 느리게 진행되었고, 탁월한 적응 메커니즘을 가졌을 뿐만 아니라 이를 잘 유지할 수 있었기에 100세까지 살 수 있었어요.

계속 의견을 나누기로 하지요.

안부 전해 주세요.

모니카 데 라 푸엔테

고생물학자에게 박사의 편지를 전달해 주었더니 그 역시 박사의 말에 동의하는 것 같았다. 그는 메일을 통해 몇 마디 덧붙였다.

미야스 선생님,

사람들은 각자 도전 과제가 있어요. 내 과제는 무릎만 구부리지 않는다면 바닥에 앉건 서건 상관없이, 손가락을 발끝까지 내리는 거예요. 유연성이 곧 건강이고 수명이라고 이야기하지요. 선생님에게 이야기했던 뷔퐁의 이론이 떠올라 재미있다는 생각이 들었어요. 뷔퐁은 식물과 마찬가지로 젊음은 갈대처럼 유연한 것인데 반해서, 늙는다는 것은 단단한 목질이 되는 것이라고 주장했어요. 그런데도 목질처럼 단단해진 지 너무 오래된 탓에 나는 아직 손가락이 발끝까지는 가지 못하고 있어요. 그러나 언젠가 소원이 이뤄지길 기대하고 있어요. 모든 여성은 쉽게 그것을 하잖아요. 우리처럼 유연성을 잃지 않는다는 것이겠지요. 우리는 근육도 잃었는데…. 나는 해변에서 연습하려고 해요. 이미 말했지만, 우리는 각자 도전 과제가 있어요. 행운을 빕니다.

후안 루이스

이렇게 유연한 사고를 하는 아르수아가가 100퍼센트 진짜 아르수아가였다. 나도 드디어 입을 다물었다.

살아 있을 수만 있다면, 우리는 9월에 다시 만날 것이다.

11

|

나무 인간

8월 초, 나는 고생물학자로부터 다음과 같은 이메일을 받았다.

존경하는 미야스 선생님,

발끝까진 닿을 방법이 없군요. 그렇지만 앉았다-일어서기는 별로 문제가 없어요. 발굴 현장에서 책상다리를 하고 바닥에 앉는 일에 이미 적응이 되어서, 그런 자세에서 일어나는 것은 오래전부터 어느 정도 훈련이 된 것이니까요. (이번 7월에도 더 연습하지 않아도) 그래서 앉았다-일어서기는 아직도 잘할 수 있어요. 그러나 몸이 굳어 가는 것은 분명한 것 같아요. 발끝을 향해 1밀리미터도 더 내려가지 않고 있거든요. 발끝이 마치 무한대 너머에 있는 것처럼요. 나무 인간이 된 것 같아요. 다음 폭풍에는 언제든

뿌리 뽑힐지 모르는 고목이, 아니 마른 장작이 된 셈이지요. 다음에 밖에 나갈 때는 나무줄기에 관해 이야기할 테니 잘 기억해 두세요. 일도 하고 휴식도 취하면서 잘 지내시길 빕니다. 오늘 갑자기 선생님이 생각난 것은 마을(엘 푸에르토 산타 마리아)에 있는 시장에 구워 먹을 정어리를 사러 갔기 때문이에요. 추로스 한 봉지를 다 먹었어요. '차로Charo'는 최고의 추로스 가게거든요.

행운을 빌어요.

후안 루이스

그가 신체적인 한계를 있는 그대로 수용하는 듯한 태도가 조금 걱정이 되었다. 그러나 나무로 표현한 이미지는 마음에 들었다. 마차도*의 시가 떠올랐다.

벼락 맞아 쪼개진 느릅나무 고목,
봄비와 오월의 태양에
썩어 들어간 반쪽에서

❋　안토니오 마차도(Antonio Machado, 1875~1939)는 스페인 '98 세대'를 대표하는 시인으로, 남부 안달루시아 지방에서 태어나, 단순하면서도 아름다운 언어로 카스티야 지방의 자연을 노래했다.

푸른 잎사귀 몇 개가 고개를 내밀었다.

이 시를 고생물학자에게 보냈다. (10년마다 천둥도 치고) 세월이
라는 벼락에 맞은 우리에게도 이렇게 아직은 푸른 가지가 나올
수 있을지 모른다. 마차도의 시는 이렇게 끝을 맺는다.

내 가슴은 기다리네
빛과 생명을 향해
봄이 줄 또 하나의 기적을.

앉았다-일어서기를 하고 있다는 이야기를 통해, 아르수아
가는 우리가 필라테스 수업을 받으며 한번 해 봤던 책상다리를
하고 바닥에 앉았다가 다른 곳을 짚지 않고 스스로 일어서는
훈련을 시작했음을 넌지시 이야기하고 있었다. 나는 좀 더 많
은 자료를 구하기 위해 인터넷을, 다시 말해 앉았다-일어서기
테스트와 관련된 사이트를 참조했다. 이를 얼마나 잘할 수 있
는지를 따져 6년 안에 죽을 확률을 계산해 주는 곳도 있었다.

나는 테스트하고 싶지 않았다. 그러나 우리 나이에는 조금
생소할 수 있는, 바닥에 누웠다가 일어나는 식의 훈련을 코르
발란이 추천했던 것이 떠올랐다. 나는 이것을 고생물학자에게
상기시켰고, 나도 누웠다가 손으로 바닥을 짚거나 의자를 잡고
일어나는 식으로 여름 내내 연습을 했다. 물론 어려움이 없지

는 않았다. 나는 정신적인 훈련의 성격이라는 은유 차원으로 받아들이고 싶었다.

넘어지는 것을 받아들이기.

일어날 수 있는 사람이 되기.

어떤 형태가 되었든 그것이 삶이 아닐까?

아르수아가는 평소와는 달리 바로 내 메일에 답을 했다.

존경하는 미야스 선생님,

마차도 시의 마지막 구절은 다음 책의 출간을 위한 시적 동기를 제공해 주는군요. 그러니 이 구절은 그때까지 잘 간직해 두세요. 예를 들어, (아직 나는 없지만) 우리가 손자들과 놀아주기 위해서 혹은 발굴을 위해서 바닥에 좀 더 자주 앉는다면, 우리 유연성은 좀 더 나아질 테고, 종일 의자에 앉아 컴퓨터로 책을 쓰는 것보다는 몸이 나무처럼 굳는 일도 없겠지요. 뭔가를 주우려고 몸을 굽히는 일이 하루에 한 번도 없으니까요. 다시 땅바닥에 앉아 꼬마들과 이야기하기, 쪼그려 앉아 친구들과 수다 떨기, 땅을 파고 식물 구근 캐기 등의 구석기인의 생태적 적소라는 주제로 돌아가기로 하죠. 이렇게 한다고 더 살 수 있는지는 잘 모르겠습니다. 그러나 유연성은 여성이라면 누구나 누릴 수 있지만 안타깝게도 남성들의 경우 소수만 누릴 수 있는 사치입니다. 그렇다면 이것 때문에 우리 남성이 수명이 짧은 것일까요? 지나치게 많은 테스토스테론, 너무 많은 굵고 짧은 근육, 과시욕 등이 우리 사나이들에게 엄청난 계산서를 내밀었다고 늙은 윌리엄스는 이야기했을 겁니다.

사실은 헬스를 하는 사람에게는 최후의 보루와도 같은 것이 내가 '다림질하기'라고 부르는 플랭크인데, 이건 선생님을 비롯한 그 누구라도 할 수 있는 운동입니다. 선생님도 도전장을 낼 수 있어요. 처음 시작할 때는 15초를, 시간이 좀 지나면 30초, 마지막에는 1분 정도 버티면 됩니다. 근육을 수축시키지 않으면서도 장력과 근육의 길이를 유지하기 때문에 정적 수축靜的收縮 운동이라고 부르죠.

그건 그렇고 선생님에게 우리 책의 본문에 농구를 집어넣지 않은 것을 보고 나는 정말 깜짝 놀랐다는 고백을 할까 합니다. 내가 라마르크주의에 한 방 먹일 수 있는 결정적인 무기였을 뿐만 아니라, 코비드COVID 문제도 있었고 시즌이 이미 상당히 진행되었기에(시합이 거의 끝나가는 무렵이었지요) 훈련 참여를 둘러싼 허락을 받기가 정말 힘들었기 때문이지요. 우리가 왜 그곳에 갔는지 잘 이해한 것인지 모르겠습니다. (라마르크가 이야기한 것처럼) 선수들이 농구를 해서 키가 그리 큰 것이 아니라, 유전적으로 키가 커서 농구를 하게 된 것(다윈이즘)이지요. (다른 이유가 아니라) 바로 이것 때문에 예전에 선생님을 모시고 기린을 보러 과학 박물관에 갔던 것입니다. 라마르크가 '획득 형질의 유전'이라고 했던 예였거든요. 다시 한 번 설명할까요? 라마르크에 의하면, 기린이 긴 목을 가지게 된 것은 기린의 조상들이 나뭇잎을 먹기 위해 나무 꼭대기까지 닿으려고 노력했기 때문이지요. 엄밀한 의미에서는 나뭇잎에 닿을 수 없어 굶어 죽을 수밖에 없었던 목이 짧은 기린처럼 내가 몸을 굽혀 발끝에 닿으려고 노력하는 것과 똑같이 1밀리미터씩 매일 어렵사리 앞으로 나가기도 하고 뒤로 물러나기도 하면서 말이지요. 그러나 정보는 표현형表現型*에서 유전자로 나아간 것이 아니라, 유전자에서 표현형으로 나아갔습니다. 선생님이 평생 노력한 그 무엇도 유전자를 바꾸지는 못합니다. 게다가 나는 이미 내 유전자를 세 아들에게 넘겨줬거든요.

기억을 잘 더듬어 보면, 훈련장에서 여자아이와 이야기했던 것이 생각날 겁니다. 그 아이는 부모님의 키가 커서 자기도 키가 크다고 이야기했지요(어렸을 적부터 농구를 해서가 아니었습니다. 내가 그 아이에게 그 가능성을, 다시 말해 어렸을 적부터 농구를 해서 키가 컸을 거라고 이야기했더니 웃었지요. 그 아이는 정말 말도 안 되는 질문을 한다고 생각한 것 같았어요). 그리고 결국은 자기보다 키가 작은 남자와는 결혼하지 않겠다는 이야기

✿   생물이 유전적으로 나타내는 형태적·생리적 성질.

까지 얻어 냈지요. 절대로 결혼하지 않겠다고요. 아마 그 아이는 자기보다 키가 크거나 비슷한 남자와 결혼할 테죠. 그러면 그녀의 아들이나 딸도 마찬가지로 키가 크겠지요. 그러면 아주 어렸을 때부터 농구를 가르칠 겁니다. 결국 자식들은 위대한 농구 챔피언이 될 거예요. 그리고 때가 되면 자식들 역시 부모님 정도의 키를 가진, 아니 더 키가 큰 아들과 딸을 낳지 않을까요.

바로 이게 진화가 어떻게 작용하는지에 대해 내가 알고 있는 가장 좋은 예이기도 해요. 라마르크가 틀렸고 다윈이 옳았다는 최고의 예인 것이지요. 우리가 농구 훈련장에 가기 위해 그다지 많은 돈은 들지 않았어요. 라마르크에 대해 이야기한 다음, 농구를 통해 이 문제를 해결할 기회를 줄 기린을 보러 박물관에 갈 계획을 세웠던 거였어요. 그런데 선생님은 농구에 대해 언급하지 않았어요….

혹시 선생님이 스포츠에 대해서, 아니면 그곳에서 배울 수 있는 것들에 대해 알레르기가 있어서 그런 것인지요? 이미 스포츠와 관련해서 두 가지가 나의 기대에 어긋났어요. 첫 번째 책에서는 축구와 배제된 상징적 정체성, 두 번째 책에서 농구와 라마르크주의. 바로 그 두 가지입니다.

행운을 빕니다.

아르수아가

　　고생물학자는 결국 군중들이 무서워 직접 관람을 거절했던 축구 경기와 내가 언급하지 않고 건너뛴 콤플루텐세대학교 코트에서 연습 중이던 여자 농구팀과의 만남을 은근히 꺼내 들었다. 우리를 연습장에 들어가게 해 달라고, 그리고 농구 선수인 파울라 레알과 이야기할 수 있게 해 달라고 분명히 여러 차례 부탁했었다. 덕분에 우리는 그녀에게 왜 농구를 하게 되었는지 물어볼 수 있었는데, 그녀는 평생 해 온 운동이라고 간단히 대답했다.

　　"다른 운동도 해 봤어요." 그녀가 한마디 덧붙였다. "다른 그 어떤 것도 나를 만족시켜 주지 못 했어요. 저는 농구를 할 때 가장 행복해요."

　　"당신 부모님도 당신만큼이나 큰가요?" 아르수아가가 물었다.

　　"그럼요. 아버지는 195센티미터이고 어머니는 177센티미터예요."

　　"그런 당신은 어렸을 적부터 농구를 해서 키가 큰 것인가요?" 아르수아가는 끈덕지게 물고 늘어졌다.

　　"아뇨!" 여자 선수는 웃으며 손을 저었다.

　　"아! 라마르크는 아니네요!" 고생물학자가 말했다. "농구를 하지 않았어도 이 정도까지 컸을까요?"

　　"물론이죠!"

　　꼭 집어서 기린을 보러 자연 과학 박물관에 갔던 바로 그날,

우리는 콤플루텐세의 코트를 찾았다. 아르수아가는 아무 목적 없이 움직이는 법이 없었다. 기린은 나무 꼭대기에 닿으려고 자꾸만 목을 늘린 덕에 목이 길어진 것이 아니었고, 파울라 레알 역시 농구를 해서 키가 큰 것이 아니었다.

"우리는 라마르크에게 한 방 크게 먹인 거예요." 고생물학자는 코트를 떠날 때, 빙긋 웃음을 지으며 나에게 이렇게 이야기했다.

차에 탔을 때 생각을 마무리한 것 같았다.

"미야스 선생님, 이걸 적어 놓으세요. 아주 중요하니까요. 스포츠가 생물형生物型*, 즉 형태를 선택한 것이지, 반대가 아니에요. 키가 큰 사람들은 다리가 길고 빨리 달릴 수 있어서 멀리 뛰기에도 유리해요. 멀리 뛰려면 빠른 속도로 구름판을 밟아야 하거든요. 반대로 체육관에서는 모두 키가 작지요. 축구에서는 골키퍼의 경우를 제외하면 모든 생물형이 다 있어요. 이해됐나요?"

"이해했어요." 내가 마침표를 찍었다.

모든 이야기가 여기에서 마무리되었다.

---

*   특정한 단일 또는 복수의 형질을 갖는, 유전적으로 동일한 생물 개체의 집단.

12

그들에게나 줘 버렸으면

8월에 나는 케이프 혼[*]을 둘러보고 있었는데, 지금 내 상황에서는 불가능한 과제를 부탁한 고생물학자의 이메일에 이렇게 간단하게 답을 했다.

친애하는 아르수아가,

마지막 이메일을 통해 갈매기를 잘 관찰하여 그들의 습관에 대해 기록해 달라는 당신의 요청을 받았는데, 들어줄 수 없어서 대단히 유감입니다. 8월의 마지막 며칠 동안 집에 있으면서 가족과 친지들에게 내 시간을 다 **뺏겨** 버렸거든요. 나는 뭔가 좀 만회해 볼 생각에 나를 머리 아

✿   남아메리카 최남단에 위치한 곳으로, 칠레의 티에라델푸에고 제도에 위
     치하며, 네덜란드의 도시인 호른(hoorn)에서 지명이 유래했다.

프게 했던 집안일에 신경을 써야 했어요. 여름 별장에서 우리는 요리와 온수를 만드는 데 부탄가스를 사용하고 있었습니다. 지금까지는 여분의 가스통을 배달시킬 때마다, 배달원에게 집에서 한 블록 정도 떨어진 가까운 지점에 맡겨 달라고 부탁하곤 했습니다. 그런데 올해는 사용 중인 가스가 떨어졌을 때 한 블록 떨어진 곳에서 직접 가스통을 가져올 수 없을지도 모른다는 두려움 때문에 부엌까지 가져다 달라고 부탁했지요. 이 조치는 나의 체력적 한계를 한 단계 이상 높여 수용한 것이란 사실을 잘 알고 있습니다. 결과적으로 나는 이제 늙었고 내 주변에서 일어나는 모든 것이 그 사실을 자꾸만 일깨워 줍니다. 나는 이 가스통의 크기와 무게를 결정하는 사람들이, 과연 이 주황색 폭발물을 집 안의 한 장소에서 다른 장소로 옮겨야 하는 남자나 여자가 어떤 유형의 사람들일까 생각해 본 적이 있는지 궁금했습니다. 아니면 그런 집단에서 이미 나는 배제된 것일까요? 가정에서 필요한 이런 종류의 힘쓰는 일은 이젠 포기해야 하는 걸까요?

지난해 나는 신분증을 갱신했습니다. 그랬더니 9999년 1월 1일 만료되는 신분증을 발급해 주었지요. 당신도 본 적이 있을 겁니다. 9999년이라고 적힌 것을요. 분명히 나는 그 전에 죽을 겁니다. 내무성은 납세자가 (우리 인간의 평균 수명인) 70세가 될 때부터 이 황당한 신분증을 발급해 주고 있습니다. 70세가 넘는 사람은 없는 사람 취급하겠다는 것을 의미하겠지요. 결국 또 배제당한 것이지요. 우리 사회는 이런저런 식으로 나에게 묘지로 가는 길을 보여 주고 있는 셈이지요. 그렇지만 나는 75세라는 나이에도 불구하고 아직도 가스와 신분증이 필요합니다. 나는 아직 일을 포기하고 싶지 않습니다.

가스통을 좀 더 가볍게 만들 수도 있고, 삶의 희망을 주기 위해 일정 기간 사용할 수 있는 신분증으로 갱신해 줄 수도 있습니다. 사회 집단이 강요하고 있는 배제는 잔인하다고 밖에는 할 수 없는 것 같아요(솔직히 말해 아주 끈끈한 결속을 느껴본 적이 없는데, 이제야 그 이유를 알 것 같기도 합니다). 궁극적으로는 스스로 자기 자신을 배제하여 사회에서 떠나길 원하는 것 같습니다. 이젠 소파에 가서 텔레비전에 나오는 저질 프로그램이나 보면서, 정신적으로 그리고 육체적으로 기력이 쇠하는 것을 탐닉하다가 죽으라고 암묵적으로 명령하는 것이겠지요.

이런 것은 그들에게나 줘 버렸으면 좋겠어요. 나는 그들이 원하는 대로 따르고 싶지 않거든요.

행운을 빕니다.

후안호 미야스

고생물학자는 금세 답장을 보내오긴 했는데, 조금은 실망스
러웠다.

존경하는 미야스 선생님,

갈매기 때문에 신경 쓰지는 마세요. 그렇지만 해변에 갈
기회가 있으면 갈매기들을 한번 보세요. 사람들이 없을
때 갈매기들에게 먹을 것을 던져 줄 수 있으면 갈매기들
이 어떻게 나오는지 한번 잘 보세요. 경쟁하는지 협력하
는지를요.

나이를 먹으면 건축물의 구조 차원에서의 장벽과 기동성
과 같은 문제가 발생합니다. 다리가 부러지거나 평생 휠
체어를 타야 할 순간이 닥치지 않으면, 모든 것이 젊은 사
람들만 생각하고 설계되었다는 사실을 깨닫지 못하지요.
비로소 그런 순간이 닥치면 모든 것이 선생님에게 불리하
게 되어 있어, 할 수 있는 것이 정말 아무것도 없다는 사
실을 깨닫지요. 아주 쉬운 일도요.

피니야에서 행운을 빕니다.

아르수아가

갈매기 때문에 걱정하지 말라고 말하면서, 다른 한편으로는
갈매기 관찰을 포기하지 말라고 이야기했다. 그는 이런 식의

집착이 강한 편이었다. 그는 내가 보낸 메일 나머지 부분에 대해서는 네 문장으로 된 지나가는 말로 처리해 버렸다. 물론 이즈음 우리가 출간했던 책에 등장하는 네안데르탈인을 발굴한 곳인 피니야 델 바예의 발굴 현장에서 바쁘게 일하고 있었기 때문에 미안하다는 생각이 들기도 했지만, 내 이야기를 너무 가볍게 넘겨 버린 것에 섭섭했다. 하지만 그에게 이런 말까지는 하고 싶지 않았다. 부탄 가스통을 운반하는 것이나 국경을 넘을 때 혹시 위조 신분증으로 볼 수도 있는 그런 신분증을 지갑에 넣어 다니는 것이, 무엇을 의미하는지는 그는 알고 있을까?

13

—

비밀스러운 삶

8월 31일, 이른 아침부터 나는 아스투리아스에서의 휴가를 마치고 마드리드로 돌아갈 준비를 하고 있었다. 마침 그때 핸드폰이 울렸다.

"골밀도 측정해 봤어요?" 귀청이 터질 정도의 큰 소리로 아르수아가가 질문을 던졌다.

"아뇨. 할 생각 없어요. 더는 의사에게 가거나 분석을 받아 볼 생각이 하나도 없어요. 당신은 마치 의사들이 나에게서 뭔가를 찾아내길 바라는 사람 같아요."

"선생님도 곧 알게 될 거예요." 그는 한발 물러섰다. "골밀도 측정은 뼈가 어떤 상태인지 알기 위해서는 정말 중요해요. 나이가 들면 뼈에 칼슘이 없어지면서 골다공증이 생겨요. 관상동맥에는 석회질이 쌓이면서 동맥 경화가 일어나고요. 칼슘이 유익한 뼈에서 빠져나와 해를 끼치는 동맥으로 옮겨간 것 같단 생각이 들지 않나요? 길항적 다면발현 생각나요? 우리가 체육관에 갔던 날 이야기했었는데."

"물론이죠. 그 이론에 의하면, 젊었을 때는 우리가 건강하게 골격을 유지하는 데 긍정적인 역할을 하던 유전자가 우리가 늙었을 때는 동맥이 딱딱하게 굳게 만든다고 했잖아요."

"바로 그거예요. 그렇다면 골밀도 검사를 할 거예요, 안 할 거예요?"

"안 할 겁니다. 게다가 나는 지금 짐을 싸고 있어요. 오늘 오후에 마드리드로 돌아갈 거예요."

"나는 아직 피니야 발굴 현장에 있어요. 잠깐 쉬는 중인데, 바위에 앉아서 선생님을 생각하고 있었어요."

"그래요?" 대화를 중단하고 싶다는 생각이었다.

"지금 서 있어요?" 그가 물었다.

"네!"

"잠깐 앉아 보세요. 선생님에게 드릴 말씀이 있어요."

나는 체념하고 침대 가장자리에 앉았다. 옆에는 내장처럼 구겨진 서너 벌의 지저분한 셔츠가 담긴 여행 가방이 양쪽으로 입을 벌린 채 놓여 있었다.

"들을 준비가 되었어요." 시작해도 좋다는 것을 알려 주었다. "그렇지만 골밀도 검사를 너무 우기지는 마세요."

"알았어요. 그런데 우리가 찾는 것이 정확하게 뭔지 한번 말씀해 보세요."

"잘 모르겠어요."

나의 공격적인 말투를 무시한 채 그는 말을 계속 이어 나갔다. "유아 사망률의 감소는 기대 수명을 깜짝 놀랄 정도로 높여 놨어요. 그 어느 때보다도 많은 사람이 번식 가능한 나이를 넘어서까지 살 수 있게 되었지요. 증손자를 볼 수 있게 되었고, 증손자들과 놀게 된 것은 더는 유토피아 이야기가 아니에요. 전염병들은 백신, 항생제, 항바이러스제 신약과 싸워야 하고요."

그가 이야기를 이어 가고 있을 때, 나는 그의 말마따나 인디아나 존스처럼 옷을 입고 바위에 앉아 계곡 아래로 굽이굽이 흘러가는 강물을 바라보고 있을 그의 모습을 머릿속으로 그려 보았다.

"만일 선생님에게 사고가 나면, 외상 전문의들은 선생님을 새 환자로 받을 거예요. 우리는 생체 역학과 관련된 분야에서는 많이 개선되었지요. 백내장이 생겨도 눈이 멀지는 않지요. 구석기 시대에는 대퇴골 골절이 어떤 의미를 가졌을지 상상이 되세요?"

아르수아가는 마치 항불안제를 복용한 사람처럼, 아니 갑작스레 향수에 젖은 사람처럼 천천히 이야기를 이어 갔다.

"당신 갑자기 향수에 젖었나요?"

"뭐에 대해서요?"

"그건 모르겠어요. 목소리 톤이 평소와 달라서요."

"피곤해서 그래요. 요 며칠 동안 정말 열심히 일했거든요. 그러나 인공 장구를 비롯한 생명 연장책 외에도 세포 연구라는 또 다른 길이 열렸다는 것을 써 놨으면 좋겠다는 생각이 들었어요."

"세포의 비밀스러운 삶인가요." 그가 가끔 사용하는 말투를 흉내 냈다.

"여기 이 비밀스러운 삶에서 우리는 노화의 신비를 찾아볼 수 있을 거예요. 노화라는 것이 무엇이든지요."

"무엇이든지요? 노화가 무엇인지 아직도 규명 중인가요?"

"이 문제에 접근하기 위해서는 생물 차원의 과정(삶의 과정)에 대해 과학적인 정의를 적용하는 것이 큰 도움이 될 거라는 점에는 의심의 여지가 없어요." 그는 전혀 당황하지 않고 대답했다. "잊지 마세요. 우리가 기르는 가축들과 동물원의 동물들뿐만 아니라, 우리 인간도 고통을 받으며 생물 차원의 과정을 밟고 있다는 사실을요. 동물원에서 사는 동물들은 생명이 다할 무렵에는 수십만 년 동안 조상들이 살아오면서 그 존재조차 모르고 있었던 황혼을 경험하고 있어요. 그러나 노화를 나이와 관련된 기능 상실만으로 연결하는 것은 충분하지 못해요. 지금 우리가 적용할 수 있는 좀 더 정확한 노화의 정의가 있다면, 그것은 (선생님이나 나, 누구든지) 사람들이 올해 사망하고 더 나이를 먹지 못할 확률인 셈이지요."

"좋아요." 나도 의견을 내놓았다. "올해도 벌써 여덟 달이 지나갔는데, 우리는 살아 있어요. 그뿐만 아니라, 우리는 12월까지 이 책을 출판사에 넘겨야 해요. 나는 단 한 번도 계약을 어겨 본 적이 없거든요. 그러니 좀 차분해질 필요가 있어요."

고생물학자는 목이 쉰 것 같았다. 나는 멍한 눈길로 높은 산을 바라보고 있을 그의 모습을 상상하며, 담배를 피우지 않아서 쓸데없는 고통을 받고 있다는 생각이 들었다. 손가락 사이에 담배를 끼우고 연기를 흘리면 훨씬 더 나았을 것이다.

목을 가다듬은 다음 다시 말을 이어 갔다. "사망률은 생명의 초기 단계에서는 모든 동물이 다 매우 높았어요. 시간이 흐르자 최소치까지 낮아진 것이지요. 번식이 가능한 나이에 도달하는 순간부터 죽을 확률은 일정 시간을 두고 두 배씩 증가해요."

"인간은요?" 내가 물었다.

"인간은 8년 반에 두 배씩 높아져요." 나는 속으로 '8과 2분의 1'을 되뇌었다. 자동 연상 작용으로 펠리니*의 대작이 떠올랐다. "아프리카코끼리는 거의 일정한 리듬을 유지하는 데 반해, 쥐는 넉 달에, 개는 삼 년에 두 배가 돼요."

"이것은 검증된 것인가요?"

❊   이탈리아의 영화감독. 이탈리아 영화사에서 최고의 거장으로 손꼽히는 인물이다. 그가 만든 작품 가운데 무려 네 편이 아카데미 시상식에서 아카데미 외국어 영화상을 받았다. 이는 지금까지도 아카데미 외국어 영화상 부문에서 최다 수상 기록이다.

"그럼요. 곰퍼츠의 법칙*으로 알려져 있어요. 벤저민 곰퍼츠 Benjamin Gompertz가 1825년에 발표했거든요."

"그는 어떤 사람이죠?"

"보험계리사였어요."

"그렇다면 보험 회사는 우리가 언제 죽을지 알고 있겠네요?"

"물론이죠. 그래서 은행처럼 언제나 돈을 버는 거예요. 토끼처럼 수명이 짧은 종은 어른이 되면 사망률이 어마어마하게 높아져요."

"그럼 아주 짧은 시간에 사망률이 두 배씩 증가하나요?"

이 순간 아내가 방에 들어와서, 손으로 여행 가방이 어떻게 되었는지 물어보았다. 핸드폰을 손으로 가리며 아르수아가와 통화하고 있다고 하면서 어쩔 수 없다는 듯한 몸짓을 했다.

"고양이가 없어졌어!" 아내가 소리쳤다.

고생물학자에게 잠깐만 실례하겠다는 말을 한 다음 아내와 다시 얼굴을 맞댔다.

"뭐라고?" 나는 깜짝 놀라 이렇게 물었다.

"고양이가 없어졌다고."

"벌써 케이지에 넣지 않았어?"

✿   벤저민 곰퍼츠는, 성장기가 끝난 인간은 나이를 먹을 때마다 사망할 확률이 지속적으로 증가한다며, 연령별 사망률이 일정한 패턴을 보인다고 주장했다. 그는 50세가 지나면 사망률이 더욱 가파르게 증가한다고 말했다.

"어떻게 된 건지는 잘 모르겠는데 문이 열려 나가 버렸어."

아스투리아스의 집에 있을 때 고양이는 주로 밖에서 생활했다. 그러나 마드리드로 돌아갈 때가 되면, 한번 나가면 언제 돌아올지 모르기 때문에 고양이를 아침 일찍부터 밖에 나가지 못하게 케이지에 가둬 놓았다. 우리는 고양이 없이 떠날 수 없었다. 그러나 내일 아내와 나 모두 마드리드에서 볼 일이 있었기 때문에 여행을 뒤로 미룰 수도 없었다.

"내가 한번 불러 볼게. 그러면 혹시 나타날지도 모르니까." 아내가 침실을 나가며 이야기했다.

"무슨 일 있어요?" 아르수아가가 물었다.

"고양이가 도망갔어요. 지금 마드리드로 돌아가야 하는데."

"언젠가 고양이를 길들일 수는 있지만, 완전히는 안 된다고 경고했었죠."

"정말 귀찮게 하네요." 나는 한숨을 내쉬었다.

그는 우리 문제에는 전혀 관심도 없이 자기 말만 이어 나갔다. "반대로 살쾡이는 분명히 선생님의 반려묘와 친척인데도, 어른이 되어서 죽을 확률은 처음부터 토끼보다 상당히 낮은 편이에요. 우리 지중해 생태계에서 왕까지는 아니지만요."

"당신이 이 모든 문제를 어디로 끌고 가고 싶은지 잘 모르겠군요." 나는 고양이가 나타나기만을 기원하며 아르수아가가 빨리 작별 인사를 해 줬으면 하는 심정으로 말했다.

"그럼 다시 세포로 돌아가죠. 홀전자(혼자 남아 있는 불쌍한 전자)

를 가지고 있어서 다른 분자와 반응하여 주변의 분자에 해를 끼칠 수 있기 때문에 활성 산소는 매우 위험하지요. 특히 세포의 에너지가 만들어지는 소기관인 미토콘드리아에서는요."

"요약하자면 우리는 예전 대화에서 산화라고 불렸던 것에 대해 이야기하고 있는 거군요."

"맞아요." 고생물학자도 맞장구쳤다. "보기도 싫은 활성 산소에 의한 산화 스트레스를 줄이기 위해서 세포는 항산화제를 만들고 있어요."

"그래서 내가 멜라토닌을 복용하는 거예요."

"그럴 수 있어요. 산화가 대사율이 높은 종들에게는 짧은 수명의 원인이 될 수 있다는 것을 잘 기억해 두세요. 모든 것을 먼저 태워 버리기 때문인데, 록 음악 스타의 '빠르게 살고, 젊어서 죽어, 아름다운 시신을 남기자'는 이론과 연결되죠. 이런 종들은 열광적인 삶으로 인해 아주 짧은 시간에 엄청나게 많은 활성 산소를 축적하게 되는데, 즉 산화하게 되어 있는데, 이에 대해 비싼 대가를 치를 수밖에 없어요. 반대로 대사율이 낮은 동물들, 즉 분당 심장 박동수가 적은 동물들은 1년 단위로 봤을 때 활성 산소를 적게 축적하죠. 그리고 그 결과 코끼리처럼 더 오래 사는 것이고요."

"몸의 크기가 수명과 같은 셈이네요." 내가 정리했다.

아르수아가는 이야기를 확대했다. "동물은 몸이 크면 클수록 몸에 더 많은 세포를 가지게 되지요. 그리고 더 많은 세포가 매일 분열하고요. 이로 인해 우연히 더 많은 돌연변이가 필연적으로 만들어질 수밖에 없어요. 그러므로 암세포와 같은 돌연변이 세포가 나타날 확률이 더 높아야 하는데 꼭 그렇지는 않아요. 일반적으로 덩치가 큰 동물이 작은 동물보다 더 오래 살아요. 어떤 식으로든 종양의 출현을 지연시키지요. 아직 우리가 모르는 것들이 너무 많아요."

정원에서 고양이를 부르는 아내의 목소리에 귀를 기울이면서 동시에 질문을 던졌다.

"세포들은 무한정으로 분열할 수 있나요?"

"아뇨. 아직 선생님에게 말씀드리지 않은 것이 있어요. 염색체 끝에 있는 DNA의 연장인 텔로미어telomere요."

"구두끈의 끝과 비슷하게 생긴 것인가요?" 나는 언제나 선명한 이미지를 찾고 싶었다.

"그와 비슷해요." 고생물학자도 순순히 인정했다. "세포가 분열할 때마다 세포에 가위질한 것처럼 텔로미어가 짧아져요. 분열을 여러 번 하면 너무 짧아져서 세포가 더는 분열할 수 없어요."

"그러면 수명은 텔로미어의 길이와 연관이 있나요?"

"선생님이 이미 말씀하셨어요. 만일 우리가 텔로미어를 수리할 수 있는 해결책을 찾는다면 세포는 계속해서 분열할 수 있을 거예요. 텔로미어를 수리하는 텔로머레이스telomerase라는 효소가 있거든요. 그러나 인간의 몸을 구성하는 세포는 쥐의 세포와는 달리 이런 효소를 만들지 못해요. 그래서 세포 분열 횟수가 제한적이에요."

"인간의 몸을 구성하는 세포는 왜 이런 텔로머레이스와 같은 효소를 만들지 못하죠? 쥐들도 만드는데 말이에요."

"텔로머레이스는 양날의 칼이에요. 종양 세포가 텔로머레이스를 생산한다는 것을 말씀드리면 선생님도 쉽게 이해할 수 있을 것 같아요. 이것 때문에 종양 세포가 잘 죽지 않는 거예요. 선생님도 실험실에서 종양을 무한하게 배양할 수 있어요. 그런데 인간 조직 세포는 성인으로 살아가는 동안 50번 정도밖에 분열할 수 없어요. 그다음에는 세포의 재생이 없는 것이지요."

"그래서 늙음이 존재하는 것이군요." 내가 결론을 내렸다.

"맞아요."

"그런데 과학이 텔로미어를 고칠 수 있으면…."

"그러면 조만간에 돌연변이가 나타날 거예요. 다시 말해 암이 생기겠지요."

"우리는 꼼짝없이 잡힌 셈이네요. 텔로미어가 떨어지거나, 암으로 죽을 테니까요."

"그래요. 모든 데이터가 다 들어맞는 것은 아니어서 이론이 완벽해질 필요는 있어요. 예를 들어, 쥐들은 우리 인간들보다 훨씬 긴 텔로미어를 가지고 있는데도 조금밖에 못 살아요. 어쨌든 텔로미어에 관한 연구는 세포 생물학, 노화, 암 등과 관련된 분야에서 정말 중요한 연구 과제예요. 면역 시스템에 대한 지식 또한 정말 중요하지요. 돌연변이 세포가 증식하여 온몸으로 퍼지기 전에 이를 찾아내 제거하는 역할을 맡고 있거든요."

아내가 다시 방에 들어와 무기력한 몸짓을 했다. 고양이가 나타나지 않은 것이다. 그런 다음 그녀는 집게손가락과 중지로 가위 흉내를 냈다. 즉, 지금 상황에 적절치 않으니까 그만 전화를 끊으라는 것이었다. 아내에게 고개를 끄덕여 그러겠다고 했지만, 아르수아가의 화술은 사람을 빨아들이는 힘이 있었다. 전화를 끊을 적당한 기회를 찾기가 쉽지 않았다. 결국 아내가 침실에서 나가자 대화를 서두르는 것이 아니라 엉뚱한 질문을 했다.

"몸을 구성하는 모든 세포는 분열을 하나요?"

"모두는 아니에요. 예를 들어, 뉴런은 거의 분열하지 않아요. 심장 세포도 마찬가지고요. 세포 차원에서 일어나는 일은 정말 흥미롭기는 한데 정말 복잡하지요. 내 생각에 세포는 살짝 들여다보는 정도로 충분해요. 일반적으로는 늙음이란 문제는 분자나 세포보다는 더 높은 수준에서 접근해야 하거든요. 다시 말해서 개인이나 종 차원에서 더 많이 움직였어요. 그래서 구석기인들의 다이어트나 그들의 생태적 적소 등의 문제를 더 깊게 살펴본 거예요. 결과적으로 자식작용이나 세포 정화 같은 주제를 연구하게 만든 그런 문제 말이에요. 기억하세요?"

고생물학자가 복습하게 하려고, 즉 이미 공부한 것을 요약해서 다시 한 번 돌아보게 하려고 도중에 잠깐 멈춰 세우려 한다는 인상을 받았다. 동시에 우리가 이미 우리 작업의 마지막 부분에 도착했다는 사실을 은연중에 알려주었다. 갑자기 끝내야 할 순간이 왔다는 생각이 오히려 아쉬움을 불러일으켰다. 아마 내가 느낀 아쉬움은 침묵의 계곡인 로소야 계곡 한가운데 바위에 앉아 있을 그 역시 괴롭히고 있을 것 같았다. 그뿐만 아니라 내가 보기에는 뭔가 나에게 이야기를 하려는 것 같았다. 우리가 세포 문제를 더 깊게 들어가지 못하는 것은 나의 문화적인 소양 부족 때문이라는 것을 말하려는 것 같았다. 그의 생각이 옳기는 했다. 이미 활성 산소와 텔로미어 그리고 텔로머레이스에서 그가 나에게 설명하려는 것을 이해하기 위해 능력 밖의 노력을 해야만 했다. 나에게 그렇게 세세한 부분까지 설명해 줘서 진심으로 고마웠다. 타인의 무지에 대해 굉장히 엄격한 태도를 견지했던 고생물학자는 가끔 나처럼 배움에 흥미를 느끼는 무지한 사람들에게 황당한 공격을 하기도 했다.

"그러면요?" 그에게 계속 이야기할 수 있는 여지를 주고 싶었다.

"그러니까 건강한 생활, 매일매일 운동하기, 생활에서의 스트레스 없애기, 숙면, 좋은 식생활, 담배나 마약을 하지 않기 그리고 종일 먹지 않고 필요한 때만 먹기 등이 있지요."

"에피쿠로스주의네요." 내가 결론지었다.

"언젠가 우리는 에피쿠로스주의와 쾌락주의의 차이에 대해서 짚어 봐야 해요. 왜냐면 사람들 대부분이 혼동하고 있는데, 실상 전혀 상관이 없거든요. 우리는 과체중과 병적인 비만이 팬데믹처럼 번지는 것을 목격하고 있는데, 이런 현상은 에피쿠로스주의보다는 쾌락주의와 더 깊은 관계가 있죠."

"맞아요."

"선생님과 저와 관련해서, 우리가 궁금해하는 것은 '왜 수명이 짧은 종과 긴 종이 있는가'예요. 우리는 현미경보다는 망원경으로 보려고 했어요. 우리가 다음에 만나서 계속 논의해야 할 것이지요."

그 순간 창문에서 뭔가 소리를 들었고, 나를 불신의 눈으로 바라보고 있는 고양이의 모습을 발견했다. 침대 위에 헤벌어진 여행 가방은 고양이에게는 여행을 의미했고, 여행은 케이지를 의미했다. 안심하고 다가와 고양이를 잡을 수 있기를 기대하며 나는 고양이를 보지 못한 척했다.

"계속 말해요." 아르수아가에게 이야기했다.

"뭘요?"

"계속 말해요. 방금 내 고양이가 나타났어요. 고양이가 다가오도록 자연스럽게 행동해야 해요."

"좋아요. 그렇지만 뭘 이야기해야 좋을지 모르겠네요."

"그 말은 익숙하진 않네요. 비가 와도 당신은 입을 닫는 법이 없었는데." 내가 투덜거렸다.

"그렇기는 해요. 사람들이 이야기하길 원할 때 오히려 나는 더 입을 다물지요."

"제발 일어나서 이야기를 계속해 줘요. 만일 아무 생각도 나지 않으면 원소주기율표라도 외워 봐요."

"좋아요." 목청을 다듬고 다시 이야기를 시작했다. "각각의 종이 자기 세포 안에 생물학적 시계를, 나이를 먹어 가는 리듬을 알려 주는 시계를 가지고 있다는 것을 안다면 정말 재미있을 거예요. 배아, 태아, 아기, 소년, 10대 초반, 청소년, 부모, 갱년기, 조부모, 증조부모, 마침내 사망까지요. 나는 이런 생각이 마음에 들어요. 왜냐면 이런 시계가 존재한다면 그리고 그런 시계를 찾을 수 있다면, 우리는 시계를 멈출 수 있을지도 몰라요. 그러면 영생을 얻을 수 있을지도 모르고요. 만일 죽음이 프로그램되어 있다면 우리가 할 수 있는 유일한 것은 그 프로그램을 해제하는 것 아닐까요?"

"그럼 고칠 수도 있겠지요." 나는 슬쩍슬쩍 고양이의 움직임을 곁눈질로 살피며 이야기했다. 고양이는 침실에 들어와 아주 조심스럽게 침대를 향해 걸어오고 있었고, 나는 여행 가방과 함께 침대에 걸터앉은 채 꼼짝도 하지 않았다.

"계속 이야기할까요?" 아르수아가 물었다.

"네. 고양이가 마음을 좀 놓은 것 같아요."

"프로그램된 죽음에 대한 이론의 대안은 우리가 이야기했던 메더워와 윌리엄스의 이론이에요. 두 사람 말에 따르면, 죽음과 늙음은 프로그램되어 있지 않아요. 이것은 단순히 자연 선택이 진화의 역사에서 제거하지 못했던 수많은 돌연변이가 축적된 결과일 뿐이에요. 아무도 살아 있지 않을 때, 다시 말해 너무 늦게 발현되어서 레이더 밖에 있어서 말이에요. 젊어서 신이 되려고 했던 대가이기도 하죠."

"그럼 이 이론에는 영생에 대한 희망은 없나요?"

"없어요! 고양이는 어떻게 되었어요?"

"믿지 못할 거예요." 나는 감정을 실어 큰 소리로 이야기했다. "마치 항복이라도 하려는 듯이 방금 내 침대로 올라와 얌전히 여행 가방에 들어갔어요. 혹시 케이지 대신 여행 가방 안에 들어가 여행을 하고 싶었는지도 모르겠어요."

14

샹그릴라

9월, 절대로 시간을 잃어서는 안 되겠다는 듯이 기지개도 켜지 않고 벌떡 자리에서 일어났다. 10일 금요일이었다. 아르수아가와 네안데르탈인 유적지가 있는 피니야 델 바예 근처 마드리드 산맥의 작은 마을인 라스카프리아에서 만날 약속을 했다. 아르수아가는 그곳에서 발굴 작업을 하고 있었다. 나는 내 비게이션의 안내를 받았는데, 가장 길고 구불구불한 길을 선택한 것이 분명했다. 부르고스로 가는 길 대신에 나를 소토 델 레알과 미라플로레스를 거쳐 가는 길로 안내했다. 덕분에 나는 반대편 목초지를 찾아 느릿느릿 좁은 길을 건너는 소들과 적지 않게 마주치며, 커브에 커브로 이어진 출구를 향해 모르쿠에라 산마루를 가로질러야만 했다. 소들에게는 건너편의 목초지가 언제나 더 좋아 보였던 것 같았다.

고생물학자는 가끔 텔레비전 뉴스에 나오는 신화 속 계곡 중 하나—이곳 주민들은 평균보다 수명이 길다고 했다—가 실제로 존재하는지 여름 내내 조사하고 있었다. 그러나 그런 곳을 발견하지는 못했고, 덕분에 우리도 그곳을 방문할 수 없었다. 반대로 우리가 자연 속 특정 공간에 대해 가지고 있던 생각과는 전혀 일치하지 않는 시설인 요양원에는 100세 노인이 엄청 많았다. 그는 나에게 라스카프리아의 숲에 100세가 넘는 (그는 '상당히 많이'라고 덧붙였다) 정말 재미있는 할머니와 만날 수 있다고 알려 주었다. 할머니는 혼자 살고 있는데 우리를 무척 반갑게 맞아 줄 뿐만 아니라 장수의 비밀을 알려 줄지도 모른다고 했다.

아침 9시에 만나기로 한 장소에 도착했다. 날씨가 선선한 걸 보니 이제 곧 10월이 다가오고 있다는 것을 알 수 있었다. 그러나 나는 고생물학자의 눈길에서 내 옷이 뭔가 잘못되었다는 것을 읽을 수 있었다. 하지만 적당히 바람 정도는 막을 수는 있을 것 같았다.

"숲에 들어갈 거라고 선생님에게 미리 알려드렸는데요." 악수하기도 전에 비난조로 이야기를 꺼냈다.

"당신이 나를 스포츠 전문용품점인 데카트론에 데려가기만 고대하고 있어요." 이런 대답밖에는 할 수 없었다.

고생물학자는 우리가 못 본 두 달 사이에 몸무게가 상당히 빠져 있었다. 혈색도 좋았고 머리 자른 지도 얼마 되지 않는 것 같았다. 덕분에 나이 먹은 청소년 같다는 느낌을 주었는데, 나에게는 질투를, 그에게는 만족을 안겨 주었다.

그는 어떤 남자와 함께 나를 기다리고 있다가 바로 소개해 주었다. 호세 안토니오 바예호라는 사람으로 옛날식으로 이야기하면 그곳의 '산지기'였고, 요즘 식으로 하면 '산림 관리인'이었는데, 100세가 넘은 할머니를 잘 알고 있어서 우리를 할머니 집까지 안내해 주기로 했다. 그걸 보면 할머니가 사시는 곳은 접근이 그리 쉽지 않은 곳 같았다.

"혼자 숲속에 사시나요?" 내가 물었다.

"네! 일종의 통나무집에 사시죠. 우리 산지기들은 필요한 것이 있으면, 일주일에 한두 번씩 찾아뵙지요." 그가 대답했다.

우리는 고생물학자가 발굴 작업을 할 때 사용하는 차에 올랐다. 세단은 아니었고, 산타나 자동차 공장에서 만든 '한니발'이라는 SUV[*]로 나는 한 번도 이야기를 들어본 적이 없는 신화속 랜드로버처럼 생긴 것이었다. 생명 공학의 산물이라고 할 수 있는 코뿔소와 탱크의 교배종 같다는 생각이 들었다. 그러나 혹시 실수할까 봐 그 이야기는 입 밖에 내지 않았다. 아르수아가는 그 차를 정말 사랑하는 것 같았다. 그리고 그는 나에게 몸을 숙여 하부를 살펴보게 했다. 기본적인 완충 장치뿐만 아니라, 현대적인 자동차보다는 구닥다리 마차에나 훨씬 더 적합

---

[*]   2011년 폐업한 스페인 자동차 회사 산타나는 랜드로버를 라이선스 생산했었다.

한 기계 장치라는 생각이 드는 판스프링까지 장착되어 있음을 보여 주었다.

내 생각을 읽기라도 한 듯이 고생물학자는 이렇게 이야기했다.

"판스프링은 자동차에 혁명을 일으켰어요. 18세기쯤에 만들어진 발명품이죠. 이 차는 인류 역사상 판스프링을 단 최후의 차량이에요. 이 차만 있으면 어떤 벽면도 오를 수 있어요."

적포도주색의 차에 장착한 이러저러한 것들은 야성적인 아름다움을, 다시 말해 익숙하지 않은 아름다움이라고 할 수 있는 것을 보여 주었다.

아르수아가는 운전석에, 바예호는 조수석에 각각 앉았다. 나는 뒷좌석에 앉았는데, 딱딱하고 투박해서 조금 불편했다. 전체적으로 매우 적대적인 환경이었다. 좌석 여기저기에는 마른 진흙까지 엉겨 붙어 있었다.

"바론디요 산으로 가시죠." 산지기가 입을 열었다. 그는 20년 이상 그 산을 돌보며 지냈기에 손금 보듯이 속속들이 알고 있었다. "갈 수 있는 곳까지 차로 간 다음에 걸어갈 겁니다. 선생님 신발이 그다지 적당해 보이지는 않지만 어쩔 수 없죠."

"알고 있어요." 나는 고개를 숙이고 바지를 바라보며 인정할 수밖에 없었다.

그러나 나는 바로 고개를 들고 물어보았다.

"어떻게 100세가 넘은 할머니가 그렇게 외진 곳에서 혼자 살 수 있죠?"

"그것도 생각해 봤어요." 아르수아가가 이야기했다. "우리 연구에 유용한 독특한 성격과 연결되어 있거든요."

교통편이 불편하긴 했지만, 이번 여행의 첫 번째 구간은 참을 만했다. 그러나 잠시 후 빽빽한 숲속으로 들어가면서부터 바닥이 울퉁불퉁한 것은 기본이고 구덩이, 툭 튀어나온 곳과 움푹 들어간 곳, 수박만한 자갈밭 등이 이어졌다. SUV는 집채 같은 파도 한가운데 떠 있는 조각배처럼 이 모든 것을 헤치고 나아갔다. 차 안에는 차분하게 자세를 잡고 앉아 있기 위한 손잡이조차 없었다. 아르수아가는 밀려오는 폭풍우 한가운데에서 키를 잡은 사람처럼 운전대를 잡고서, 발굴 작업에 사용하는 한니발에 대한 자부심에 차가 한 번씩 튀어 오를 때마다 싱긋이 웃었다. 이 글을 쓰고 있는 지금도 속이 울렁거리는 것이 느껴질 정도다. 물론 차를 탔을 당시에는 더 심했지만, 감히 뭐라고 표현할 수도 없었다. 하긴 내 얼굴에 그대로 드러났을 테고, 고생물학자도 백미러를 통해 혹시라도 그 성스러운 차 안에 토할까 봐 걱정하며 지켜봤을 것이다.

얼마 되지 않아 흙길로 접어들었는데, 이전 구간보다 더 낫다고 말하기는 어려웠다. 어떤 경우에는 오히려 더 심했다. 산림의 방화선 이쪽저쪽에는 수백 년 된 소나무들이 창을 든 것처럼 하늘까지 솟아 있었는데, 그중 몇 그루는 가지가 잘려 나가 있었다. 무자비한 날씨와 겨울에 내린 눈의 무게 탓일 거라는 생각이 들었다. 조금 더 들어가니 오른쪽으로 강이 모습을 드러냈다. 로소야 강이라고 알려 줬다. 좁은 곳을 의미하는 '앙고스투라Angostura'라는 이름이 붙여진 고원을 흘러가고 있었다. 이곳에 대해 이런저런 흥미가 생겼다는 것을 밝힐 겸, 우리가 있는 곳의 고도가 얼마나 되는지 물어보았다. 그러자 1,600미터나 된다고 알려 주었다.

"판스프링의 위엄을 느낄 수 있는 곳이죠." 아르수아가가 이야기했다. "최근에 나온 완충 장치 중에 이런 곳을 견딜 수 있는 물건이 있는지 잘 모르겠어요."

"당연히 있지 않겠어요." 내가 말을 받았다. "다양한 기능의 완충 장치가 만들어지고 있으니까요."

"여기서 잠시 쉬기로 하죠." 그가 내 말을 받았다. 내가 멀미를 가라앉히도록 배려하려는 의도였다.

"후아논 못을 구경할까요?" 산림 관리인이 한마디 덧붙이고 나왔다.

이렇게 울울창창하고 나무가 얼기설기 얽혀 햇빛 한 점 들어오지 않고 게다가 신비롭기까지 한 숲은 처음이어서, 아버지 어머니가 나에게 읽어 줬고 나도 아들들에게 읽어 줬던 동화 속 한 장면처럼, 글자 그대로 현실 세계가 아니라 동화 속 세계에 들어온 것 같은 느낌이었다.

"여기 산딸기 좀 보세요." 아르수아가가 수풀이 우거진 곳을 가리키며 이야기했다. "여기는 시간이 한 달은 늦게 가기 때문에 대부분이 아직 익지 않았어요. 산과 들에서 자라는 과일들 덕분에 숲에서 사는 동물들도 봄까지 살아남을 수 있어요."

땅바닥은 줄기가 거의 없어 뭔가 불안한 느낌을 주는 보랏빛 꽃들로 덮여 있었다. 꽃잎은 꽃을 바라보는 사람들에게 뭔가 복잡하면서도 성적인 친밀감을 보여 주려는 듯이 손가락처럼 하늘을 향해 활짝 벌어져 있었다. 나는 그 꽃의 이름을 물어보았다.

"들놀이 금지를 의미하는 '키타메리엔다스Quitameriendas'예요." 아르수아가가 알려 주었다 "일종의 허브죠. 이런 식의 이름을 얻은 것은 사람들이 추워서 이제는 더 이상 숲으로 소풍을 오지 않을 때 꽃이 피기 때문이에요."

"다른 곳에서는 이때쯤 목동들이 소 떼를 위해 다른 목초지를 찾아 나서기 때문에 '목동몰이꽃'이라고 부르기도 하죠. 일종의 사프란이에요."

후아논 못은 움푹 파인 곳에 강물이 고여서 만들어진 곳으로 자연이 아니라 실내 장식가가 꾸며 놓은 것처럼, 예쁜 에메랄드빛 녹색 얼룩을 만들고 있었다. 예전에 나도 그랬지만, 사물을 직접 마주하기도 전에 그림이나 사진으로 먼저 마주하는 것이 문제라는 생각이 들었다. 동화 속 삽화를 풍경의 사본으로 받아들이는 것이 아니라 풍경을 일종의 동화 속 삽화의 사본으로 받아들였다.

못이 모습을 드러내기 전에, 시간과 궂은 날씨가 만든 이런

저런 흔적에, 이끼까지 낀 중세의 아름다운 돌다리가 강물 위에 걸려 있는 것을 발견하면서부터 현실을 벗어난 것 같다는 느낌을 받았다. 요컨대 실제 사물이 주는 3차원의 세계를 향유하고 있는데도, 실제 건축 작품이라기보다 낭만주의 화가의 그림을 연상시키는 다리였다.

잠깐 소변을 핑계로 나는 수풀 뒤로 돌아가 멀미를 달랠 목적으로 강물에 얼굴을 씻었다. 물은 차가웠을 뿐만 아니라 우리가 숨 쉬는 공기만큼이나 투명했다. 어느 정도 정신을 차린 다음 앞에서 말한 현실을 벗어난 듯한 느낌에서 빠져나오기 위해 숲을 꼼꼼히 훑어보았다. 의도와는 달리, 눈에 보이는 모든 것이 복사본이나 복제품 같다는, 아니 트레이싱페이퍼에 그린 그림 같다는 느낌이 오히려 더 강하게 다가왔다. 그 순간 자연이 예술을 모방했다는 오스카 와일드의 이야기가 떠올랐다. 그렇다면 나 역시 예술의 복제본 한가운데에 있는 위작이나 복사본이 틀림없다는 생각이 들었다. 그렇지만 무엇의, 아니 누구의 위작이고 복사본일까? 그렇다면 나의 진짜 원본은 어디 있을까? 정말 이상한 곳을 배경으로 일어났던 헨젤과 그레텔이라는 동화를 떠올렸다. 우리가 찾아가고 있는 할머니가 그림 형제의 그 유명한 동화 속 마녀를 닮지 않았을까 하는 생각이 들었다.

아무튼 나를 좌절에 빠트린 뭔가 이상한 것이 일어나고 있었다. 그러니까 풍요로운 (그렇지만 흉포한) 자연과 전혀 소통이 되지 않았다. 물, 키 작은 나무, 중세 다리의 석재, 풀 주변을 윙윙거리며 맴도는 곤충, 그리고 머리끝에서 끝으로 옮겨 다니는 강박 관념처럼 이 가지에서 저 가지로 옮겨 다니는 새들과 교감할 수 없었다. 나를 이 세상에 존재하지 않는 사람처럼 완벽하게 무시하고 있는 이 모든 것들에 텔레파시를 통해 말을 걸어 보았다. 자연과 나 사이에는, 언제나 자연과 함께 살아왔던 산림 관리인이나 고생물학자는 한 번도 겪어본 적이 없는, 어떻게 해 볼 수 없는 서로에 대한 몰이해라는 커다란 장벽이 놓여 있었다. 내 안에서는 감추고 싶은 퇴폐적인 생각이 만들어지고 있었다. 즉, 숲의 배 속에 들어와 있으면서도 숲을 비현실적인 것처럼 받아들였기에, 비현실적인 것처럼 느낀 숲이 아니라, 숲을 묘사한 것이나 재현한 것을 즐기겠다는 그런 타락한 생각이 만들어지고 있었다.

나를 초대한 사람들이 있던 곳으로 다시 돌아갔다. 두 사람은 그곳을 위압적으로 내려다보는 바위 위에서, 내가 화강암이 아니라 변성암일 거라고 믿고 있었던 바위 위에서 나에게 설명을 해 주었다. 여기에서 변성암이란 이름을 얻은 것은 다른 암석이 지구 내부에서 압력과 열 그리고 다양한 화학적인 요인에 노출되어 변형 생성되었기 때문이었다.

"저기 버드나무를 주목해 보세요." 아르수아가의 목소리가 들려왔다.

그리고 잠시 후,

"히스[*] 나무 좀 보세요."

그러고는 바로 이어서,

"선사 시대의 분위기를 가진 양치식물들도 놓치지 마세요. 자작나무와 호랑가시나무도요."

고생물학자는 나무들과 새들("저기 어치 좀 보세요.")의 이름을 이런 식으로 알려 주며, 자연과의 교감에서 오는 감정을 나에게 전해 주려고 했다. 하지만 나는 교감을 나누는 척만 했다.

바예호는 나뭇가지에 걸려 있는 멋진 이끼들을 "드루이드^{**}의 수염"이라고 부른다고 알려 주었다.

"설명이 충분했나요?" 그가 이야기했다.

"충분했어요." 나는 이런 예언자들이 주인공으로 나오는 동화책 삽화를 다시 한 번 떠올리며 고개를 끄덕였다.

"어제는 정말 장관이었어요. 여기가 얼마나 깨끗했는지 몰라요." 아르수아가가 얼른 끼어들었다. "자작나무 이파리들이 바람 앞에서 어떻게 살랑거리고 있는지 잘 보세요. 천국이 있다면 이렇게 생겼을 거예요."

다시 한니발에 오르자, 강한 힘을 자랑하는 짐승 같은 SUV는 지상 교통수단이라기보다는 작은 파도에도 이리저리 일렁

---

[*]   진달래과에 속하는 작은 관목을 통틀어 가리키는 단어.

^{**}   고대 켈트족의 사제.

이는 작은 쪽배 특유의 흔들림과 진동을 만들며 산을 오르기 시작했다. 다시 멀미가 오기 시작했지만 참을 수 있는 데까지는 티를 내지 않으려고 노력했다.

거친 바다를 막아선 방파제를 기어오르듯이 오르고 또 오르고 또 올랐다. 아르수아가와 바예호는 길에 마주친 야생 과일들에 대해 의견을 나누고 있었다.

"야생 자두는 첫얼음이 얼 때까지는 단맛이 들지 않아요." 아르수아가가 이야기했다.

시간이 얼마나 지났는지 모르겠다. SUV가 멈추자 우리는 차에서 내렸다.

"여기부터 할머니의 오두막까지는 걸어서 갈 겁니다." 산지기가 이야기했다.

아르수아가는 내 팔을 잡고 우리 눈앞에 나타난 모든 것을 하나씩 차례차례 알려 주었다.

"모든 걸 구별하려고 하지 않고 뭉뚱그려 하나의 식물로 봐서는 안 돼요. 예를 들어, 이것은 야생 장미 나무라고도 하는 로즈힙이에요. 이것은 일종의 수렴제收斂劑*인데 덕분에 동물들이 설사로 죽지 않을 수 있어요."

"할머니의 오두막까지는 얼마나 남았나요?" 내가 물었다.

✽   위나 창자에 작용하여 설사를 멈추게 하거나 점막이나 피부의 상처에 얇은 막을 만들어 보호하는 약.

"100여 미터 남았어요." 바예호가 대답했다.

우리는 주목 앞에서 잠시 걸음을 멈췄다. 두 사람은 이 나무가 스페인에서 가장 오래된 나무라고 알려 주었다.

"1500에서 1800년 정도 되었어요." 산지기가 이야기했다.

"암나무죠." 아르수아가가 덧붙였다. "선생님도 곧 알겠지만, 이 나무 열매는 붉은색이고, 씨에는 독성이 있죠. 로마군에 맞서 싸웠던 칸타브리아인과 갈리시아인 그리고 아스투리아인은 전쟁에서 졌을 경우 적군의 포로가 되기 싫어 주목의 용액을 먹고 자결했어요. 스트라본**이 이 사실을 전해 주었지요."

"열매는 먹을 수 있어요." 바예호가 끼어들었다. "그렇지만 씨앗은 두 개만 있어도 충분히 사람을 죽일 수 있어요."

왜 그런 위험한 짓을 하는지 이해할 수 없었지만, 산지기는 열매를 따더니 입에 넣고 살을 바르더니 아주 능숙하게 씨앗을 뱉었다.

"하나 먹어 보실래요?" 나에게 권했다. "굉장히 달아요."

"아뇨!" 나는 깜짝 놀랐다. "실수로 씨앗을 삼키면 어떡해요?"

나는 꼼꼼히 주목 암나무를 살펴보았다(왜 우리는 암·주목 나무

** 　　고대 그리스의 지리학자, 역사가, 철학자로, 프톨레마이오스와 함께 고대 그리스에서 가장 뛰어난 지리학자로 평가받고 있다.

라고 부르지 않을까?). 집채만큼이나 굵고, 울퉁불퉁하고, 근육처럼 위에서 아래로 쭉 뻗은 엄청 단단해 보이는 나무줄기 덕에 강하다는 인상을 줬다. 썩어 들어간 부분까지도 약하다는 인상보다는 외눈박이 거인의 엄청난 힘을 느끼게 해 주었다. 나이 든 인간의 몸을 연상시키는 생물의 모습을 한 나무줄기는 수없이 많은 팔을 하늘을 향해 뻗고 있었는데, 그중 몇 개는 이미 단단한 목질로 변해 잎과 열매가 무성한 커다란 수관樹冠을 만들고 있었다. 괴물은 기이하게도 인간의 모습을 보여 주었다. 산의 옆구리, 즉 바위가 층층으로 쌓여 불안정한 바닥을 드러낸 곳에 자리 잡고 있었는데, 공포 소설 속 거인의 이지러진 손가락처럼 생긴, 땅 밖으로 드러난 나무뿌리들이 바위를 단단하게 움켜쥐고 있었다. 이끼 낀 껍질의 보호를 받는 그 손가락 위로, 산등성이의 바위를 타고, 음기가 느껴지는 우리 시선에서 벗어날 수 있는 구석진 곳을 찾아 언제든 걸어갈 수 있을 것 같다는 생각이 들었다.

"켈트족 문화의 환칭換稱* 때문에라도 주목은 신성한 나무예요." 아르수아가가 이야기했다. "이 목재에서 정말 멋진 활이 나와요. 그리고 주목이 바위에 붙어 있는 것 같은 인상을 주지만, 오히려 주목이 바위를 붙잡고 있는 거예요. 나무가 죽으면 지표면 밑의 토양층도 함께 무너지지요."

✿   등장인물의 이름을 다른 명사로 바꾸어 부르는 것.

지나치게 많은 비현실적인 것들 때문에 너무 지친 탓에 나는 뒤로 돌아서며 산지기에게 물었다.

"그런데 도대체 100세가 넘었다는 그 할머니는 어디에 있어요?"

아르수아가와 바예호는 호탕하게 웃으며 한목소리로 대답했다.

"바로 이 주목이 할머니예요."

나는 전혀 눈치채지 못한 탓에, 그리고 이런 깊고 깊은 산중에 100세가 넘은 할머니가 혼자 살고 있다고 순진하게 믿었던 탓에 바보가 된 듯한 기분이었다.

"일종의 오두막에서 산다고 했잖아요?" 나를 적극적으로 방어하려 들었다.

그러자 나도 이미 본, 어떻게 보면 집같이 생긴 담장이 100년도 넘은 그 나무를 보호하고 있다는 것을 알려 줬다.

돌아오는 길에 그곳에 있는 식당에서 식사를 했다. 정말 맛이 없었다. 아르수아가는 나눠 먹을 요량으로 달팽이 요리를 주문했는데, 결과적으로 양이 너무 적었을 뿐더러 소스가 내 입맛에는 너무 매웠다. 바예호와 나는 두 번째 요리로 생선을 골랐는데, 지나치게 서둘러 해동을 해서 그런지 요리가 다 부서져 너무 지저분하게 나왔다. 고생물학자는 달걀부침과 감자를 요구했는데, 나는 그가 요리를 다 먹을 때까지 부러운 눈으로 바라보아야만 했다.

자리에 앉은 지 얼마 되지 않아, 아르수아가는 이쑤시개를 이용해 달팽이를 껍질에서 꺼냈다.

"필연적인 귀결이에요. 동물의 세계나, 식물의 세계나 수명은 성장 속도에 달려 있어요. 자작나무, 버드나무, 백양나무 등은 빨리 크기는 하지만, 100년 이상 살지 못해요. 그런데 아주 느리게 자라는 주목이나 세쿼이아는 1000년 넘게 살지요. 나는 긴 유년기를 보냈기 때문에 오래 살지 몰라요. 이것은 농담이지만 적어 놓으세요. 빨리 크는 사람은 빨리 죽는다."

"그것은 이미 알고 있어요." 방금 해동한 것 같은 빵 한 조각을 입으로 가져가며 이야기했다. "쥐와 코끼리, 록 스타 등등. 그렇지만 지금 우리가 원하는 것은 왜 1000년을 사는 종이 있는지, 이런 장수를 만들어 내는 것은 무엇인지를 규명하는 것이에요. 아직 이에 대해서는 나에게 설명하지 않았어요."

"아뇨, 했어요. '소코 레티로'에서 식사를 하면서 이미 설명했어요. 캐비아를 먹으면서요. 기억 안 나세요?"

"아직도 혀에 그 맛이 남아 있는 걸요."

"조금 애매하긴 하지만, 지금 우리가 규명하고자 하는 것을 다 이야기했어요. 식물 세계나 동물 세계에는 성장을 멈추지 않기 때문에 1000년을, 아니 거의 영원히 산다고 할 수 있는 종이 있어요. 성장을 많이 하면 할수록 번식력도 커요. 그런데 우리 인간처럼 제한된 성장을 하는 종도 있고, 이런 종들은 어느 순간에 갑자기 성장이 멈추지요. 그런데 대체로 번식을 시작하면 이때부터 번식력만 유지하고 더는 성장하지 않죠. 어떤 경우든 더 크지를 않아요."

"절대로 성장을 멈추지 않는 종이 있다는 것은 환상 소설 속에서 뽑은 이야기 같아요. 하나 말해 보세요."

"예를 들어, 식물 세계에서는 주목이 있고, 동물 세계에서는 캐비아를 먹을 때 이야기를 나눴던 랍스터가 있어요."

"그러면 엠파이어 스테이트 빌딩 크기의 수천 년 된 랍스터가 있어야겠네요."

"메더워의 시험관 이론이 없었다면 그럴 수도 있죠. 레스토랑에서 종업원이 깨트렸던 유리잔 기억하세요?"

"확실하게요."

"6개월이면 컵의 절반이 깨진다고 했어요. 1년이 지나면 4분의 1이 남고, 1년 반이면 8분의 1이 남는 식으로 계속되지요. 결국 외적인 이유로 모든 것이 사라지게 되어 있어요. 식사하면서 내가 선생님에게 문어는 2년 정도 산다고 했어요. 재미있지 않아요? 그런 다음에 전혀 노화되는 모습을 보이지 않고 100년 이상 사는 철갑상어 이야기를 꺼내려고 캐비아를 가져다 달라고 했지요. 어떤 것은 재수가 없어서 어망에 걸려 죽을수도 있지만, 대부분의 태평양 연어는 첫 번째 산란을 한 다음죽어요. 선생님도 봤듯이 장수하는 것들은 엄청나게 많지요. 그런데 모두 자기만의 이유가 있어요."

"그러면 그 식사에서 문제를 다 마무리했다는 건가요?" 내가 추궁했다.

"'체호프와 권총'이란 것은 무슨 이야기죠?" 그가 반문했다.

"연극 작품 1막에서 총이 나왔다면 2막에서는 누군가가 총을 쏴야 한다는 거죠."

"우리에게 총은 오래오래 살면서 언제나 청춘인 랍스터예요. 상어에게 잡아먹히지만 않는다면요. 달리 이야기하면, 우리 인간들처럼 안에서 밖으로 죽을 수도 있고, 랍스터나 주목처럼 밖에서 안으로 죽을 수도 있어요." 고생물학자가 못을 박았다.

"이해가 잘 안 되는데요." 나는 의심이 일었다.

"그것은 과학에게는 최악의 적이라고 할 수 있는, 상식에서 완전히 헤어나오질 못했기 때문에 이해하지 못하는 거예요. 한 번 더 이야기할게요. 과학은 직관에 반하는 것이에요. 제발 추론 중에 많이 사용하는, 목적을 의미하는 전치사 'para'는 머릿속에서 지워 버리세요. 자연에서는 목적은 없어요. 뭔가를 위해 어떤 일이 생기는 것이 아니에요. 모든 것이 아주 섬세하면서 복잡한 거예요."

"랍스터나 주목에 대해서는…" 나는 대화의 방향을 바꾸려고 했다.

"레스토랑에서 컵이 깨지는 것과 똑같이 외적인 이유로 죽는 종이에요. 아직도 확실치 않으면 하나 더 이야기할게요. 우리가 불멸의 존재라고 부르는, 무제한으로 성장하는 종에서는 왜 노쇠를 유발하는 유전자가 발현하지 않는 걸까요? 우리가 속한 종처럼 제한된 성장을 하는 종에서는 발현이 되는데 말이에요."

"같은 이유에서요. 불멸이니까요." 나는 모험을 했다.

"미야스 선생님, 그것은 순환적 사고 방법이에요. 내 말 잘 들어보세요. 자연 선택이 노화 유전자가 발현하거나 활동을 할 수 있게 허용하지 않는다면 죽지 않아요. 왜 그럴까요?"

"당신이 말해 보세요."

"좋아요. 아주 오래되었음에도, 자연 선택은 이런 개체들이 계속해서 엄청나게 복제되고 있는 것을 보았기 때문에, 그것도 아주 어렸을 적부터 봐 왔기 때문에 그것을 허락하지 않는 거예요. 이해하기 쉽게 말하자면, 매년 태어나는 수천 마리 랍스터 중에서 시간이 흐르면 소수의 개체만이 살아남아요. 포식자들에게 잡아먹히거나, 파도에 밀려 바위에 부딪히기 때문이지요. 이 밖에도 이유는 많겠지만요. 그렇지만 살아남은 것은 더 많은 번식력으로, 즉 다른 방법으로 이런 피해를 보상하죠. 내 말 이해하겠어요?"

"이해한 것 같아요. 이와 똑같은 일이 주목에서도 일어나겠네요. 벼락에 맞아 갈라지거나, 땅이 꺼지거나 하는 이유로 매번 각각의 세대에서 소수만 남게 될 텐데, 남은 주목이 더 많은 번식을 함으로써 벌충하겠네요."

"어렵기는 한데, 선생님은 곧 이해할 수 있을 거예요."

"그러니까 당신이 건강하게 번식하는 동안에는 자연 선택이 당신 일에 끼어드는 일은 없을 거란 거죠."

"대체로 비슷해졌어요. 이것은 우리처럼 성장이 제한된 종에서는 일어나지 않아요. 시간이 흐를수록 선생님 세대에서도 소수만 남게 될 거예요. 그러나 살아남은 사람의 자손이 증가한 것으로는 보상받았다고 볼 수 없어요. 그러므로 선생님 같은 노인은 점점 더 중요하지 않게 되고, 덕분에 자연 선택의 레이더망 밖에 있을 수 있는 거죠."

"다른 말로 하면," 나는 정리를 시도했다. "특정 나이가 되었을 때 어떤 개체가 다음 세대에 대해 기여도가 커지면 커질수록, 개체가 자연스럽게 늙는 것을 방해할 수 있는 자연 선택에 훨씬 눈에 잘 띄게 되는 거군요. 이런 식으로 전체적으로 아주 적은 수의 자식만 생산할 수 있는 소수의 나이 많은 개체만 남을 때까지 말이에요."

"그래서 자연 선택은 소수의 개체는 볼 수 없어요. 밖에서 안으로 죽지 않도록 잘 보살핀다면 늙어서 안에서 밖으로의 요인으로 죽게 되는 것이지요. 우리 인간이나, 집이나 동물원에서 기르는 동물처럼요. 선생님이 이해했는지 알아보기 위해 한 가지 더 물어볼게요. 왜 뇌졸중이나 당뇨병 혹은 알츠하이머 등을 유발하는 유전자들은 선생님이나 나처럼 인간에게서만 발현하는 것일까요?"

"이것은 이젠 후렴구처럼 들리는군요. 이런 것들이 나타나는 나이에는 이미 우리는 죽어 있어야 하기 때문이지요. 바로 이런 이유에서 우리는 자연 선택의 영향 밖에 있거나 혹은 레이더 밖에 있는 것이죠."

"이젠 된 것 같군요." 아르수아가는 빵 한 조각을 달팽이 소스에 적시며 말을 맺었다.

다시 모르쿠에라를 거쳐 돌아오는 길에, 산마루의 가장 높은 곳에 잠시 차를 세웠다. 자연에, 아니 내 마음에 어둠이 찾아오기 시작했다. 나는 안에서 밖으로의 요인에 의해 죽음을 맞는 제한된 성장을 하는 불쌍한 종에 속한 셈이다. 가끔 차에 치여 죽는, 즉 밖에서 안으로의 요인에 의해 죽기도 하지만 말이다. 자동차의 보닛에 기대어 내 발아래 펼쳐진 계곡을 바라보며, 생명의 신비를, 진화의 환상적인 역사를 생각했다. 그 순간 까마귀가 깍깍 울어대며 내 머리 가까이 날아갔다.

'안녕, 까마귀야.' 텔레파시로 소통을 시도했다.

그러나 내 말을 알아듣지 못한 건지, 듣지 못한 척하는 건지 알 수 없었다.

15

장점과 단점

9월 30일은 아르수아가의 생일인데도, 생일인 것 같지 않다는 인상을 주었다.

"건강해 보이네요." 그의 닛산 자동차 조수석에 앉아 안전벨트를 매면서 입을 열었다.

"우리는 8시에 만났어야 했어요." 자동차를 출발시키며 대답했다.

그만의 방식으로 약속을 미루자는 내 고집 때문에 9시에 만날 수밖에 없었던 것을 질책했다.

"8시에 만나자면 5시에 일어나야 해요. 아침에는 상당히 느리게 움직이는 편이거든요."

"이젠 달리 방법이 없어요." 그는 단호하게 이야기했다. "자, 가시죠."

콜메나르 비에호Colmenar Viejo 도로로 접어든 것을 보고 우리 목적지가 어딘지 물어보았다.

"이 부근에 있는 깜짝 놀랄 만한 것을 볼 거예요. 놀라운 것들은 언제나 가까이 있는 법이에요. 우리의 예전 만남에서 느슨하게 풀어놨던 것들을 매듭지을 겁니다. 지금까진 '이해한 것 같다' 정도였을 텐데, 이젠 진짜로 이해하게 될 겁니다."

"아르수아가 선생, 나는 이해한 척하지는 않았어요." 나는 적극적으로 스스로를 변호했다. "당신이 나에게 설명할 때는 이해할 수 있었는데, 집에 돌아가면 그것을 어떻게 이해했는지 논리 경로가 기억이 나지 않아서 그런 거죠."

"전통적인 논리에 계속 집착하니까 그런 거예요."

"날씨가 추울까요?" 산맥 가까운 곳인 산 아구스틴 구아달릭스San Agustín Guadalix라고 쓰인 표지판을 보고 물어보았다.

고생물학자는 내 복장을 힐끔 쳐다보더니 그럴 수도 있겠다는 모호한 표정을 지었다.

40~50분 정도 달린 끝에 예전에 누군가를 만났던 곳 같다는 느낌이 드는 로터리 가까운 곳에 차를 세웠다. 우리는 차에서 내려 몸을 덥힐 생각에 발로 땅을 툭툭 쳤다. 비포장도로 옆에는 '가축용 길'이라고 쓰인 표지판이 있었다. 나머지는 아무것도 아닌 것처럼, 정말 아무것도 아닌 것처럼 보였다. 선선하긴 했지만 해가 있었고, 하늘은 구름 한 점 없는 파란색이었다. 그러나 황량한 로터리, 가축용 길, 파란 하늘 등이 어우러져 전체적으로는 뭔가 불안한 분위기를 만들고 있었다.

"여긴 별 볼 일 없는 곳 같은데요." 이야기를 꺼냈지만 아무런 대답도 받지 못했다.

몇 분이 흘렀다. 바로 그때 나는 가축용 길을 천천히 서두르지 않고 가로지르는 토끼를 보았다.

"토끼 보세요!" 내가 소리쳤다.

"메모해 놓으세요. 저 토끼를요."

메모해 놓았다. 그런데 아르수아가 시선을 들어 손가락으로 커다란 새를 가리키는 것을 보았다.

"독수리예요. 이것도 써 놓으세요."

잠시 후 앞의 독수리 뒤로 두 마리가 더 지나갔다. 조금 있으니까 일정한 간격으로 여섯 마리가 지나갔다. 독수리들로 선을 그어 놓은 것 같았다. 바로 그때, 기아 자동차가 도착해 우리가 세워 둔 닛산 옆에 정차했다. 라스카프리아에서 주빈이었던 산지기 호세 안토니오 바예호가 그 차에서 내렸다.

우리는 인사를 나눴다. 자전거를 탄 사람이 지나가는데, 또 토끼를 발견했다.

"이제 갈까요?" 내가 물었다.

"누구를 기다리고 있어요." 아르수아가가 말했다.

조금 있으니까 다른 차 한 대가 나타났다(도요타였던 것 같다). 여기에서 또 다른 산림 관리인이 내렸는데, 나에게 구스타보 곤살레스라고 소개했다. 딱딱한 인사를 나눈 다음, 각자 자기 자동차에 올라 산지기인 곤살레스가 이끄는 곳으로 따라갔다.

아스팔트로 포장된 곳과 비포장도로가 번갈아 나타나는 도로를 따라 달려 나가다 보니 좌우에 황새들 둥지가 있었다. 몇 마리는 오래된 굴뚝에 둥지를 틀었다. 새들이 둥지를 트는 것을 막기 위해 노력하고 있었지만, 전신주에도 둥지가 있었다. 잠시 후 저 멀리 하늘에서 태양을 완벽하게 가릴 정도로 엄청나게 크고 희한하게 생긴 둥근 그림자를 발견했다. 가까이 가자 나는 구름처럼 새 떼가 몰려 있다는 사실을 알 수 있었다. 한 번도 본 적이 없는 엄청난 새 떼였다. 거대한 깃털 뭉치가 산 위에서 지구라트*모양으로 펄럭이고 있었다. 알고 보니 지구라트라고 생각한 것은 콜메나르 비예호의 도시 쓰레기 매립지였다.

차를 세우고 풍광을 감상하기 위해 차에서 내렸는데, 우리는 전율을 느끼지 않을 수 없었다.

"저 실루엣은 독수리들의 것이에요." 지구라트 가장자리에 모여 있는 새 몇 마리를 가리키며 산지기 곤살레스가 이야기했다. "저기 저쪽에 있는 것은 갈매기의 것이고요."

"그럼 오른쪽 것은요?"

"여름이 끝났는데도 아프리카로 돌아가지 않은 황새들이에요."

✿   고대 바빌로니아, 아시리아 유적에서 발견되는 고대의 성탑. 둘레에 네 모반듯한 계단이 있는 피라미드 모양의 구조물이다.

산지기 곤살레스는 자신의 도요타 트렁크를 열고 각각의 새들을 살펴볼 수 있게 길가에 망원경을 설치했다.

"갈매기는 두 종류가 있어요." 나에게 이야기했다. "잘 웃는 녀석도 있고, 표정이 어두운 녀석도 있지요. 독수리도 두 종류가 있는데, 황갈색과 검은색으로 나눌 수 있어요. 망원경을 살짝 방향을 돌리면 진짜 솔개와 까마귀 그리고 작은 갈가마귀가 보일 거예요."

"여기 있는 모든 새의 절반만 우리를 공격해도 우리는 5분 정도밖에 못 버틸 거예요." 아르수아가가 덧붙였다.

"5분도 못 버틸 걸요." 산지기 바예호가 반박했다.

웃는 갈매기와 인상을 쓰고 있는 갈매기가 있다고는 생각도 못 해 봤다. 그뿐만 아니라 수백 수천 마리가 함께 모여 있으면 얼마나 무서운 존재인지 전혀 생각지 못했다. 바다에서 이렇게 멀리 떨어진 곳에 갈매기로 인해 신화적인 분위기를 물씬 풍기는 곳이 있다는 사실이 너무 신기했다. 게다가 솔개 두 마리가 서로 싸우고 있는지, 아니면 하늘을 날면서 서로 장난을 치는 건지 어떻게 알겠는가?

"공중 곡예를 하는 걸 보면 올해 태어난 새끼라는 것을 알 수 있어요." 산지기 곤살레스가 나에게 알려 주었다.

"독수리 떼를 놓치지 마세요." 거의 동시에 산지기 바예호가 소리쳤다.

이쪽을 봐도 저쪽을 봐도 자연의 불가사의라고 밖에 할 수 없는 저렇게 아름답고 기운 넘치는 새 떼가 쓰레기 더미나 뒤지는 노숙자가 되어 버렸다는 사실에 놀라지 않을 수 없었다. 고전적인 화가들이 그림을 통해 재현했던 것처럼 지구라트가 바벨탑을 연상시켰기에, 다양한 날짐승들이 종류별로 모여 있는 것도 어쩌면 논리적일 수 있겠다는 생각이 들었다. 모두 서로 다른 언어를 사용할 것이고, 아무도 다른 사람들의 이야기를 듣지 않는 의회에서의 난상 토론처럼 메아리만 허공에서 서로 뒤섞일 것이다.

서로 이해하지 못할 것 같다는 생각이 들었다.

"정말 인류세에 온 것 같네요." 아르수아가가 말했다.

우리는 다시 차에 올라 조금 더 바벨의 쓰레기 매립장 가까이 가서 다른 각도에서 바라보았다. 그곳 가장자리에 다가가 보니 낡고 지저분한 매트리스가 배수구에 나뒹구는 것을 볼 수 있었다. 여기저기 또 다른 매트리스가 눈에 띄었다. 폐기당한 가엾은 매트리스들의 슬픔을 느낄 수 있었다. 식물들이 드문드문 여기저기에서 불규칙하게 자라고 있었는데, 방금 항암 치료를 받은 환자의 머리카락 같다는 생각이 들었다. 강렬한 태양에도 불구하고 모든 것이 음산했다. 깊숙한 곳, 더 깊숙한 곳을 보니 공해로 인한 안개로 흐릿해진 마드리드의 하늘 선이 새로 세워진 마천루들과 함께 모습을 드러냈다.

쓰레기 산의 기슭에 차를 버려두고 경사면을 따라 10여 미터 올라갔다. 그 높이에서 보니 모든 것이 더 불안해 보였다.

산지기 곤살레스는 주변의 고압선을 가리키며 입을 열었다.

"며칠 전 저기 전력선에서 완전히 튀겨진 독수리를 꺼냈어요."

"붕괴가 일어날 위험을 감수하지 않고는 더 이상 쓰레기를 쌓지 못하게 되면 무슨 일이 일어날까요?" 내가 질문을 던졌다.

"도시 곳곳이 야채로 덮이겠죠." 곤살레스가 대답했다. "아마 다른 곳에 매립장을 만들어야 할 텐데, 쉽지는 않을 거예요. 아무도 집 근처에 이런 공간이 생기는 것을 원하지 않거든요."

"1만 2000년 전에는 여기에도 사자와 하이에나가 살았어요." 아르수아가가 이야기했다.

"여기에는 야행성 맹금류뿐만 아니라 낮에 활동하는 동물도 종류별로 다 있어요. 그래서 쥐가 보이지 않는 거예요."

"조금 전에 토끼를 봤는데요."

"그래서 좀 이상하단 생각이 들었어요." 그가 대답했다.

나는 잠시 사람들로부터 벗어나 주변을 둘러보았다. 움푹 파여 반쯤 가려진 곳에서 기찻길을 보호하기 위해 설치한 듯한 철조망을 발견했다. 매립지에서 나온 비닐봉지의 잔해들이 철조망에 걸린 채 어느 나라인지 모르겠지만 국기처럼 바람에 나부끼고 있었다. 다시 사람들 있는 곳으로 합류했을 때 아르수아가와 산림 관리인들은 생명에 관해 이야기하고 있었다. 산지기 곤살레스가 입을 열었다.

"우리 모두에게는 두 개의 생명이 있어요. 두 번째는 이제 생명이 하나밖에 남지 않았다는 사실을 인식할 때 시작하지요."

"그러면요?" 아르수아가가 물었다.

"그러면 당신의 유일한 소원은 아스투리아스에 집을 갖는 것이 될 거예요."

내가 그런 셈이었기 때문에 운이 좋다는 생각이 들었다.

"조로아스터를 추종하는 사람들은 독수리들이 먹을 수 있도록 시신을 나무에 걸어두지요." 아르수아가는 주로 썩은 고기를 먹는 새들을 가리키며 이야기했다.

"자연으로 날아가는 가장 빠른 방법이고죠." 산지기 곤살레스가 못을 박았다. "그렇지만 나는 화장을 가장 선호해요."

"이젠 그 재로 다이아몬드도 만들어요." 산지기 바예호가 한마디했다.

독수리들은 우리를 죽은 사람으로 봤는지 우리 머리 위로 날아오르기 시작했고, 재킷 소매 위에는 털이 많은 커다란 파리가, 정말 흉물스러운 파리가 내려앉았다. 이곳에서 나가자고 넌지시 이야기를 꺼냈지만, 그들은 한참 동안 생명에 관해 이야기를 계속했다.

"이제 거지같은 이야기에서 철학으로 옮겨갔어요." 아르수아가가 결론을 내렸다.

그곳에서 우리는 조류의 신과 같았던 산지기 곤살레스와 작별 인사를 했다. 아르수아가와 나는 닛산 주크에 올라, 바예호의 차를 뒤따랐다. 아직은 오늘 일정이 다 끝나지 않은 것이 분명했다.

"이젠 어디로 가죠?" 나는 고생물학자에게 질문을 던졌다.

"곧 알게 될 거예요." 기어를 변속하며 대답했다.

"알았어요." 뭔가 재미있는 말을 할 것 같다는 생각이 들어, 주머니에서 메모장을 꺼냈다.

시간이 조금 지나자, 산지기 바예호의 차를 눈에서 놓치지 않으려고 무진 노력하면서 나를 돌아보았다.

"이것이 우리 책과 무슨 관계가 있을까요?"

"관계가 있겠죠." 나도 확신했다.

"새들도 기초 대사량이 있는데, 같은 크기를 가진 포유동물의 1.5배쯤 되죠. 이는 100그램의 새가 같은 체중을 가진 포유류보다 더 많은 칼로리가 필요하다는 것을 의미해요. 1.5배나 많은 칼로리를요. 기초 대사량이 무엇인지는 기억하죠? 자연과학 박물관에서 이야기했었는데…."

"기본적인 활동을 통해 생명을 유지할 때, 적당한 온도에서 편안하게 휴식 상태에 있는 동물에게 필요한 칼로리지요."

"맞아요. 그러면 이것이 수명과 무슨 관계가 있나요?"

"그건 잘 모르겠는데요."

"좀 생각해 보세요." 그가 계속 채근했다. "이미 조금은 이야기했어요. 예로 들었던 쥐와 코끼리를 떠올려 보세요."

"생명의 지속 시간이 기초 대사량에 달려 있다면 새들은 자기와 같은 체중을 가진 포유류보다 조금밖에 못 살 거예요. 날기 위해서는 추가적인 노력이 필요할 테니까요."

"3분의 1 정도가 적어야 해요." 아르수아가가 확인해 주었다. "우리가 폐차장에서 이야기했던 주행 거리 이론이에요. 주행 거리가 길수록 자동차는 더 빨리 녹이 슬지요. 1만 킬로를 주행한 중고차를 살 때 20만 킬로를 주행한 중고차와 똑같은 값을 치르지는 않을 거예요."

"신진대사가 엄청나게 활발한 쥐들이 코끼리보다 오래 살지 못하는 이유가 여기에 있다고 했어요. 열정적인 삶을 사는 종이 있다면, 그 구성원들은 조금밖에 살 수 없겠죠." 내가 덧붙였다.

"그런데 우리가 봤던 거의 모든 새는 같은 체중을 가진 포유류보다 훨씬 더 오래 살아요. 규칙에서 벗어난 유일한 사례죠."

"우리 집에는, 조그맣긴 한데, 닭들이 있어요. 그런데 그렇게 오래 사는지는 잘 기억이 나지 않아요."

"나는 독수리, 까마귀, 솔개, 콘도르, 앨버트로스처럼 날아다닐 수 있는 새들을 말한 거예요. 알 만한 예를 들자면, 앵무새도 정말 오래 살고, 플라멩코들도 수십 년을 살지요. 그렇지만 자고새나 꿩을 포함한 닭류는 체중이 비슷한 포유류들보다 조금밖에 못 살아요."

"정말 희한하네요." 내가 감탄했다.

"그렇죠!" 고생물학자도 인정했다. "다섯 살 먹은 아들에게 햄스터 한 마리를 선물했는데, 아들이 마흔다섯 살이 되어도 햄스터가 손주들 앞에서 바퀴를 돌린다고 생각해 봐요."

"너무 끔찍할 것 같은데요."

"콘도르는 100년을 사는데도 삶의 리듬은 굉장히 빠른 편이지요. 같은 크기의 포유류들보다 훨씬 더 빨라요. 날 때는 많은 에너지를 소모해야 하는데 그런데도 오래 살아요."

"혹시 비행에 새들의 수명을 늘려 주는 것이 있나요?"

"모르겠어요." 아르수아가가 대답했다. "우리가 노화 문제에 관심이 있다면 이 문제도 반드시 연구해야 해요."

"결론적으로 새들은 포유류와는 다르다는 거죠. 새들의 생물학적 특성에는 새들에게만 적용될 수 있는 메커니즘이 있을 수 있으니까요."

"분명히 포유류는 아니에요. 그러나 선생님이나 나처럼 온혈 척추동물이에요. 포유류와 마찬가지로 외부의 열에 의존하지 않게 내부에서 열을 만들어 체온을 일정하게 유지하는 유일한 동물에 속하지요. 파충류나 다른 냉혈 동물들은 외부의 열에 의존해야 하거든요."

"그렇지만 새들에게 의미 있는 것이 우리에게도 의미가 있는지는 여전히 확신이 서지 않아요." 나는 의심을 지울 수 없었다.

"우리가 지금 어디 가고 있는지 곧 알게 될 겁니다."

이 말을 한 다음 아르수아가는 메모를 원치 않는 것에 관해 이야기하고 싶으니까 노트를 덮어 달라고 부탁했다.

"저 하늘 위에 있는 신들은 우리가 자기들과 상의도 하지 않고 계획을 짜는 것을 싫어해요." 그는 손가락으로 닛산의 차 지붕을 가리키며 이야기했다. "신들은 이런 식의 무례함을 벌하기 위해 종종 심근 경색이란 방법을 사용하지요. 암은 사실 우리 책임이에요. 환경으로 인한 암이 많거든요. 그렇지만 심근 경색은 신들이 선호하는 형 집행 방법이지요."

"그래요?" 그가 진심으로 하는 말인지 농담인지 알 수 없어 대충 말을 받았다.

"인간의 가장 심각한 죄가 무엇인지 이야기한 적이 있나요?"

"오만 아닌가요?" 나는 서둘러 대답했다.

"그러면 신의 허락을 받지 않고 계획을 짜는 것 또한 오만한 행동이겠지요."

"왜 이런 이야기를 하는 거죠?"

"어제, 어떤 신문인지는 잘 모르겠지만 인터뷰에서 선생님은 우리가 노화와 죽음에 관해 책을 쓰고 있다고 말씀하셨어요."

"사실 그렇잖아요. 게다가 거의 끝나가고 있고요."

"사람들이 왜 상투적으로 '신이 원한다면'이나 '신을 통해서'와 같은 말을 한다고 생각하세요? 선생님이 뭔가 계획을 세울 때 신을 고려하지 않으면 아마 신이 가만히 있지 않을 거라고 믿기 때문이 아닐까요? 우리가 책을 쓰고 있다는 사실을 책을 다 끝내기 전에는 말하지 마세요. 신을 자극할 위험이 있으니까요."

"저런!" 깜짝 놀라 소리쳤다. "당신이 나보다 더 미신적인 데가 있네요."

"증거가 있어요. 심근 경색은 말로 설명할 수 없거든요. 갑자기 담배를 피우지도 않고 술도 안 마시는 건강한 사람에게, 방금 검진까지 받은 사람에게, 모범적인 삶을 사는 사람에게 갑자기 심장이 무너지는 일이 일어나요. 왜 그럴까요? 신들과 상의하지 않고 계획을 세워서 그래요. 선생님을 두렵게 만들 만한 사례를 알고 있어요."

"말하지 않는 게 좋을 것 같네요."

"그럼 더는 우리가 책을 쓰고 있다는 사실은 말하지 마세요."

"알았어요." 불안한 척하는 것이 아니라 진짜로 불안해졌다.

그러는 동안 우리는 정말 아름다운 곳에 도착했다. 마드리드 북부 산맥에 있는 로소유엘라Lozoyuela라는 작은 마을로 꽃과 나무가 우거진 곳이었다. 우리가 이미 죽은 상태라면 이 계곡을 파라다이스라고 이야기해도 믿었을 것이다. 특히 우리가 출발했던, 지옥을 재현하는데 전혀 어려움이 없을 것 같았던 콜메나르의 매립지와는 정반대의 모습을 보여 주었다. 그곳의 들판 한가운데에는 또 다른 세 명의 산림 관리인, 베아트리스 델 이에로, 필라르 모레노, 호르헤 시쿠엔데스가 우리를 기다리고 있었다. 고생물학자는 상당히 멀리 떨어진 도드라진 곳을 가리키며 이야기했다.

"저곳이 메디오 셀레민Medio Celemín 산마루예요. 언젠가 그곳을 가로지르려다 엄청나게 많은 사람들이 희생됐던 곳이기도 하죠. 그리고 저쪽 산봉우리는 몬다린도Mondalindo예요." 손가락의 방향을 오른쪽으로 틀며 이야기했다. "여기에서 라 카브레라La Cabrera의 등쪽이 얼마나 잘 보이는지 한번 보세요."

산지기 중 한 사람이 우리에게 카냐다 레알 세고비아나Cañada Real Segoviana 루트를 따라갈 거라고 알려 주었다.

"어디로 가려고요?" 내가 물었다.

"곧 알게 될 거예요." 아르수아가는 이 말로 대답을 갈음했다.

우리 삶 속으로 들어온 새로운 산지기 중 한 사람을 따라가기 위해 우리는 다시 차에 올랐다. 카냐다 레알은 가축들의 통행을 위해 감춰 놓았던 흙길, 즉 가축용 길이기도 했다. 그러나 그 길을 둘러싼 식물들의 아름다움은 콜메나르 근처에서 봤던 길들과는 비교가 되지 않았다. 그날따라 눈부시게 찬란했던 햇빛은 거울과도 같은 식물에 반사되어 우리들의 영혼에 각성제들이나 만들 수 있는 낙관적인 생각을 주입하고 있었다. 물론 부작용은 없었다.

앞의 매립지보다 훨씬 더 우리를 환영하는 듯한 모습의 파라다이스 한쪽에 차를 세운 다음, 차에서 내려 기분 좋게 청량한 공기를 들이마셨다. 게다가 춥지도 덥지도 않은 완벽한 기온을 마주할 수 있었다.

산지기 바예호는 트렁크에서 광부들이 사용하는 랜턴과 안전모를 꺼내 나에게 건네주었다. 나는 그의 도움을 받아 최악의 상황을 대비하여 그것들을 착용했다.

"이런 것이 왜 필요하죠?" 내가 물어봤다.

대답은 몇 미터 밖에서 발견되었다. 가까운 곳에 있었는데도 내 눈에는 보이지 않던 경사지를 통해 아래로 쭉 이어진 쇠로 만든 담이 모습을 드러냈다. 담에는 문도 있었는데 산지기 중 한 사람이 그 문을 열었다. 담 반대쪽에는 철로가 있었고, 오른쪽으로 20여 미터쯤 떨어진 곳에 한낮의 밝은 빛과는 대조적인 모습의 뱃속처럼 어두운 터널이 자리 잡고 있었다.

"마드리드발 이룬Irún행 기차가 이 철길을 달렸는데, 지금은 사용하지 않고 있어요." 산림 관리인이 우리에게 알려 주었다. "1968년에 만들어서 2000년까지 사용했어요. 비교적 단명한 셈이지요."

"나도 파리에 가기 위해 이 기차를 타고 가면서 잠을 잔 적이 있어요. 유명한 푸에르타 델 솔Puerta del Sol 특급 열차요." 아르수아가가 이야기했다.

정말 향기로웠다. 낡은 철길 옆에는 향기로운 식물들이 지천으로 있었다.

우리는 폴리페모스Polyphemos*의 눈처럼 생긴 랜턴을 켜고 철길 한복판을 차지했다. 한낮의 밝은 빛과 터널의 어둠 사이에 만들어진 경계를 건너자마자 기온이 최소한 10도는 내려갔다. 화강암 자갈로 인해 울퉁불퉁한 바닥 탓에 발목을 접질리거나 삐지 않으려면 바닥에 온몸의 체중을 싣기 전에 잘 살펴서 발을 디뎌야 했다.

아르수아가가 나에게 이야기했다. "이 자갈들은 철도 건설용 자갈이에요. 나무 침목이나 시멘트 침목 위에 철로가 잘 놓여 있도록 지지하는 역할을 하지요."

우리는 거의 직선에 가까운 길을 따라 나아갔다. 우리가 밟을 때마다 자갈들이 조금씩 움직이면서 뭔가 불길한 소리를 냈는데, 텅 빈 터널 탓에 소리가 더 커지는 것 같았다. 오래된 콘크리트 벽 틈에서는 우리가 있던 산에서 흘러내려 온 물이 조금씩 새는 것 같았다. 덕분에 온몸을 짓누르는 추위에, 추위를 더 불쾌하게 만드는 눅눅한 습기가 더해졌다. 나는 혹시라도 출구가 어디 있는지 잃지 않기 위해 계속해서 뒤를 돌아보았다. 그러나 바늘구멍처럼 되어 버린 빛은 우리가 땅속 깊이 들어가면 갈수록 점점 더 작아지고 있었다.

"기차가 다니지 않는 것은 확실한가요?" 농담 반 진담 반으로 물어보았다.

※ 그리스 신화에 나오는 외눈박이 거인. 포세이돈의 아들.

나와 가장 가까이 있던 산지기 한 사람이 랜턴으로 노루의 갈비뼈 부분을 보여 주며 씩 웃었다. 그곳에서 다른 동물에게 잡아먹힌 것이 틀림없었다.

약하기는 했지만 계속해서 공기가 흐르고 있음에도 불구하고 산소가 부족하다는 느낌이 들었다.

잠시 후, 우리는 철길 옆 바닥에 나타난 검은 얼룩 앞에서 걸음을 멈추었다. 산림 관리인들은 우리에게 박쥐들의 배설물이라고 알려 주었다. 바예호는 몸을 숙이더니 우리에게 보여 줄 생각에 배설물을 한 움큼 움켜쥐었다. 나는 모직물 조각처럼 길다는 느낌을 받았다. 그는 손가락으로 잘게 부숴 가루로 만들었다.

그 순간 나는 그곳에서 우리가 무엇을 하고 있는지 깨달았다. 박쥐를 보러 온 것이다. 아르수아가에게 내 생각을 전하자, 맞다고 확인해 주었다.

"사용하지 않는 터널보다 더 좋은 곳이 어디 있겠어요?" 그가 한마디 덧붙였다.

그러나 박쥐는 눈에 띄지 않았고, 그래서 우리는 자꾸만 더 깊이, 터널의 짙은 어둠으로 들어가야만 했다. 나는 가끔 뒤를 돌아보며 출구의 빛이 만드는 바늘구멍의 크기를 확인했다. 이미 갈라진 틈으로밖에 보이지 않아 위험 수준에 다다랐다는 생각이 들었다.

"지금은 박쥐가 활동하는 시간이라 별로 눈에 띄지 않을 거예요." 누군가 이야기했다. "아직은 벌레들이 있거든요. 동면할 때는 터널 천장에 무리 지어 몰려 있어서 관찰하기가 쉬워요."

마침내 콘크리트의 갈라진 틈에서 한 마리를 찾아냈다. 우리 외눈박이 눈에서 나오는 빛에 놀라 숨어 있던 곳을 버리고 벽과 벽 사이로 우리를 거의 스칠 듯이 날아 터널을 가로질러 갔다. 터널을 지배하던 어둠보다 더 검은 어둠 덩어리 같다는 생각이 들었다. 그때부터 박쥐들이 여기저기에서 모습을 드러내기 시작했다. 갑작스러운 우리들의 출현에 불안해진 박쥐들은 우리 얼굴 앞에서 경망스레 미친 듯이 날갯짓을 했다.

"이 녀석들은 날개 달린 쥐예요." 아르수아가가 이야기했다. "날개 달린 포유류인 셈이지요. 여기에서 우리는 또 다른 인류세의 예를 볼 수 있어요. 한마디로 우리는 신세계의 동굴 안에 있는 셈이지요."

"작년에는 200마리 이상 있었어요. 대부분이 말굽박쥐죠."

여행의 목적이 박쥐를 보는 것이었는데 이젠 박쥐를 볼 만큼 봤으니까, 누군가가 돌아가자는 제안을 했다. 나는 두 손 들어 환영하고픈 제안이었다. 멀리에서 바라보이는 한 점의 빛이 바늘구멍보다 더 클 것 같다는 생각이 들지 않았다.

돌아간다는 안도감에 긴장이 풀린 탓인지 손과 귀가 얼어붙었다는 것을 깨달았다. 게다가 식은땀이 등을 타고 흐르는 것을 느꼈다. 나는 혹시라도 폐렴에 걸리지 않을까 두려웠다.

돌아 나오는 길은 빨리 밖으로 나가고 싶다는 조바심에 들어올 때보다 훨씬 더 길게 느껴졌다. 그러나 분명한 것은 우리가 앞으로 나갈수록 빛의 구멍이 점점 더 커지면서 소실점이 있는 선형원근법 효과를 불러왔다는 것이다. 적어도 나에게는 함정에서 탈출하는 느낌이었다.

산지기들에게 세심하게 보살펴 준 것에 대해 감사 인사를 하고 헤어진 다음, 고생물학자와 나는 닛산 주크를 타고 마드리드로 귀향길에 올랐다.

안전벨트를 매면서 그는 입을 열었다.

"닭류가 아닌 날아다니는 새들은 포유류보다 에너지를 더 많이 소모하지만 같은 크기의 포유류보다 더 오래 산다는 것을 잘 기억해 두세요. 박쥐들은 온혈 척추동물일 뿐만 아니라 포유류예요. 이것이 내가 선생님이 봤으면 했던 거예요. 날아다니는 포유류 그리고 같은 크기의 날개가 없는 포유류보다 더 오래 사는 포유류를요. 쥐보다 더 오래 살 거든요."

"박쥐는 얼마나 오래 살죠?"

"잘은 몰라요. 20년 정도 사는 것으로 알고 있어요. 기초 대사량이 쥐보다는 훨씬 더 큰데도 말이죠. 실험실의 쥐는 잘 보살피고, 먹여 주고, 포식자가 없어도 4년에서 5년밖에는 못 살아요. 차이가 너무 크죠. 이 경우, 수명 문제를 기초 대사량에서는 찾을 수 없어요."

"그럼 어디에서 찾아야 하죠? 나는 것에서 찾아야 하나요?"

"이에 대해 대답하기 위해서는" 그는 차의 시동을 걸며 대답했다. "박쥐의 삶에 대해 두 개의 데이터를 알려드려야 해요. 첫 번째 것은 일 년에 한 번이나 두 번만 번식한다는 것과 일반적으로 가장 나중에 태어난 새끼를 정성을 다해 돌본다는 것이죠. 두 번째 것은 다른 설치류나, 곤충을 주로 잡아먹는 같은 크기의 동물들에 비해 성장이 느리다는 거예요."

"오래 사는 모든 동물은 성장이 느리군요." 내가 결론을 내렸다.

"맞아요! 18세기 자연주의자인 뷔퐁이 그렇게 이야기했어요. 그리고 그것을 자연 과학 박물관에서 봤고요. 대략적인 수명을 계산하려면 최종 크기에 도달하는 데 걸리는 시간에 3을 곱하면 돼요. 우리 인간의 경우에는 21세에 3배를 하면 선사시대 조상들의 수명에 접근할 수 있을 거예요. 뷔퐁은 계산을 더 정확하게 했어요. 그는 키가 다 큰 다음 체격이 좀 더 커지려면, 여기에 몇 년이 더 걸리기 때문에 서른 살은 되어야 한다고 생각했어요. 수명은 생명의 최대 지속 시간이라는 것을 다시 한 번 상기시켜 드릴게요. 이는 같은 부족 내에서 가장 나이가 많은 노인이 산 시간과 길이가 같죠. 이것을 기대 수명과 혼동하지 않았으면 좋겠어요. 기대 수명은 공동체 구성원의 절반이 죽는 나이이니까요."

"잘 알고 있어요. 그런데 나는 천천히 성장하는 종들이 빨리 성장하는 종보다 더 오래 산다는 것을 좀 더 확실하게 이해하고 싶어요."

"종의 수명을 결정하는 것은 각각의 종이 받아들여야 하는 사망률이에요." 내가 잘 받아 적는지 곁눈질로 보면서 최종 의견을 밝혔다.

"그건 말장난 같아요. 당신을 쫓아가기 너무 힘들어요." 나는 실망해서 소리쳤다.

"토끼나 쥐처럼 사망률이 높은 종은, 기억하나 모르겠는데요, 빨리 성장해서 아무 생각 없이 최대한 빨리 번식해요. 만약 그렇게 하지 못하면 후손을 남길 수 없고, 유전자를 전할 수 없거든요."

"사망률을 낮추려면 어떻게 해야 하죠?" 나는 고집스레 질문을 던졌다.

"잡아먹히는 것을 피해야 해요."

"잡아먹히지 않으려면 어떻게 해야 하죠?" 계속 질문을 이어갔다.

"몸집이 커져야 해요. 예를 들어 코끼리나 고래처럼요. 그리고 그를 위해서는 긴 성장기가 필요하죠. 하루아침에 어른 고래만큼 클 수는 없으니까요. 그렇게 성장할 수 있겠어요?"

"물론 안 되지요. 그러나 당신이 정말 몸집을 키우려면 더 많이 먹어야 할 텐데요."

"잘 아시네요. 몸집이 작으면 조금만 먹어도 돼요. 그러나 모두가 잡아먹으려고 할 거예요. 만약 몸집이 크면 아무도 잡아먹을 수 없어요. 그렇지만 충분히 먹지 못한다면 영양실조로 죽을 거예요. 뭐가 더 나을까요?"

"잘 모르겠어요." 나는 거칠게 숨을 몰아쉬었다.

고생물학자가 말을 이어 갔다. "아무도 잡아먹지 못하게 하는 다른 방법은 우리 인간처럼 훌륭한 뇌를 이용하여 영리해지는 거예요. 이 경우에는 고래나 코끼리처럼 엄청나게 크지 않아도 괜찮아요. 그러나 멋진 뇌 역시 하루아침에 얻을 수는 없지요. 게다가 유지 비용도 많이 들어요, 정말 많이 들지요. 어깨 위에 있는 1.5킬로그램 정도밖에는 안 되는 회색 물질은, 즉 뇌는 전체 몸무게의 2퍼센트밖에 되지 않죠. 그런데 매일 20퍼센트 이상의 에너지를 소비하고 있어요. 다시 말해서 선생님의 에너지 예산의, 신체 경제의 5분의 1 이상을 소비하는 거예요. 선생님은 영리해질 수 있지만, 매일 뇌를 먹여 살릴 수 있을 만큼의 칼로리를 얻지 못하면 굶어 죽어야 해요. 작은 뇌는 비용이 저렴하긴 하지만 삶에 맞설 수 있는 수단이 적어지는 거죠. 자연에서는 모든 것이 이런 식이에요. 장점이 있으면 단점도 있고, 타협적인 해결책도 있지요. 영국인들은 이를 '트레이드오프 trade off'라고 이야기해요."

"칼로리를 경제 차원에서 이야기하는 것이 좀 생소하네요."

"선생님 같은 성격을 지닌 분에게는 별로 낭만적이진 않겠지요." 빈정거리는 투로 대답했다.

"만약 새나 박쥐처럼 날 수 있는 능력을 얻을 수 있다면, 수 많은 포식자로부터 해방될 수 있을 거란 생각을 한번 했어요."

"사실 날아다니는 새들은 거의 포식자들이 없어요. 앨버트 로스가 아마 가장 오래 살 거예요. 거의 사람만큼 살 거든요. 그러나 날기 위해서는 여기까지 발전하는 데 많은 시간이 필요해요. 박쥐도 하루아침에 그렇게 된 게 아니에요. 박쥐는 하이엔드급 항공 기술을 터득한 셈이죠. 아무리 칠흑처럼 어두운 곳에 있어도 청각을 이용해 방향을 찾을 수 있거든요."

"땅속에서 살 수만 있어도 마찬가지로 포획자로부터 벗어날 수 있을 것 같은데요."

"우리가 '파우니아'에서 봤던 벌거숭이두더지쥐까지 기억하고 있다니 정말 멋지네요. 우리가 첫 번째 만남에서 열었던 모든 이야기가 이번 마지막 만남에서 마무리될 거예요. 아직 우리에게는 하나가, 즉 자연 과학 박물관에서 봤던 갈라파고스의 거대한 거북이가 남았어요. 만약 몸집이 크고 포식자로부터 자기 몸을 지킬 수 있는 갑옷을 가지고 있다면 수명을 더 늘릴 수 있을 거예요."

"늙음이 근대적인 인간과 동물원이나 집에서 기르는 동물들에게만 존재하는지를 종합적으로 정리해 주세요."

"좋아요. 잘 적어 두세요." 상당한 정체 구간으로 진입한 탓에 속도를 늦추며 이야기했다. "방금 봤던 박쥐의 예를 활용할 거예요. 박쥐가 늙지 않는다고 가정해 봐요. 영원히 젊게 산다고요."

"그렇게 할 테니까 계속 말씀하세요."

"그렇지만 외적인 요인으로 죽지 않는다는 말은 아니에요. 박쥐도 비행 사고가 날 수 있어요. 전선에 부딪힐 수도 있죠. 동족 간에 싸움이 일어날 수도 있고, 날지 못하게 될 수도 있어요. 그러면 금세 굶어 죽을 거예요. 그리고 벌레가 별로 없는 해도 있을 수 있지요. 그러면 식량 부족으로 죽을 테죠. 사고뿐만 아니라 모든 종은 그들을 약해지게 만드는 기생충들의 희생양이에요."

"기생충은 전혀 생각 못 했네요." 반성 투로 이야기했다.

"기생충들도 생태계의 한 부분을 형성하지요. 전 세계 어디에나 있어요. 바이러스, 박테리아, 곰팡이 등 병을 일으키는 다른 외적 요인들도 적어 놓으세요."

"그렇게 할게요. 늙지는 않지만 조만간에 외적인 요인으로 죽을 것이다. 레스토랑의 컵이나 메더워의 시험관처럼."

"너무 서두르지 마세요. 이번에는 외적 요인으로 인해 죽을 수밖에 없어서 아무도 20세까지 살지 못한다고 상상해 보세요."

"알았어요."

"선생님과 나를 포함한 모두가 돌연변이에요. 돌연변이는 DNA의 복제가 잘못되어서 발생하는 거죠. 돌연변이가 발달 과정에서 혼란을 일으키게 되면 우리는 태어나지 못하거나 번식하기도 전에 죽을 수 있어요. 그렇지만 일반적으로 이러한 돌연변이는 중요한 결과를 만들어 내지 못해요. 우리가 보통의 삶을 살고 자식들에게 돌연변이를 전해 주어도, 자식들 역시 평범한 삶을 살아갈 거예요. 여기까지는 이해하겠어요?"

"이해했어요."

"그럼 지금부터는 박쥐가 태어난 지 25세가 되는 해에 병을 유발하는 돌연변이를 가지고 태어났다고 상상해 보세요. 무슨 일이 일어날까요?"

"아무 일도 일어나지 않겠죠. 박쥐는 20년 이상 살지 못하니까요."

"이것이 자연에서 일어나는 일이에요. 어떤 박쥐도 20년 넘게 살지 못하니까요. 그러나 박쥐를 한 마리 잡아 집으로 데려가 외적인 사망 원인을 다 막아 주었다고 상상해 보세요. 기생충을 없애 주고, 먹을 것을 제공하고 시간의 잔혹함으로부터 보호해 주는 등."

"이 경우에는 25세에 죽겠지요. 그 나이가 되면 치명적인 효과를 유발하는 돌연변이 유전자가 발현할 테니까요."

"바로 이것이 우리 현대인들에게, 동물원에서 사는 야생동물과 우리 반려동물들에게 일어나고 있는 일이에요. 자연에서는 죽었을 나이가 지나면, 해롭기는 하지만 늦게 나타나는 효과를 만들어 내는 유전자들이 발현하기 시작하는 거죠. 종의 오랜 진화 과정에서 축적된 것이 말이에요. 이를 지치지 않고 반복적으로 이야기할 거예요. 자연 선택은 유전자를 운반하는 개체가 미리 죽어 발현되지 않기 때문에 이런 해로운 돌연변이를 볼 수 없어요. 그런 것들을 보지 못하니까 제거할 수도 없는 거죠."

"바로 이것이 늙었다는 것이군요."

"맞아요. 이것이 늙음이에요. 죽음의 외적 요인들이 가차 없이 작용하기 때문에 자연에서는 늙음이 있을 수 없어요."

"그렇군요."

"오늘은 여기까지만 하죠. 선생님이 너무 지쳐 보이니까요. 이제는 교통 체증이나 즐겨 보죠."

"박쥐와 관련해서 방금 나에게 떠오른 게 한 가지 있어요."

"뭔데요?"

"동면한다는 거요. 다른 말로 하면 신진대사를 최소로 줄이고 칼로리 소모도 아주 적게 하면서 수개월씩 지내는 거죠. 에너지 소비가 쥐보다 더 적어서 더 오래 사는 게 아닐까요?"

"너무 애쓰지 마세요. 지중해에 면한 스페인 박쥐는 기후 변화로 1년 내내 벌레를 잡을 수 있어서 점점 잠을 덜 자고 있어요. 그뿐만 아니라 날아다니는 여우라고 불리는 몸집이 큰 열대 박쥐의 변종이 있는데, 이 녀석은 주로 과일을 먹어요. 그런데 열대에서는 계절이 없어서 동면도 하지 않아요. 그런데도 신기하게 제일 오래 살아요. 물론 가장 몸집이 크기 때문에 가장 느리게 성장하는 축에 속하죠. 우리 첫 번째 나들이였던 파우니아에서 그 녀석을 보여 드리려고 했어요. 그런데 식사 시간이 되는 바람에 선생님이 배가 고프단 사실을 제외하곤 아무 것에도 관심을 두지 않았던 거예요."

'배고픔', 에너지 예산이라는 유물론 사상을 뒤집으며 속으로 중얼거렸다.

"약속에 늦을 것 같아서 선생님을 카스티야 광장에 내려 드려야 할 것 같아요." 아르수아가가 마무리 지었다.

16

여기엔
프로그램된 것이 없다

너무 아름다워 고생물학자에게 그곳에 왜 갔는지 물어보기가 부끄러웠다. 그 아름다운 곳에 반드시 뭔가를 하려고 가야 하는 것처럼 생각되었던 탓이다. 나는 산으로 둘러싸인 거대한 초원에 대해 이야기하고 있다. 산은 그다지 키가 높지 않은 커다란 냄비와 같은 모양을 만들었고, 우리는 그 한가운데에 서 있었다. 여기에서 우리는 아르수아가, 카바녜로스 국립 공원 원장인 앙헬 고메스, 그리고 나였다.

늦은 오후가 되긴 했지만, 우리를 둘러싼 넓게 펼쳐진 풀밭과 산에는 아직 어둠이 깔리기 전이었다. 어두운 침묵의 그림자가 침묵을 따르듯이, 침묵이 우리를 따르고 있었다. 우리는 말을 할 때조차도 침묵에서 벗어날 수 없었다. 침묵의 질료가 무엇이 되었든 간에 단어들은 침묵의 질료로 흡수되었다.

"바로 여기 우리 발밑에, 우리가 두 발로 딛고 선 이곳의 대

척점에 뉴질랜드의 통가리로 국립 공원이 있어요." 고생물학
자가 말했다.

"통가리로요?" 나는 질문 조로 단어를 반복했다.

"마오리족에게는 신성한 곳이지요." 아르수아가가 밝혔다.

우리는 냄비처럼 생긴 분지 한복판의 전략 거점에서 차를 버
렸다. 그곳에서는 형이상학에 절대로 빠지지 않는 사람에게도
종교적인 감정을 일깨울 수 있을 것 같은 풍경을 즐길 수 있었
다. 나는 어원학적인 의미에서의 종교religión에 대해서 이야기
하고 있다. 이 단어는 원래 라틴어 동사 'religāre'에서 나왔다.
다시 말해서 주변 환경과의 결합이라는 의미, 자연과의 결합이
라는 의미의 동사에서 온 것이다. 이제 더는 우리 인간을 자연
의 한 부분이라고 말할 수는 없지만 말이다. 아프리카 사바나
의 그 종족 사이에서는 먼 옛날에 대한 향수가 피어올랐을 것
이다. 우리 역시 잘려나갔던 사지가 오랜 세월이 흐른 뒤 원래
의 몸통을 바라보며 느꼈을 경이로움으로 세상을 볼 수밖에 없
었던 먼 옛날, 그 시절에 대한 향수 말이다.

앙헬 고메스가 입을 열었다.

"이곳 경치가 탄자니아 국립 공원과 비슷해서 '스페인의 세
렝게티'로 알려져 있어요."

"아프리카에 있는 것으로 상상해도 바보 같은 짓은 아닌 셈
이네요?" 내가 물어보았다.

"맞아요. 그 이상이죠. 만일 선생님을 눈을 가리고 이곳으로

데려와 눈을 풀어주었다면 잠시 후 아프리카 사바나 한가운데 버려졌다고 착각했을 거예요." 그가 이야기했다.

강수량이 부족해 키만 삐쩍 크고 마른 풀들 사이 여기저기에, 엎드린 채 누워 있는 사슴의 뿔이 점점이 펼쳐진 경치와 함께 솟아 있어, 사슴의 몸통이 나무들과 혼동되었다. 그러나 여기저기를 떠도는 사슴 무리도, 서너 마리로 이루어진, 구체적으로는 암컷 한 마리와 지난봄에 태어난 새끼 사슴 두어 마리로 이루어진 소그룹도 드물지 않게 눈에 띄었다.

4만 헥타르의 대지에 펼쳐진 카바녜로스 국립 공원은 자연보호 구역으로 카스티야라만차 주의 '시우다드 레알'과 '톨레도' 시에 걸쳐 있었다.

아르수아가가 바로 나에게 알려 주었기 때문에 그곳에 갔던 이유가 무엇인지 물어볼 필요가 없었다.

"사슴들의 발정기에 벌어지는 장대한 시위를 한번 보시라고 선생님을 이곳으로 모셔온 거예요."

"발정기의 우는 소리요?" 내가 물었다.

"네! 발정기의 우는 소리요." 아르수아가가 대답했다. "그리고 수컷들이 암컷의 관심을 불러일으키기 위해 내는 소리라 '발정기의 울부짖음brama'이라고도 해요."

"아무 소리도 안 들리는데요."

"축제는 황혼 녘까지는 시작을 안 해요."

그래서 황혼이 될 때까지 우리는 거대한 초원을 여기저기 돌아다녔다. 우리가 지나가자 사슴들은 멈춰 서서 꼼짝도 하지 않고 경계의 눈으로 지켜봤다. 사슴들이 우리를 바라보거나, 우리와 사슴이 서로를 바라보았다. 그 시선의 교환에서 언제나 의미 있는 불꽃이 튈 것 같다는 인상을 받았다.

"암사슴은 일 년에 한 번씩 발정기가 와요." 앙헬 고메스가 우리에게 알려 주었다. "정확하게 10월 이때쯤으로 울부짖는 소리를 내는 때와 일치하지요."

아르수아가의 설명에 따르면, 우리를 둘러싼 산맥 일부인 톨레도 산의 침식으로 만들어졌다는, 그 수를 헤아릴 수 없는 규암 자갈들이 사바나 여기저기에 흩어진 채 반짝이고 있었다.

"이곳은 구릉이라고 부르기도 하지요. 굴을 파기가 어려워 토끼들에게는 별로 좋은 곳은 아니죠."

떡갈나무들이 여기저기 초원에 흩어진 채 서너 그루씩 무리 지어 서 있었다. 날이 어두워지면서 어떤 것은 점점 기형적인 혹은 노쇠한 인간의 모습을 떠올리게 했다.

"우리는 사슴들에게 먹을 것이나 마실 것을 주지 않아요." 앙헬 고메스가 끼어들었다. "자연에서처럼 스스로 살아가게 하지요."

나는 밖으로 표현을 하지 않았지만 '보호받는 자연 공간'이라는 문구에 의미상 약간의 모순이 있다는 생각을 했다.

"그렇지만 포식자들은 없잖아요." 아르수아가가 내 생각을 읽은 것처럼 반론을 꺼냈다. 물론 내 생각을 읽는 것이 그에게는 드문 일은 아니었다.

"스스로 조절을 하나요?" 내가 질문을 했다. "이곳의 수용 능력 이상으로 새끼를 낳지 않으려고 말이에요."

"글쎄요. 우리가 일 년에 1,400마리 정도를 잡아요. 일부는 사냥 금지 지역에서 팔기도 하고요. 어떤 것은, 다시 말해 남은 것은 인간이 소비하기도 하죠. 정말 빠른 속도로 번식을 해요. 지금은 4헥타르당 한 마리가 있는데, 가장 이상적인 것은 20헥타르당 한 마리예요."

"스스로 조절한다는 것은 선생님 머리에서 지워야 해요." 아르수아가가 덧붙였다. "자연은 스스로 조절하지 않아요. 아무 이유나 목적도 없이 스스로 조절을 왜 하겠어요?"

"종 차원의 복지를 위해서 아닐까요?" 별 확신도 없었다.

"아직도 이런 낭만적인 생각을 선생님 머리에서 완전히 지우는 데 실패한 셈이네요." 고생물학자는 앙헬 고메스와 이야기를 나누다, 다시 나를 바라보며 얼른 말을 이어 갔다. "자연 선택의 입장에서는 종의 복지는 그리 중요하지 않아요. 선생님에게 백 번도 넘게 이야기했어요. 여기에서 문제가 되는 것은, 첫째 어떤 대가를 치르더라도 개체가 생존해야 한다는 거예요. 생존한 다음에야 영원히 존재하는 것을 꿈꿀 수 있어요. 여타의 것은, 다시 말해 생태계, 개체수, 종 등은 자연 선택에게는 관심의 대상이 아니에요. 이 공원에서 늑대가 포식자로서 해야 할 일을 인간이 대신하지 못한다면 사슴들은 나흘 정도면 생태계를 완전히 파괴해 버릴 거예요. 선생님도 방금 들었잖아요. 최소한 일 년에 1,400마리를 솎아 주는데도 아직도 엄청나게 남아돈다고요."

"캐나다의 한 섬에서 와피티사슴으로 실험을 했어요." 앙헬 고메스가 이야기했다. "포식자 없이 풀어놨더니 모든 것을 먹어 치울 때까지 번식하고 또 번식해서 결국 전부 죽고 말았대요."

"이것은 잘 써놓으세요." 아르수아가 이야기했다.

"적고 있어요." 나는 그 이야기를 적으면서, '시장의 보이지 않는 손'이 눈에 보이는 극단까지 모든 것을 최악으로 몰고 가는, 규제와는 거리가 먼 신자유주의에 기초한 자본주의의 밀림이 떠올랐다.

"암컷과 수컷의 비가 어떻게 되나요?" 고생물학자가 질문을 던졌다.

"암컷과 수컷은 비슷한 비율로 태어나요." 고메스가 대답했다.

"정말 경제적으로 엄청난 낭비를 하고 있네요." 아르수아가는 나를 돌아보며 소리쳤다.

"경제적으로 낭비라니요?" 내가 캐묻듯이 물었다.

"우리가 여기 올 때 수많은 가축 농장들을 봤지요." 자기에게 관심을 집중하라는 듯이 잠시 말을 멈췄다. "여기에서는 암컷 30마리당 수컷은 한 마리만 집어넣어요. 이것이 논리적이거든

요."

"맞아요. 논리적이에요." 나는 한발 물러났다.

"왜죠?"

"당신이 설명했잖아요. 씨수소가 30마리든 40마리든 상대할 수 있는데, 암컷 한 마리당 씨수소 한 마리를 가질 필요가 있겠어요?"

"그렇다면 여기에서는 왜 수컷이 암컷과 같은 비율로 태어날까요? 수컷 한 마리가 20에서 30마리의 암컷을 상대할 수 있는데 말이에요."

"내 생각에는 이런 식으로 수컷들끼리 경쟁을 시켜서 가장 탁월한 수컷만 번식하게 하는 거죠. 이래야 가장 좋은 유전자가 끝까지 갈 수 있을 테니까요." 나는 용기를 내어 단정적으로 이야기했다.

"그렇다면 자연은 정말 현명한 거네요. 안 그래요?" 아르수아가가 빈정댔다.

"어느 정도는요."

"그런데 자연은 현명하지 않아요."

"의도도 목적도 목표도 없고, 스스로 조절도 하지 않지요." 나는 기도문을 외우는 것처럼 중얼거렸다.

"맞아요. 내가 그 이야기를 수도 없이 반복하면 선생님도 믿게 될지 한번 봅시다."

"그렇다면 왜 암컷과 수컷의 숫자가 같죠? 수컷이 비경제적으로 남아도는 이유가 뭐죠?" 내가 물었다.

"사슴 집단을 한번 상상해 보세요." 아르수아가가 자기 의견을 밝혔다. "여기에서는 암컷 50마리당 수컷 한 마리가 태어난다고 상상해 봅시다. 그런데 여기에서 수컷만 낳을 수 있는 돌연변이가 암컷이 나타났다고 가정해 볼까요. 이 경우에는 수컷의 수가 절대적으로 적기 때문에 수컷을 낳을 수 있는 암컷은 후손을 보장받을 수 있어요. 그것도 엄청난 수의 후손을 말이에요. 바로 여기에서 유전자의 연속성이 보장되는 거죠. 이런 상황이 계속되면 암컷보다는 수컷이 더 유리하기 때문에 수컷은 점점 더 늘어나게 되어 있어요. 만약 수컷 새끼가 있으면 기하급수적으로 증가하는 더 많은 자손을 가질 수 있는 거죠. 이해하겠어요?"

"여기까지는 이해할 만해요."

"다른 것은 '일부일처' 여부와 관련이 있어요. 그런데 사슴은 아니에요. 동의하죠?"

"동의해요."

"그래서 수컷이 암컷보다 더 많아질 때까지 수컷의 비율이 증가하는 거예요. 이 경우 선생님이 만일 암컷이라면 암컷을 낳는 데 더 마음이 끌릴 거예요. 수컷들과는 달리 암컷들은 짝짓기가 보장되어 있어 더 많은 자손을 가질 수 있거든요. 그런 상태에서는 암컷에 돌연변이가 나타나 암컷만 낳게 될 거예요. 이런 식으로 누가 더 많은 손자를 보게 될 것이냐를 두고 개체들 사이에서 일어나는 전쟁에 따른 결과로 평형을 이룰 거예요. 최종적으로 암컷과 수컷이 태어나는 숫자가 똑같아지는 거죠. 미야스 선생님, 이것은 손자를 보는 것에서 일어나는 일이에요. 아들이 번식할 수 없다면 아들을 가진다고 해도 아무 소용이 없어요."

"자연이 현명해서가 아니네요."

"물론이에요. 순전히 수학적인, 부족분에 따른 평형 문제죠. 만일 자연이 현명하다면 내가 주장하는 것처럼 일부다처를 하는 종은 암컷 30에서 40마리당 수컷 한 마리만 태어나게 할 거예요."

"암컷이 많으면 수컷에 투자하고, 수컷이 많을 때는 암컷에 투자하는 거군요."

"바로 그거예요. 이렇게 수학적으로 일대일 대응이 되는 거예요. 나는 진화하는 모든 생물은 자연 상태에서는 생각도, 지혜도, 제물로 바쳐질 희생양도 없다는 의견에 동의해요. 순전히 유전적인 이유에서, 순전히 확률 계산에 의한 거예요. 다른 것은 없어요. 이게 다예요."

그동안 태양은 마지못해 천천히 기울고 있었다. 이제 낮은 아니지만 그렇다고 아직은 저녁이라고도 할 수 없는, 늦은 오후의 모호한 순간에 잠시 멈춰 버린 것 같았다. 동쪽은 어두워지려는 의지를 보여 주었지만, 여전히 수평에 가깝게 서쪽에 걸려 있던 햇빛은 어둠을 거부하고픈 의지를 보여 주었다. 우리는 암컷 세 마리가 모여 있는 쪽을 향해 다가오는 수사슴을 보았다.

앙헬 고메스가 이야기했다. "뿔의 가지 수를 보면 저 녀석은 두 번째 그룹이에요. 첫 번째 그룹은 섹스도 많이 하고 싸우기도 많이 해서 이미 너무 지쳐 물러났어요. 그런데 반대로 암컷들은 도토리도 많이 먹고 원기도 회복해서 두 번째 그룹이 다가오기를 기다리고 있지요. 이미 첫 번째 그룹과의 관계에서 임신했는데도 불구하고 말이에요. 짝이 없는 수컷은 함부로 덮치지 않아요. 가까이 다가가서 더 힘세고 강한 수컷이 있는지 지켜보다가 물러서지요."

"불쌍하네요."

땅바닥에서 커다란 뿔을 발견했는데, 죽은 사슴의 것 같다는 생각이 들었다. 나는 엉뚱하게도 사슴들은 뿔을 평생 가지고 간다고, 가지 수는 나이와 같다고 믿고 있었다. 그러나 이는 잘못된 지식이었다. 뿔을 잃는 경우에는 일 년에 한 번씩 두개골 안에서 석순처럼 다시 자라난다고 했다.

"뿔이 자라는데 얼마나 걸리나요?" 내가 물어봤다.

"두 달 정도요." 앙헬 고메스가 대답했다. "엄청난 에너지 소비를 전제로 하고 있어요."

"가지의 수는 무엇과 관계가 있나요?"

"영양 상태에 가장 많이 달려 있어요. 사슴들이 뿔을 잃으면 우리는 떨어진 그 자리에 그냥 놔둬요. 어린 사슴들은 칼슘을 얻으려고 뿔을 핥아먹거든요. 그런데 밀렵꾼들은 조심해야 해요. 중국인들에게 팔려고 뿔을 훔치거든요. 중국인들은 사슴 뿔에 최음 성분이 있다고 믿거든요."

그 순간 시계를 보니 8시 반이었다. 이젠 둥근 태양이 보이지 않았다. 어둠이 짙게 깔린 가운데 산 뒤쪽에 선홍색 핏빛 광채만 희미하게 남아 있었다. 바로 그 순간, 우리는 첫 번째 수사슴의 울음소리를 들었다. 뒤이어 두 번째 세 번째 울음소리가 들려왔다. 애원과 권력의 과시 사이에서 묘하게 뒤엉킨 운명을 드러낸 고뇌에 찬 후두음 같았다. 콘서트는 어둠이 짙어감에 따라, 하늘에 첫 번째 별들이 모습을 드러내면서 더 요란해져 갔다. 3분만 보지 않다가 다시 눈을 들어도 하늘에는 별이 대여섯 개는 더 나타나 있었다. 저녁이 깊어지면서 누군가가 별들을 하나씩 차례로 내다 거는 것 같았다. 잠시 후 서쪽하늘의 핏빛 광채가 완벽하게 사라지자, 우리 세 사람은 조명이라는 공해가 없어 더욱 짙게 다가오는 어둠에 둘러싸여 있었다. 우리는 본능적으로 우리를 지켜 줄 방어 무기라도 되는 것처럼 SUV 쪽으로 다가갔다. 그러고는 차에 기댄 채 허공을 가로질러 우리 머리를 향해 밀려오는 사슴들의 발정기를 알리는 소리에 몸을 떨었다. 조상 대대로 내려온 한 올 한 올 짜 내려간 이성을 부르는 시위였다.

차 주변에 떼 지어 서 있는 세 개의 그림자처럼 우리의 일부가 되어 버린 완벽한 어둠 한가운데에서, 유전자의 생존을 위

해 경우에 따라서는 죽음까지 불사할 치열한 전쟁터에서 수사
슴들은 뿔을 거칠게 부딪치며 싸우고 있었다.

"저길 보세요." 아르수아가가 어둠에 싸인 팔을 들어 하늘을
가리키며 이야기했다. "목성과 토성이 정말 뚜렷이 보여요!"

잠시 후 앙헬 고메스는 우리를 공원 한복판에 있는 낡은 농
가로 안내했다. 아르수아가나 나처럼 가끔 공원을 찾아오는
사람들을 맞이하기 위해 복원한 집이었다. 우리만 남게 되자,
작지만 신비한 모퉁이와 집을 사춘기의 설레는 마음으로 돌아
보았다. 집에는 한창 때에는 마구간이었을 것 같은 커다란 방
들이 이어져 있었다. 부엌과 마찬가지로 침실과 화장실은 전
통적인 단출한 모습이었다. 싱크대에는 저녁 식사용으로 커다
란 하얀 빵과 사슴 고기로 만든 초리소와 살라미[*], 양젖으로
만든 치즈, 식초에 절인 자고새 통조림, 카베르네 소비뇽 등이
준비되어 있었다. 우리는 포도주를 따서 즐거운 마음으로 반
주를 했다.

저녁을 먹은 다음, 우리는 어둡기는 한데 신비한 느낌이 도
는 들판에 나갔다. 우리 두 사람 모두 묘한 친근감을 느낄 수

✢　초리소는 주재료가 고기와 파프리카로 특유의 붉은색을 띠며, 살라미 소
시지는 고기와 후추, 오레가노, 마늘, 육두구와 같은 다양한 향신료를 이
용해 제조한다. 초리소를 만들 때보다는 고기를 더 잘게 가공하기 때문
에, 잘랐을 때 나타나는 하얀색 공처럼 생긴 부분이 초리소보다 더 작다.

있었다. 개인 성격에서 비롯된 감동에 젖은 고생물학자는 나에게 허리띠와 활을 든 사냥꾼 오리온자리를 보여 주고 싶었던지 하늘을 바라보라고 권했다. 오리온자리를 찾은 다음에는 나에게 이렇게 이야기했다.

"사냥꾼의 어깨 위에서 아주 밝게 빛나는 붉은 별이 보이나요?"

"네! 보여요."

"베텔게우스라는 이름을 가지고 있어요. 적색 거성인데 언젠가 폭발하면 초신성으로 변할 거예요. 크기가 엄청난 데다 650광년밖에 안 떨어져 있을 정도로 지구와 가깝기 때문에, 지금까지 인류가 관찰한 별 중에서 가장 큰 초신성이 될 거예요. 낮에도 볼 수 있을 것 같아요."

"폭발하려면 얼마나 남았을까요?"

"언제든 일어날 수 있어요. 이미 폭발했는지도 모르고, 수백만 년이 지나야 폭발할지도 몰라요. 이보다 훨씬 작은 초신성들도 있었어요. 가장 유명한 것은 1054년 여름에 있었던 것인데 중국 천문학자들이 기록해 놨지요."

"그렇군요." 나는 이 세상 모든 동물을 다 끝장내겠다고 호언장담했던 그리스 신화 속 사냥꾼인 오리온자리에서 눈을 떼지 않았다.

그 순간 아버지가 여름밤 성운들을 나에게 보여 주려고 애썼던 사실이 떠올랐다. 나도 하늘을 바라보며 성운들을 보는 척했지만, 하나도 볼 수 없었다. 고생물학자를 선생님으로 모시고 카바네로스에서 보낸 밤 역시 마찬가지였다.

우리는 야외에서 한 시간 정도를 더 머물렀다. 남은 카베르네 소비뇽을 비우고 전혀 예상치 못했던 친근감으로부터 서로를 방어하며, 어둠 속에서 길을 잃은 사람처럼 멍하니 선 채, 문을 굳게 걸어 잠근 어둠 속에서 들려오는 4만 헥타르가 넘는 엄청난 들판이 만들어 내고 있는 소리에 귀를 기울였다.

"멧돼지인가요? 여우인가요?" 내가 물어봤다.

다음날 7시 반에 후안 안토니오 페르난데스가 우리를 데리러 왔다. 그는 환경 지킴이 반장(옛날에는 '경비 반장')이자 감시 책임자였다.

아직 어둠이 채 걷히지 않은 시각에, 우리는 그의 SUV에 올라 공원 사방에서 들려오던 낭랑한 구애를 위한 시위의 함성을 다시 들어 보려고 시동을 걸었다. 시간이 조금 지나자, 여기저기에서 우렁차게 들려오던 발정기의 포효 대신에, 힘찬 목소리로 위장한 애원을 담은 절규가 묘하게 뒤섞여 있었다. 나는 짝을 구하는 소리를 잘못 해석하고 있었다는 생각이 들었다. 성적인 욕망을 드러내려는 게 아니라 암컷들에게 불쌍하게 보이고 싶었던지 외로움을 드러내고 있었다.

물론 고생물학자에게는 이런 낭만적인 인상까지는 전하지 않았다.

차를 세웠던 깜깜한 곳에서는 눈앞 50센티미터 밖 물체도 하나도 식별되지 않았다. 팔을 뻗고 손이 보이는지 살펴보았다. 분명 눈에 띄는 곳에 있을 텐데 보이지 않았다. 어둠이 짙어져 결국은 단단한 물질로 만든 벽이 되었는데, 짝을 찾는 동물들의 격한 울부짖음은 벽에 구멍을 뚫고 그 공간을 소리로 채우는 것 같았다. 우리는 미동도 하지 않은 채 새벽 공기의 차가움에 떨면서, 우리 주변을 둘러싼 모든 것이 순수한 교미, 동물들의 순수한 욕망, 순수한 충동, 순수한 생명이란 사실을 알게 된 것 자체가 감동이었다.

8시가 지나자, 날이 밝기 시작하면서 침묵은 서서히 들판으로 물러났다. 동쪽을 바라보니 아직 산 뒤에 숨어 있던 태양이 뿜어낸 붉고도 하얀색 햇살 위로 톱니 모양의 톨레도 산을 볼 수 있었다. 그 순간 우리는 조금 더 SUV에서 벗어나, 스페인의 세렝게티 주변을 돌아다녔다. 풀잎은 이슬을 머금고 있었다.

구식 용어를 사용한다면 경비 반장이었던 후안 안토니오 페르난데스는 나에게 다가와 며칠 전 핸드폰으로 찍은 동영상을 보여 주었다. 거기에는 뿔이 얽힌 사슴 두 마리가 있었는데, 그 중 한 마리는 이미 죽은 상태였다. 그런 식으로 힘을 겨루다가 심하게 얽혀 버렸는데, 절망적인 몸부림에도 불구하고 살아 있던 사슴조차도 벗어날 수 없었다. 왼쪽 오른쪽으로 절망적인 고갯짓을 하면서, 멧돼지 한 쌍이 죽은 사슴의 배를 열어 자기 눈앞에서 게걸스럽게 먹어 치우는 것을 지켜봐야만 했다.

후안 안토니오 페르난데스는 우리에게 토종 떡갈나무들을 많이 심고 있다고 이야기했다.

"풀을 잘 밟아 보면, 비가 적게 왔기 때문에 첫눈에는 마른 것처럼 보여도, 그 아래에서는 아침의 촉촉함 덕에 한층 더 푸르러진 것을 느낄 수 있을 겁니다."

8시 15분이 되자 태양이 아직 산등성이 위로 모습을 드러내지 않았는데도 눈부신 햇살이 온 세상에 넘쳐났다. 10분이 더 지나자 해를 향해 눈을 돌리면 눈이 멀 정도의 노란 원반과 같은 태양이 모습을 드러냈다. 9시 조금 안 되었을 때, 햇살은 거울처럼 넓게 펼쳐진 초원을 밝게 비추며 떡갈나무 줄기에 부딪혀 긴 그림자를 만들었다. 우리 마음속 깊이 파고든 10월의 추위를 떨치기 위해 햇살에 몸을 맡기고 싶었다.

"겨울에는 기온이 영하 4도까지 내려가요." 경비 반장이 말했다. "그러면 사슴들은 산으로 올라가 시스투스를 먹으며 겨울을 나지요. 봄에는 다시 산에서 내려오는데, 그렇게 몸이 약해진 것 같지는 않아요. 대부분은 잘 먹은 탓인지 영양 상태가 좋아 보이죠."

우리는 여덟에서 열 마리 정도의 같은 방향으로 날아가는 그리폰독수리 떼를 보았다.

"아마 가까운 곳에 사체가 있는 것 같군요." 후안 안토니오가 말했다. "곧 검독수리도 볼 수 있을 거예요."

한눈에 주변을 둘러보던 아르수아가가 입을 열었다.

"이것이 우리가 볼 수 있는 가장 구석기적인 모습이에요."

다시 차에 올라 도토리를 떨구려고 뿔로 고집스레 떡갈나무에 박치기하는 사슴 곁을 지나갔다. 잠시 후 우리는 산기슭에 도착했는데, 경비 반장은 우리가 독수리를 관찰할 수 있게 그곳에 망원경을 설치했다. 독수리의 실루엣이 산꼭대기 위에 또렷하게 드러났다. 위용에 압도된 채 한참 동안 독수리를 관찰한 다음, 주변에 서 있던 나무들로 시선을 돌렸다. 시스투스, (향이 강한) 도금양, 백리향, 야생 올리브, 코르크참나무, 산매자나무, 쥐똥나무, 히스 등이 눈에 들어왔다. 경비 반장이 촘촘하게 서 있는 나무들의 이름을 하나씩 차례로 지으며 나무를 창조한 것 같다는 생각이 들었다.

우리는 갈대가 우거진 작은 연못을 발견했는데, 개울물이 흘러들어 오고 있었다.

"여기는 아주 맑고 건강한 환경에서만 서식하는 개구리, 수달 그리고 작은 물고기들이 많이 살고 있어요." 후안 안토니오가 이야기했다.

이런저런 냄새들 사이로 마저럼marjoram 향이 강하게 풍겨왔다. 다양한 모습으로 지천으로 깔린 지의류들이 진정한 의미의 정원을 만들고 있었다.

우리는 검독수리를 찾아 산 위로 걸어 올라갔다. 잘 익은 산매자 열매를 따 먹으려고 가끔 걸음을 멈췄다.

"곧 해발 900미터 높이에 도착할 거예요." 후안 안토니오가 이야기했다. "그곳에서부터는 정말 인상적인 목초지가 펼쳐질 겁니다."

우리는 도토리 맛을 보았다. 아직 익지 않아서인지 너무 썼다.

11시가 되자 태양은 이미 중천에 와 있었고, 기온도 올라가기 시작했다. 우리는 재킷과 조끼를 벗으며 낮과 밤의 일교차가 너무 심하다는 이야기를 나눴다. 바로 그때 우리 앞에 두 마리 검독수리가 나타나 리허설처럼 보이는 시범 비행을 했다.

휴식을 위해 걸음을 멈추자 고생물학자가 나에게 몇 가지 알려 주었다.

"생태계에 가장 영향력이 큰 것은 식물이에요. 피라미드의 가장 아래쪽에 있으면서 바이오매스의 대부분을 차지하거든요. 그리고 1차 소비자인 사슴, 멧돼지 그리고 여타 초식 동물들이 이 식물을 먹고, 그다음에는 늑대와 독수리 등이 초식 동물들과 우리가 2차 소비자라고 부르는 것을 잡아먹지요."

"위로 올라갈수록 개체 수가 줄어요…" 후안 안토니오가 알려 주었다. "카바네로스에는 하늘의 황제 격인 독수리가 세 쌍이 있어요. 살쾡이도 있기는 한데 잡아먹을 토끼가 없어서 개체 수가 얼마 되지 않아요. 살쾡이들은 오히려 바닥이 부드러워 토끼들이 살기 좋은 주변 농장에 많이 살지요."

아르수아가가 말을 받아 이어 나갔다. "먹이 피라미드를 좀 더 올라가면 2차 육식 동물들에 이어, 예를 들면 사자와 같은 슈퍼 육식 동물들이 나오지요. 물론 플라이스토세처럼 사자가 존재했던 때가 되어야겠지만요. 피라미드의 꼭대기에 있는 동물로는 독수리가 대표적인데, 시체를 먹는 동물들이, 다시 말해서 신神을 먹어치우는 동물들이 있지요. 피라미드를 더 올라가면 포식자가 나오는데 이들은 더 넓은 영역이 필요해요. 검독수리는 엄청나게 넓은 영역을 필요로 하죠. 피라미드는 재난만 없으면 어느 정도 안정적인 상태를 유지해요. 예를 들어볼까요. 화산 분화구에 있는 탄자니아의 응고롱고로 국립 공원은 면적이 카바네로스와 비슷한데요. 첫 번째 조사를 했을 때 사자가 몇 마리나 있었을 것 같나요?"

"전혀 감이 안 잡히는데요." 내가 말했다.

"20마리 정도의 어른 사자, 그리고 새끼와 젊은 사자 들이 몇 마리 더 있었어요." 아르수아가가 이야기했다. "80년이 지났는데 지금은 어른 사자가 몇 마리나 있을까요? 여전히 20마리밖에 없어요. 영역이 더 이상의 개체 수를 용납하지 않기 때문에 늘어날 수가 없는 거죠. 문제가 있는 해에는 개체 수가 늘어날 수 있지만, 우리가 이해하는 한 전체적으로 일정 규모가 유지되지요. 생태계에서는 이를 '생태계의 수용력'이라고 부르지요. 각각의 종들을 수용할 수 있는 만큼만 수용하는 거예요."

"그렇군요." 나는 모르는 척 숨을 고르며 이야기했다.

"이것을 우리는 '평형 상태의 개체 수'라고 불러요. 사실 유토피아라고 할 수 있는 상태인 거죠. 그렇지만 개체 수 차원의 평형 상태는 존재하지 않아요. 물론 너무 많거나 너무 적은 시기도 있어서 평균을 이야기하는 거예요. 살기 좋은 해에는 사슴이 넘쳐나지만 안 좋은 해에는 적어져요. 개체 수가 안정적이려면, 예를 들어 스페인에서는 그렇지 못한데요. 각각의 쌍마다 자식이 둘이어야 해요. 스페인의 경우 평균 출산율은 2명이안 돼요. 그래서 이민자가 없으면 인구가 줄어드는 거죠. 부모가 죽었을 때, 1.5명의 자식만 남기고 있어요. 반대로 출산율평균이 부모 한 쌍당 3명을 넘으면 베이비붐 현상이 나타나지요."

내가 발전하고 있다는 것을 보여 줄 요량으로 스스로 결론을 내려 보았다. "개체 수 차원의 안정을 이루려면 세대가 바뀔 때마다 평균적으로 한 쌍이 두 명의 자식을 낳아야 하는 거군요."

"사실 이것은 평균이에요." 그가 못을 박았다. "모든 사람이 자식이 둘일 수는 없어요. 자연 선택이라고 부르는 것이 있으니까요. 환경이 좋으면 여덟 명도 가질 수 있고, 나쁘면 한 명도 못 가질 수도 있지요. 그렇지만 결과적으로 안정적인 개체 수를 유지하려면 언제나 부모 한 쌍에서 두 명의 자식이 살아남아야 하는 거죠."

"다른 자식들은 어떻게 되죠?"

"방금 말씀드렸잖아요. 다른 것들은 포식자에게 잡아먹히거나 배고픔, 갈증, 질병, 사고, 추위, 이중 뭐가 되었든 간에 이런 이유로 죽을 거예요. 바로 여기에 자연 선택이 있어요. 많이 태어나더라도, 살아남아 번식할 수 있는 것은 둘뿐이에요. 다양한 방법으로 죽게 되지요. 뿔이 얽힌 사슴 두 마리에게 무슨 일이 일어났는지 봤잖아요. 정말 바보같이 죽었죠. 그렇다면 '준비된' 죽음이 가능할까요?"

"수학적으로 봤을 때 언제나 둘만 남나요? 그렇지 않을 것 같다는 생각이 들어서요."

"만일 개체 수가 안정적이려면 그래야 해요. 이 공원에서 국가가 관리하는 1만 6,000헥타르에는(나머지는 개인 농장이에요) 사슴이 4,000마리가 있는데, 반절은 수컷이고 반절은 암컷이라고 하죠. 그리고 암컷 중에서 절반 이상이 번식 가능하다고 해볼까요. 나머지는 아직 어리다고 하고요. 1,400마리 정도가 가임기라고 가정했을 때, 만약 가임기의 사슴 한 마리가 1년에 한 마리씩 새끼를 낳았는데 한 마리도 죽지 않는다면 1년에 1,400마리가 늘어나게 되겠죠."

"그러면 그 정도를 다시 솎아내야겠네요. 포식자가 없으니까 말이에요. 이 자연 공간도 조금은 인위적이란 의미가 되는군요."

"중요한 것은 이런저런 이유로 언제나 두 가지가 남는다는 것이지요. 이것을 적어 놓으세요."

"공간은 스스로 조절하지 않는다는 생각과는 모순 아닌가요? 어제 이야기했던 것 말이에요."

"분명히 스스로 조절하기는 하지요."

"어제는 아니라고 했잖아요."

"스스로 조절하지 않는 것은 종 차원의 이야기예요. 사슴은 스스로 조절하지 않아요. 하지만 늑대나 공원 관리인은 사슴의 개체 수를 조절하지요. 뭐라고 해도 좋은데, 이 경우에는 생태 피라미드라는 구조가 만들어진다는 거죠. 개체 수의 크기가 안정되면 생태 측면에서의 피라미드가 유지되지요. 가장 아래에는 비중이 큰 식물이 있고, 2층에는 상당히 개체 수가 많은 초식 동물이 있고, 3층에는 개체 수가 적당한 육식 동물이 있어요. 이런 식으로 계속해서 꼭대기까지 올라가지요. 개체 수 측면에서 안정적인 곳에서는, 이것은 내 생각이긴 한데, 각각의 종의 각각의 쌍은 뭐라고 하든 번식할 수 있는 한 쌍을 다시 낳아야 해요. 더 많은 새끼를 낳을 수도 있지만, 상당수가 사고가 나거나, 싸우다가, 혹은 굶거나 추위로 죽게 될 거예요. 잡아먹힐 수도 있고요.… 언제나 최종적인 결과는 똑같아요. 번식할 수 있는 한 쌍이 다시 번식할 수 있는 한 쌍을 낳는 거죠. 생태계의 모든 종은 비록 과정은 다르지만 똑같은 결과에 도달해요."

"인간은 이런 규칙을 깨고 있잖아요."

"농업과 목축업을 발명했기 때문이지요. 만일 선생님이 목축업자이고 아스투리아스에 목초지를 가지고 있다면, 이 목초지에서 생산되는 풀을 가지고 소를 몇 마리나 키울 수 있을지 알 거예요. 또 하나는 이 소들에게 사료를 준다는 거죠. 그런데 다른 예도 한번 들어보죠. 쥐가 한 마리 있는데 신이 알아서 먹여 준다고 해 볼까요. 이 쥐는 3년을 살 수 있어요. 금세 어른이 될 텐데, 두 마리의 번식이 가능한 후손을 갖기 위해서라도 3년 동안 새끼를 엄청나게 낳을 겁니다. 사슴은 사망률이 낮아서 쥐와 똑같은 일을 하는데 20년이나 살아요. 왜 사슴의 사망률은 낮을까요? 사슴은 몸집도 크고 뿔이 있을 뿐만 아니라, 믿기 힘들 정도로 빠르게 달리기 때문이에요. 말보다도 더 빨리 달려요. 덕분에 더 오래 자랄 수 있었고, 먹여 주고 보호해 주는 등 엄마의 보살핌도 더 많이 받았겠지요. 그래서 1년에 한 마리만 낳아요. 우리 이야기는 어떻게 끝날까요?"

"어떻게 끝나죠?"

"쥐는 3년을 살고 엄청 많은 새끼를 낳겠지만, 어떤 경우든 마지막에는 두 마리만 남을 거예요. 사슴은 20년이나 살지만, 마지막에 번식할 수 있는 새끼는 여기도 한 쌍 정도일 거예요. 지질 차원에서나 시간 차원에서 봤을 때 결과는 똑같아요. 미야스 선생님, 잘 보세요. 선생님에게 똑같은 이야기를 다양한 방법으로 하기 시작한 지 1년이 지났어요. 그런데 선생님이 잘 이해했는지는 모르겠어요."

"어느 정도는 이해했어요." 솔직히 이야기했다.

"플라이스토세의 토끼와 코끼리가 나눈 다음의 대화를 한번 상상해 보시죠."

토끼: 코끼리, 자네는 정말 오래 사는 것 같군.

코끼리: 영리하고 몸집도 큰 데다 나를 잡아먹을 수 있는 동물이 별로 없거든.

토끼: 가장 중요한 것이 그것인가?

코끼리: 내가 보기에는 그래.

토끼: 그런데 후손도 없이 죽는다면 자네 유전자도 연속성이 없을 테고 전혀 존재하지 않았던 것처럼 되어 버릴 거야. 자네 이렇게 되길 바라나?

코끼리: 그렇지는 않지. 후손을 통해 영속하게 될 거야.

토끼: 그렇다면 코끼리, 자네는 그리 영리한 게 아냐. 번식을 할 수 있는 새끼 두 마리를 낳는 데 70년이나 필요하니까 말이야. 똑같은 일을 나는 3년이면 하거든. 그뿐만 아니라 코끼리보다는 토끼가 더 많잖아. 우리가 수적으로는 이긴 셈 아닐까?

몇 명의 인간이 마침 그곳을 지나다가 토끼 쪽으로 다가왔다.

토끼: 자네들이야말로 정말 영리해. 동굴 벽에 아름다운 동물들을 그렸으니까.

인간: 맞아! 당연하지! 우리는 정말 영리해.

토끼: 인간은 평균적으로 번식할 수 있는 자손을 몇 명이나 낳지?

인간: 둘이야.

토끼: 나와 똑같군. 그런데 자네들은 그 정도의 평균을 얻기 위해 60에서 70년이나 필요하잖아. 나는 단지 3년이면 되는데.

인간: 그렇지만 우리는 더 오래 살지.

토끼: 생명은 개체가 더 오래 사는 것이 아니라, 유전자가 살아남을 수 있는가가 더 중요하다고 볼 수 있어. 그러고 보면 자네들도 그렇게 영리한 것은 아니군. 무엇보다도 우리 토끼들이 자네들보다 더 영리하니까. 여기는 토끼들의 나라야, 인간들의 나라가 아니라고.

"그렇다면 위의 셋 중에서 누가 가장 영리한 걸까요?" 고생물학자가 물었다.

"누구죠?" 내가 되물었다.

"만 년 후에 우리는 계속해서 여기 존재한다고 해도, 몸집이 커다랗고 수명이 길었던 동물들이 상당수 멸종했듯이 코끼리는 이미 멸종되었고 우리도 멸종될 위기에 처해 있다면, 그런데도 토끼는 살아남았다면 살아남은 동물은 토끼이기 때문에 토끼가 가장 영리하다고 볼 수 있겠죠. 곧 알 수 있을 거예요."

"유전자의 연속성이라는 같은 결과를 얻기 위해서 서로 다른 전략을 쓰고 있는 거군요." 내가 결론을 내렸다.

"배아 단계의 선을 유지하기 위해 다른 전략을 쓰는 거죠. 각 개체는 이 배아 단계의 선을 위한 일종의 껍데기라고 할 수 있고요. 지금부터 이야기하는 것은 아주 중요하니까 잘 적어 놓으세요."

"말해 보세요."

"다윈주의자들에 의하면, 늙음의 원인은 하나가 아니에요. 선생님의 뼈는 70년 정도 사용할 수 있도록 설계되었어요."

"그것은 프로그래밍 되었다는 소리 같네요."

"그렇게 들리지요. 하지만 그렇지 않아요. 구석기 시대의 인간은 70년 이상을 살지 못했어요. 폐차장에서 자동차를 예로 들었던 적이 있어요. 외부로부터의 충격이 멈추지 않아서, 즉 외적인 원인으로 인해서 그 어떤 차도 10년 이상을 버티지 못한다면 20년 이상 갈 수 있는 부품을 생산하는 것이 의미가 있을까요? 모든 것이 프로그래밍된 것처럼 보여요. 하지만 프로그래밍은 없어요. 오직 자연 선택만 있을 뿐이지요. 미야스 선생님, 과학에서는 언제나 반대로 생각해야 해요. 태양이 우리 주변을 도는 것처럼 보이지만, 그건 아니지요. 지구가 평평한 것처럼 보이지만 마찬가지로 이것도 아니고요. 이 두 가지 명백한 사실을 깨닫는 데 우리는 수 세기가 걸렸어요. 닐스 보어가 제자에게 했던 '자네 이론은 엉터리이긴 하지만, 사실이라고 주장할 정도로 그렇게 엉터리이지는 않아.'라는 말을 잘 기억해야 해요."

"알았어요."

"자연 선택에서는, 언제나 명심해야 하는데, 중요한 것은 개체뿐이에요. 개체나 유전자에 반할 수 있는 것은 없어요."

"자연 선택은 종을 위해 일을 하는 법이 없나요?" 내가 물었다.

"종이 무엇인지 알지 못해요. 그것은 너무 추상적이니까요. 자연 선택은 해당 생태적 적소에서 가장 잘 적응한 개체를 최고로 인식하고, 최고의 개체들만 남기지요. 다시 말해서, 자기 분야에서 최고인 최고의 토끼, 최고의 살쾡이, 최고의 사슴, 최고의 코끼리만요. 그렇다면 누가 아이를 가질 수 있을까요?"

"최고들이겠죠." 내가 말했다. "종 차원에서 최고로 잘 적응했다고 할 수 있는 것이요."

"부수적인 효과죠. 그러나 사전에 프로그래밍이 되어 있어서가 아니에요. 생각하는 정신이라는 것은 없어요. 사실 자연 선택은 선택하지 않아요. 선별할 뿐이지요. 명확해졌다는 생각이 들면 이 뉘앙스 차이도 적어 놓으세요."

"정말 어렵네요. 우리 주제로 돌아간다고 했을 때, 모든 게 늙음과 죽음은 프로그램되어 있다고 말하고 있어요. 아니라고는 말하지 마세요."

"느낌이 그런 것 때문은 아니라고 말하고 싶지 않아요. 지구가 평평하다고 느끼지만, 분명히 잘못된 느낌인 것처럼 말이에요. 이 문제를 제대로 이해하려면 다시 죽음의 외적 원인으로 돌아가야 해요. 포식자가 존재하고, 자원이 제한적일 경우에 토끼는 3년밖에 못 살아요. 생태계에는 새끼를 낳을 수 있는 모든 토끼를 먹여 살릴 만큼 충분한 먹거리가 없거든요. 그러므로 3년 후에 일어나는 일은 다 똑같지요. 즉, 자연 선택은 그런 것을 볼 수도 없고 신경도 쓰지 않아요. 당연히 죽었어야 할 그 나이부터는, 뭐든 상관없지만, 이미 우리가 이야기를 나눴던 관절염이나 백내장 등의 돌연변이성 문제가 출현하기 시작하는 거죠."

"그것이 바로 늙음이군요."

"맞아요."

"그렇다면 늙음이란 일반적인 원인은 없는 셈이네요?"

"없어요. 우리의 경우에는 의학이 해결책을 제시하고 있는, 많은 문제점을 유발하면서 여기저기에서 활발하게 활동하고 있는 다양한 유전자가 원인인 셈이지요."

"의학도 해결책의 일부만 제시할 뿐이에요."

"그래요. 일부이긴 하지만, 그것도 나쁘진 않죠. 엉덩이에 인공 관절을 넣기도 하고, 인공 수정체를 삽입하기도 하고, 콜레스테롤 약이나 혈압 약을 처방하기도 하고, 심장 스텐트 시술을 하고, 심장 박동 조율기도 있고요…. 이런 임시방편을 이용해 우리 삶을 연장하거나 개선하지요. 그러나 세포 차원에서 할 수 있는 것은 아무것도 없어요. 부분적이기는 하지만 이런 해결책을 통해서 지금부터 태어나는 사람들은 대부분 100세 이상 살 거라고 해요. 그래서 언제나 죽음이 프로그래밍되어 있었으면 정말 좋겠다고 이야기했던 거예요. 그렇다면 프로그램만 풀면 되거든요."

산 정상에서 본 목초지의 풍광은 사실 내 눈처럼 닳아빠진 수정체를 통해 봐도 놀라운 데가 있었다.

검독수리들이 공중 곡예를 마치기로 결심했을 때 우리는 하산을 시작했다.

17

___

붉은 여왕

고생물학자와 내가 이 프로젝트를 시작했을 때부터 나는 매일 창가에 서서 혹시라도 늙음이 찾아오는지 지켜보았다. 물론 안에서부터 올 수 있다는 사실 역시 무시하지 않았기에, 몸 전체는 현대식 병원이라는 창을 통해 들여다볼 수 있었던 안마당인 셈이었다. 혈액과 소변 (대변까지도) 분석, CT 단층 촬영, 엑스레이, 초음파 검사, 방사선 투시, 심전도 검사, 검사 안내서…. 나는 안마당의 건강 상태를 확인하기 위해 이 모든 검사를 다 받았는데, 안마당의 상태는 습기도 차고 여기저기가 눈에 띌 정도로 칠도 벗겨졌지만, 그렇다고 최악의 상태는 아니었다.

나는 외출을 하거나 출장을 갔을 때, 갑작스레 늙음이 나를 급습하지 않을까 두려웠다. 체육 수업을 하는데 많은 사람이 지켜보는 앞에서 갑자기 첫 번째 생리가 터져 놀라지 않을 수 없었던 소녀처럼 말이다. 나는 가족의 보호를 받을 수 있는 곳에서 멀리 떨어진, 집필하거나 독서를 할 때 나를 둘러싸고 있던 주물呪物 성격의 사물들이 제공하던 보호에서 멀리 떨어진, 이런 엉뚱한 곳에서 늙음이 나를 목표로 사냥에 나설까 봐 공항이나 기차역이 두려워지기 시작했다.

아르수아가의 계산에 따르면, 분명히 늙음은 이미 나에게 상당히 접근을 텐데, 아직은 이곳에 나타난 것 같지는 않았다. 최소한 내 나이 또래들 대부분이 늙었다고 느끼는 것보다는 덜 인식하고 있었다. 물론 여행을 하면 피곤해진다는 것은, 아니 녹초가 된다는 것은 분명한 사실이었지만, 몇 시간을 자고 나면 새 프로젝트를 착수해도 될 만큼, 육체적이고 지적인 모험을 떠날 수 있을 만큼 건강이 회복된다는 것 또한 사실이었다. 사실 디노 부차티의 《타타르인의 사막》에 등장하는 군인 같다는 느낌이었다. 소설 속 장교는 요새 방어를 지휘하도록 파견되었는데, 그의 상관들의 말에 의하면 곧 적군의 공격을 받을 위기에 처한 곳이었다. 그런데 공격은 일어나지 않았고 그러는 동안 몇 년이 흘렀는데, 현실에서는 일어나지 않았지만, 언젠가는 반드시 일어날 거라고 믿었던 일에 오롯이 삶을 바쳤던 장교는 당연히 이상하다는 생각을 가질 수밖에 없었다. 나의 늙음은 실제 삶에서는 아직 닥치지 않았지만, 상상의 세계에서는 언제나 실재하고 있었다.

우리 책의 마지막 장을 향한 모험을 시작하기 며칠 전, 〈세르la SER〉 라디오 네트워크에서 나에게 크루즈 여행 관련 보도 기사를 한 편 써 보지 않겠느냐고 제안했다. 이를 위해서는 로마로 날아가 그곳에서 코스타-피렌체호에 승선하여, 로마-나폴리-마요르카로 이어지는 여정을 밟은 다음, 다시 마요르카에서 마드리드로 돌아오는 비행기를 타야 했다. 나는 제안을 수락했다. 하나의 제안 아래 감춰진 또 다른 일까지 거절하는 것처럼 비칠까 봐 나는 함께 일해 보자는 제안을 거절해 본 적이 없었다.

보이는 것은 별거 없다.

출발 전날 밤, 갑자기 늙음이 모습을 드러낼지도 모른다는 사실이 두려워, 마지막 순간에 여행을 취소해야 하지 않을까 두려워 거의 잠을 자지 못했다. 로마행 비행기는 아침 일찍 출발했기 때문에, 나는 새벽 5시에 일어나 안마당을 짧게 살펴봤는데 다행히 모두 정상이었다. 바라하스 공항의 4번 터미널에서 민첩한 젊은이들처럼 가방을 등에 메고 긴 복도를 따라 걷고 있는 나를 발견할 수 있었다. 기분이 좋았을 뿐만 아니라 행복감까지 느꼈다. 함께 여행할 동료인 프란시스카 라모스는 라디오 특집 보도를 여러 차례 함께 진행했던 사람으로, 나에게 이런 기분을 느끼게 해 줄 수 있는 사람이었다.

"선생님, 일어나면서부터 반짝반짝 빛이 나네요."

나는 하마터면 잠을 전혀 자지 못했다는 사실을 털어놓을 뻔했다. 그러나 예외적이라고 밖에는 할 수 없었던, 그날 아침의 활기찬 모습이 일시적인 흥분의 탓으로 여겨질까 두려워 입을 다물었다. 임종을 앞둔 사람이 죽기 전날 밤 갑자기 호전되는 듯한 기분을 느끼는 것도 아마 이와 같을 것이다.

그러나 이 이야기에서 가장 중요한 일은 배에서 일어났다. 비로소 고생물학자가 동물원의 동물들을 언급하며 나에게 여러 번 이야기했던 포로 생활을 경험할 기회를 맞았던 것이다. 자연의 외적 위험으로부터 자유로웠을 뿐만 아니라, 동물들 건강을 꼼꼼하게 챙기는 수의사들과 사육사들이 보살펴 주는 덕분에 자연에서 사는 동물들보다 몇 년씩은 더 살 수 있었지만, 이로 인해 자기 차례가 되었을 때 죽었더라면 자연 선택이 알아서 제거했을 그런 만성적인 질병을 앓아야만 하는 동물이 된 셈이었다.

인간에 속한 개인의 일상생활은, 언젠가 한 번 설명했듯이, 스스로를 길들인 세계에 속해 있었기 때문에 포로라는 이름으로 알려진 모습을 띨 수밖에 없었다. 그러나 코스타-피렌체호에서 지내며 느꼈던 것처럼, 조금 과장된 포로 생활에 대한 경험을 느끼게 해 줄 때까지는 우리는 전혀 의식하지 못한 채 살아간다. 물론 감옥을 이야기하는 것은 아니다. 먼저 포로 생활과 감옥의 차이를 지적해야 한다. 나는 보호받고 있는 자연 공간에서 살아가는 동물들의 삶을 포로 생활이라고 생각한다. 그들이 살았던 서식지를 본뜬 현대 동물원에서 낮잠 자는 동물들의 삶 그리고 우리가 집에서 기르는 고양이, 개, 햄스터, 새

등의 삶 또한 포로 생활이다.

몇 년 전 나는 카나리아를 키우고 있었는데, 어느 날 새장 문을 열어 주었다. 잠시 후 새는 밖으로 나오긴 했는데, 다시 새장으로 돌아가는 방법을 찾을 때까지 잔뜩 겁을 먹고 방 안을 날아다녔다. 결국 부리로 새장의 문을 닫았다. 포로 상태에서 태어났기 때문에 어떤 면에서는 새장 자체가 자기 몸의 일부가 된 것이다. 그리고 새장 밖으로 나옴과 동시에, 즉 몸 밖으로 나옴과 동시에 엄청난 공포가 밀려오는 것을 느꼈던 것이다.

카나리아에 대한 기억은 고생물학자와 내가 사슴들의 발정기 축제를 참관하려고 카바네로스 자연 보호 공원에 갔던 것을 떠올리게 했다. 당시 나는 '보호를 받는' 공원을 어디까지 '자연'이라고 볼 수 있을까 하는 의문이 생겼다. 사실 절반밖에는 자연이라고 할 수 없었다. 이건 평형을 유지하려고 일 년에 1,400마리씩 인위적으로 제거하는 것만 봐도 확실히 알 수 있었다. 진짜 자연 공간에서 일어날 수 있는 사고, 질병, 포식자 등에 의한 죽음을 대체한 인위적인 제거로 인한 죽음이 있기는 하지만, 그래도 비교적 잘 살고 있다고 말할 수 있을 것이다. 육식 동물로부터 도망치지 않아도 된다는 묘한 안도감을 영원히 안고 가기는 하겠지만 말이다.

이것이 크루즈선에서 나에게 일어났던 일이었다. 나폴리 항에 기항했을 때 (프로그램에 들어 있는 여행이었다) 조금 전에 이야기했던 포로 생활에 대해 좀 더 깊게 느껴보고 싶어 배에서 내리지 않기로 마음먹었다. 가볍게 이야기해 보자. 포로 상태에서 태어난 햄스터가 열망할 수 있는 모든 편의 시설을 갖춘, 멋진 우리에 갇힌 햄스터 같다는 생각이 들었다. 햄스터가 바퀴를 돌릴 때의 끈기로 매일 커다란 배 안에서 빙빙 돌면서, 의사가 처방해 준 대로 하루에 1만 보씩 걸었다. 아침 산들바람과 바다의 경관이 내 감각 기관을 자극했다. 나와 똑같은 운동을 하는 또 다른 햄스터들이 있었는데, 그들 중 몇 사람은 갑판 여기저기에 널려 있던 다양한 기구 앞에서 걸음을 멈추고 운동을 하기도 했다. 미니 골프를 즐기는 사람도 있었고, 스트레칭을 위해 만들어 놓은 기구에서 운동하는 사람도 있었다.

어느 날 (갑판에서) 쳇바퀴를 도는 운동을 한 다음, 머리를 깎으러 갔다. 젊은 여자 이발사가 눈 밑에 생긴 주름 때문에 나를 '힐책'했다. 그러나 그것은 고양이가 잘못된 행동을 했을 때 꾸짖는 것처럼 일종의 애정 어린 힐책이었다. 기분을 나쁘게 하지 않았을 뿐더러 반대로 걱정의 표현으로 느껴지기도 했다.

"무엇을 좀 드릴까요?"

"크림요." 나는 거짓말로 대답했다.

그녀는 자리를 떴다가 잠시 후 작은 병을 가지고 다시 돌아와, 병에 든 것을 내 주름에 한 방울 떨어트린 다음, 액체가 넓게 번지자 앰플이 잘 스며들도록 손가락 끝으로 내 피부를 두들겨 주었다. 이어서 나에게 거울을 한번 보라고 이야기했다. 이건 기적이었다! 내 주름이 사라진 것이다. 그러나 나는 그것을 61유로에 사도록 강요받기 시작했다. 덕분에 주인이 요구할 때마다 주인에게 다리를 내밀어야만 하는 강아지처럼 너무 힘들다는 생각이 들었다(주인이 제공하는 맛있는 간식으로 보상받긴 했다). 하지만 강아지들은 부풀려진 포로 생활에서 즐거움을 느끼기 시작했기 때문에, 기꺼이 그런 행동을 했을 것이다(이발 요금으로 35유로를 냈는데, 이는 동시에 두 발을 든 것과 똑같았다).

나는 배에 있는 수많은 레스토랑 중 한 곳에서 맛있게 식사를 했다. 햄스터처럼 혼자서 정신을 집중하고 식사하면서, 그곳에 있는 모두가 일종의 '~인 것처럼'과 똑같다는 생각이 들었다. 사우나 벽에 그려진 프레스코 벽화는 로마 시대의 작품인 것처럼, 황금빛 수전은 황금으로 만든 것처럼, 플라스틱 와인 잔은 유리로 만든 것처럼, 인조 대리석 기둥은 진짜 대리석인 것처럼…. 불현듯 작은 거북이들이 들어 있던 수조가 떠올랐는데, 수조 한 가운데에는 가짜 야자나무도 있었다. 나는 인간을 위해 만든 수조에 있는 셈이었다. 비록 야자나무는 플라스틱으로 되어 있었지만, 스스로 그곳에 찾아갔다는 전제하에 본다면, 모든 것이 여행사 포스터와 일상의 소비 사회가 팔고 있는 호사스러운 삶을 연상시키는 곳이었다. 카바네로스의 자연 보호 공원에 사는 사슴들 역시 자유롭게 사는 '~것처럼' 하루하루를 보내고 있을 것이다. 수의사들이 매일매일 식사를 관리하는 동물원의 사자 역시 마찬가지일 것이다.

크루즈 여행을 하는 동안 나는 죽을 수도 없었다. 포로 상태의 동물들은 금세 건강을 회복하기 때문에 잘 죽지도 않는다.

조금은 과장된 포로 생활을 경험한 지 며칠이 지나자 아르수 아가는 아침 8시 15분 전에 자기 집 앞에서 만나자고 했다. 어디에 갈 것인지는 이야기하지 않았지만, 두툼한 옷을 입고 오라는 조언을 했다.

그의 차에 오르자, 차가 아직 기계적인 측면에서는 완벽하지만 신경망에는 문제가 있다는 것을 알려 주었다.

"그래서 뉴런을 새로 설치했어요." 나를 진정시키려고 한마디 덧붙였다.

부르고스로 가는 도로를 타고 마드리드를 벗어났다. 이런저런 대화를 이어 나갔지만, 노르웨이에서 겨울에 눈이 오지 않으면서부터 자살률이 높아졌다는 이야기를 꺼낼 때까지만 해도 내 관심을 끌 만한 이야기가 없었다.

"왜죠?"

"눈은 밝게 빛나기 때문에 기분이 좋아지게 만들어 주거든요. 눈이 없으면 온 세상에는 어둠뿐이니까요."

기후 변화에 대한 디스토피아적인 정보라고 이야기할 만하다는 생각에 잘 적어 두었다.

"내 딸은 노르웨이는 아니고, 런던에서 살아요. 그런데 오후 4시에 벌써 해가 지기 때문에 요즘 유행하고 있는 태양을 모방한 LED 등을 샀대요. 염세주의적인 생각과 싸우려면 전략적으로라도 이런 것을 설치해야 해요." 그가 한마디 덧붙였다.

LED 등 역시 '~인 것처럼'일 거라는 생각이 들었다. 좀 더 정확하게 이야기하자면 태양인 '것처럼' 행세하는 것이었다.

소모시에라 산마루 온도는 영상 2도 정도였고, 낮게 뜬 구름 천장이 위협적으로 우리 머리 위로 몰려왔다. 내리막길이 시작할 무렵 우리는 닛산의 전조등이 어렵사리 구멍을 뚫어놓은 짙은 안개와 마주쳤다. 우리는 앞차의 붉은 불빛에 의지해서 천천히 차를 몰았다.

"안개 때문에 우리를 둘러싼 나무들을 볼 수 없어서 유감이기는 하네요. 가을색은 그 무엇과도 비교할 수 없는데." 아르수아가가 이야기했다. "부탄가스가 오면 땔감을 만들기 위한 벌목을 그만둬서 이런 숲은 부탄가스 배달원이라고 부르지요."

더듬더듬 운전해야만 했기에 너무 긴장한 나머지 뭔가 불길한 침묵에 빠져들었다. '불길하다aciago'는 단어와 '더듬더듬 a ciegas'이란 단어가 서로 가깝게 공존하겠다는 생각에서인지 비슷한 소리를 만들었다. 속으로 '불길한'이란 단어의 동의어를 찾아보다가 '운수가 좋지 않은'이라는 단어를 떠올랐는데, 왠지 이유는 잘 모르겠지만 언제나 나를 웃음 짓게 했다. 그래서 빙긋이 웃음을 지었다.

"뭣 때문에 웃나요?" 고생물학자가 물었다.

"'운수가 좋지 않은'이란 단어 때문에요." 나는 사실대로 털어놓았다.

"아! 그래요!"

불길하다는 단어 때문에 웃는다는 것을 자연스럽게 받아줘서 좋았다. 아르수아가의 장점 중 하나는 흰소리도 자연스럽게 받아들인다는 점이었다.

우리는 꿈에서 깨어난 사람처럼 어느 순간 갑자기 안개에서 벗어날 수 있었다. 눈앞에 아타푸에르카 산맥이 모습을 드러냈다. 산 미얀 데 후아로스San Millán de Juarros로 들어가기 위해 왼쪽으로 방향을 잡았다.

"우리는 이제 후아로스 지역에 들어왔어요." 고생물학자가 알려 주었다. "'후아로Juarro'라는 단어는 분명히 '느릅나무olmo'를 의미하는 바스크어에서 왔을 거예요. 중세 카스티야에서는 이 나무를 이렇게 불렀거든요. 우리는 살구에로Salgüero까지 조금 더 갈 거예요. 양털 깎기 세계 선수권 대회가 벌어지는 곳으로 유명하죠."

"진짜 양의 털을 깎는 양털 깎기요?"

"다른 게 뭐가 있겠어요? 그게 아니면요."

"진짜로 양의 털을 깎는 거요?" 나는 끈질기게 다시 물어봤다.

"맞아요!"

"그런데 살구에로에 뭐하러 가죠?"

"그곳에 친구들이 있어요. 곧 알게 될 거예요."

마을에 도착한 다음, 차를 포도주 보관 창고 비슷하게 생긴 카페 앞에 주차했는데, 부르고스에 있는 곳과 똑같은 곳이 티후아나에도 있을 수 있다는 생각이 들었다. 우리는 커피를 마시러 카페에 들어갔다. 천장이 상당히 낮았는데, (그날 결코 하늘을 열고 싶지 않았던 것 같았던) 구름 천장만큼이나 낮다는 생각이 들었다. 기온이 영하와 영상을 오르내리는 날에는 실내의 온기를 보존하는 것이 절실할 것 같았다.

"곧 비가 올 것 같아요." 나는 커피 잔을 손에 들고 밖을 가리키며 이야기했다.

"상관없어요. 비가 오면 좀 젖겠지만 곧 마를 테고 그걸로 끝이죠."

"나는 젖으면 감기에 걸려요."

건물 벽에서 이 지역을 거대한 풍력 발전 단지로 만들겠다는 계획에 반대하는 내용의 캠페인을 담은 포스터를 발견했다. 전기를 생산하기 위한 풍차가 눈에 들어왔는데, '풍차가 아니라 거인이다'라는 기발한 표어와 함께 전체 풍경까지 바꿔 놓고 있었다.

"이 프로젝트가 실행되면 이것은 후아로스의 소멸을 의미한다는 사실을 이곳 사람들도 잘 알고 있어요. 얼마 전까지 서류 가방을 든 사람들이 와서 '풍차 하나 설치하는 데 1년에 얼마씩 드리지요.'라고 이야기했어요. 처음엔 임대료를 받고 사는 것 같다는 생각에 정말 반겼지요. 지금은 이것이 가져올 환경 위험에 대해 깨닫기 시작했어요." 아르수아가가 나에게 알려 주었다.

"대안이 뭐죠?"

"그것을 이야기해야 해요. 우리는 지금 무엇을 하고 있죠? 우리는 풍차를 원하지 않아요. 수력 에너지도, 원자력 에너지도 꼴도 보고 싶지 않아요. 우리는 어떻게 해야 이 골칫덩어리에서 벗어날 수 있죠?"

"나는 모르겠어요. 어떡하면 좋죠?"

"아무튼 과학을 종교처럼 믿는 일은 없어야 해요. 예전에는 모든 문제를 기도로, 다시 말해 9일 기도를 통해 풀었어요. 지금은 사람들이 문제에 직면하면 '과학이 해결할 거야.'라고 해요. 아무것도 포기할 생각은 없기 때문에 이렇게 말하는 거죠. 날아다니는 것을 포기해야 하고, 아무 생각 없이 에너지를 소비하는 것을 멈춰야 해요. 그런데 우리는 아니라고 하죠. 그럴 생각이 없다고요. 그렇다면 해결책은 마술적인 성격일 수밖에 없는데, 그것을 과학이 제시해야 하지요. 현실적인 방법으로 문제에 맞설 방법은 없으니까요."

"그렇네요."

"아무튼 20~30년 전부터는 기후 변화에 관해서 이야기하고 싶지 않게 됐어요. 당시에 아버지가 사시던 톨로사에서 열린 기후 변화 회의에서 내가 해결이 정말 어려운 문제에 봉착했다고 이야기하자, 다른 참가자가 '방법이 있어요. 불교예요.'라고 이야기하는 것을 들었어요. 나를 더 놀라게 한 것은 이 말이 아니라, 강당을 가득 메운 사람들의 환호성이었어요. 이제는 할 수 있는 일이 없다는 생각이 들었지요. 방법이 없다고요."

카페 앞에서 두 번째 커피를 마시고 있을 때 트랙터에 올라 탄 남자가 나타났다. 고생물학자는 나에게 에두아르도 세르다라고 소개했다. 그는 '살아 있는 구석기Paleolítico Vivo'라는 운동의 책임자였는데, 민간이 발의한 이 운동은, 이를 수도하던 사람들이 밝힌 바에 따르면, '생태계 보호와 연구라는 범주에서 자연과 위기에 처한 종의 보호와 보존, 그리고 이들과 인간의 조화'를 목표로 하고 있었다.

간단하게 정리하면, 세르다와 그의 친구들은 부르고스에서 몇 킬로미터 떨어진 곳에 200헥타르에 달하는 면적의 선사 시대를 복원하는 데 성공했다는 것이었다. 이곳은 유럽 들소, 몽골리아의 프르제발스키 말*, 상당히 유사성을 보이는 가축화된 말을 토대로 다시 복원하는 데 성공한 유럽산 야생마인 타팬, 다양한 소들의 교배를 통해 만든 들소의 복원 종인 오록스, 스코틀랜드 품종인 하일랜드 암소 등이 함께 살아가는 곳이었다.

"두 달 있으면 사슴과 순록도 올 거예요. 점점 확장하고 있지

✿　말의 야생종으로, 아메리카 대륙의 야생화된 야생마 개체군을 제외하면 유일하게 남아 있는 야생마의 아종이다. 주로 몽골과 중국의 초원 지대에 서식했으며, 한때는 개체 수가 많은 동물이었다. 하지만 남획과 서식지 파괴로 인해 수가 줄어들어 야생 상태에서 멸종된 것으로 보고 있다.

요." 세르다가 나에게 이야기했다.

"자연 보호 공원인가요?" 나는 카바녜로스와 로마에서 마요르카로 가는 도중에 경험했던 '~인 것처럼'이 떠올라 이렇게 물었다.

"물론이죠. 선사 시대와 선사 시대의 주인공들이 방문객들에게 다가갈 수 있도록 설계되었어요. 나는 관광객의 관리 외에도 창의적인 공방 운영과 교육 등을 책임지고 있어요. 조금 있으면 만나게 될 에스테파니아 무로는 생물학자인데 동물과 생태계를 맡고 있고요."

"그러면 내가 구석기 시대가 어땠는지 알아볼 기회를 가질 수 있을까요?"

"네. 그럼 다 같이 1만 5000년 전으로 돌아가 볼까요?"

카페와 공원 사이의 짧은 여정 동안 나는 세르다에게 풍력 발전에 반대하는 캠페인에 참여하고 있는지 여부를 물어보았다.

"물론이죠! 여기에서는 모두 다 반대해요. 그렇지 않아도 부르고스는 이베리아반도에서는 이미 벌을 충분히 받은 도시예요. 그런데도 풍차는 우리 할아버지들이 사시던 자연 경관에 아무 통제 없이 설치되고 있어요. 모든 유산이 더럽혀지다 못해 파괴되고 있을 뿐만 아니라, 예전에는 온통 녹색이었던 곳에 괴물 같은 것들이 들어오면서 다 사라져 가고 있지요. 최근의 풍력 발전기들은 높이가 280미터나 돼요. 결국에는 자연 경관이 영원히 파괴될 거고, 이로 인해 맹금류 등의 서식지 역시 대규모로 파괴되는 결과를 가져올 거예요. 풍차의 칼날에 부딪혀 몸이 두 조각이 나고 있거든요."

"풍차 대신 돈을 얼마나 줬죠?"

"맙소사! 1년에 잘해야 6,000유로 정도일 거예요. 만약 10대가 있으면 슬쩍 던져 주고 가는 것으로 6만 유로 정도는 벌겠죠. 뭘 하는지도 모르는 그런 돈을 감시하는 단체도 있어요. 나무들을 아름답게 가꾼다며 숲에서 가지치기나 하고 있어요."

"풍차들은 시유지市有地에만 설치되었습니까?"

"사유지私有地에도 있는지는 잘 모르겠어요. 여기에 밀어 넣으려는 풍차는 대부분 공유지에 영향을 미치고 있어요. 그래서 마을 사람들이 전부 반대하고 있는 거예요. 더 이상 풍차가 들어오는 것은 반대예요. 돈도 원치 않아요. 결국 이런 경관이 만들어진다면 누가 여길 오겠어요? 집이 무너진다고 누가 수리하겠어요? 누가 전원형 호텔을 짓겠어요? 이런 곳에 누가 가족들을 데리고 여행을 오겠어요? 풍차로 둘러싸인 '살아 있는 구석기'가 살아남을 수 있을까요? 이건 반反자연적인 행위예요. 귀하고 깨끗한 에너지이지만, 스페인에도 영국인들이 했던 것처럼 풍차를 설치할 만한 연안이 많이 있어요. 연안에 설치하면 피해가 그렇게 크지 않거든요. 그뿐만 아니라 파이스바스코나 칸타브리아 같은 주에는 한 대도 설치하지 않았다는 것도, 사실은 부당하고요. 바보 같은 카스티야에만 풍차를 설치했어요. 우리 자연 경관은 산산조각이 났는데, 이 청정에너지로 이익을 보는 사람은 우리가 아닌 스페인의 다른 주 사람들이지요."

양쪽으로 멋진 숲이 펼쳐진 아주 좁은 흙길을 달린 끝에 차에서 내리자, 구름은 벌어진 상처처럼 두 쪽으로 갈려 있었고, 그 틈으로 얼굴을 내민 해가 여기저기에 나무가 몇 그루씩 몰려 있는 거대한 초원에 빛을 뿌리고 있었다. 백과사전이나 영상 자료에서나 봤음직한 선사 시대 풍경의 이미지를 떠올리는 초원이었다.

"날씨가 춥지는 않은데도, 여기는 추위가 살아 있네요." 아르수아가는 외투의 지퍼를 닫으며 이야기했다.

사실 심하게 추운 데다가 가끔 안개로 오인할 만한 가는 비까지 내렸다. 초원이 끝나는 곳에 넓게 펼쳐진 숲은 규모는 너무 커서 머리로는 소화할 수 없을 정도였고, 게다가 이 숲에 대해서는 뭔가 독창적인 이야기를 꺼낼 수 없을 것 같았다. 나는 말로 표현할 수 없는 어떤 힘에 끌리는 것을 느꼈다. 초원과 숲은 내 안에 잠들어 있던 뭔가를, 약간의 두려움까지 안겨 준 생명력을 자극하는 뭔가를 깨워 낸 것 같았다. 여기에서 두려움은 묘한 감동을 끌어낸 그런 두려움이었다. 습기가 차 눅눅해진 공기가 선사 시대 사람들의 콧구멍인 깃처럼 느껴지는 내 콧구멍으로 들어왔다가 내 두개골을 촉촉이 적신 다음 수증기가 되어 입으로 빠져나갔다.

이런 느낌이었다.

"이 초원에는 우리가 유럽 연합에 가입할 때까지만 해도 수천 두의 가축이 있었어요. 이 가축들이 전부 도살되어 암소 한 마리 남지 않았죠. 모두 도축장으로 보낸 거예요. 물론 도축된 소 한 마리당 상당한 돈을 줬지만, 초원은 황량해졌죠. 전에는 암소들이 똥을 싸 이 땅을 비옥하게 해 줬었는데 말이에요. 1년 또 1년이 지나면서 결국 암소 한 마리도 남지 않은 탓에, 쇠똥구리들이 다 어떻게 되었을까 궁금했었지요. 그렇지만 지금은 소똥이 다시 돌아왔어요."

우리는 숲으로 들어갔다. 바닥은 떡갈나무 잎으로 두툼하게 덮여 있었다.

"이 떡갈나무 중 몇 그루는 500~600년 정도 되었어요. 조물주의 기념비적인 조각품인 셈이지요. 우리는 지금 사람들에게 개방한 산에 와 있는데, 한때는 목장주들에게 임대를 줬던 곳이에요. 목장이 사라지면서 아타푸에르카 유적지와 연계하여 '살아 있는 구석기' 프로젝트가 실행된 거죠." 아르수아가가 이야기했다.

우리는 빽빽한 숲을 가로질러 다시 구름 낀 날의 가는 햇살을 찾아 말들이 무리 지어 있던 공지로 나왔다.

"선사 시대의 말인가요?" 내가 물었다.

"어느 정도는요." 세르다가 대답했다. "타팬이란 이름을 가졌던 야생마는 19세기 중에 멸종되었어요. 사실 집에서 기르는 종들과 섞여 혈통이 희석된 거죠. 이 녀석들은 폴란드에서 온 코닉 종인데, 원시적인 표현형을 상당히 많이 보유하고 있어요. 그래서 이들의 조상이 가졌던 표현형을 복원하기 위해 순종만 골라 뽑았지요."

우리는 말에 가까이 다가갔다. 키가 좀 작고 잿빛이었는데, 이 점이 나의 관심을 끌었다.

"이 정도의 키가 원시적인 말들에게는 정상이에요." 아르수아가가 나에게 알려 주었다. "대부분 포니, 즉 조랑말이었죠. 알렉산더 대왕도 이와 비슷한 말을 탔을 거예요. 키가 큰 말은 어찌 보면 선택의 산물로 수 세기 전에, 즉 중세에 나온 거예요. 파르테논 신전의 프리즈 부조에는 말을 탄 사람이 조각되어 있는데, 발이 거의 땅에 닿을 정도였어요."

"계피색 말은 프르제발스키 품종이에요. 몽골에서 왔는데 이것이 선사 시대의 말과 가장 많이 닮았지요." 이번에는 세르다가 이야기했다. "이 프로젝트의 보석인 셈이지요. 전 세계에 겨우 1,500마리밖에는 남지 않았거든요. 상당수가, 그러니까 600마리 정도가 몽골에 있어요."

"자유롭게 살고 있나요?" 내가 물었다.

"아니요. 자유롭게 사는 것은 400마리가 안 돼요. 프랑스 협회와의 협약을 통해 어렵게 10마리를 구했어요. 길들일 수가 없어서 사실상 거의 멸종되어 버린 동물이지요. 조련사를 제외한 그 누구도 탈 수 없는 얼룩말처럼 사람이 타려고 하면 신경질적인 반응을 보여요. 탈 수 없기 때문에 식용으로 사냥을 하지요."

빗줄기가 강하게 내리는 가운데 나는 우두커니 서서, 우리가 서 있는 엉뚱한 풍경 속으로 끌려온 몽골의 말을 바라보았다. 21세기에 선사 시대를, 아니 선사 시대의 복제품을 찾아 놓은 것이었다. '~인 것처럼'은 이번에는 선사 시대였다. 그러나 프르제발스키 품종의 신경질적인 반응은 현실이었다. 우리가 다가서려고만 하면 보이는 신경질적인 반응, 이것이야말로 선사 시대에서 살아남은 몇 안 되는 것 중 하나였다.

"수컷과 암컷이 섞여 있나요?"

"네." 세르다가 대답했다. "각각의 무리는 완벽하게 구별되어 있어요. 서열이 있지요. 수컷 한 마리에 암컷 여러 마리로 구성되어 있고요."

"이 프르제발스키는 추방된 모양이네요." 아르수아가 무리에서 좀 떨어진 곳에 혼자 있던 말을 가리키며 이야기했다.

"프르제발스키들은 죽을 때까지 싸워요. 가장 서열이 높은 수컷은 다른 젊은 수컷들이 암컷에 관심을 보이면 가차 없이 추방해 버리지요. 그것도 아주 폭력적인 방법으로요. 싸우는 것 같다가 도망치는 다른 말들과는 달라요. 이 녀석들은 목숨을 잃거나 심한 중상을 입기도 해요."

"유전자의 전달을 놓고 싸우는 거죠." 아르수아가가 이야기했다.

"방문자들이, 특히 어린 아이들에게 중상을 입은 동물을 보지 못하게 하려면 수컷들을 가려 서열이 제일 높은 수컷만 하렘에 남겨 둬야 해요."

"군림하는 동안에는 그렇다는 거죠?" 나는 용기를 내어 입을 열었다.

"맞아요. 언젠가는 더 힘이 센 녀석이 나타나 서열 1위를 몰아낼 거예요. 그러면 그를 대체하는 녀석이 나오고 결국 죽을 거예요."

비가 멈추자 하늘이 열린 틈 사이로 잠깐 해가 모습을 드러냈다. 하긴 눈을 깜박이는 것처럼 금세 다시 닫힐 것이 뻔했다. 새까만 구름이 너무 무거워 보였다.

우리는 선사 시대 동굴 벽화에서 막 뛰쳐나온 것 같은 말 무리를 조금 더 만나보기 위해 물기를 머금은 풀밭 위로 조금 나아갔다.

"여기에는 포식자들이 없나요?" 나는 카바네로스를 떠올리며 용기를 내 질문을 던졌다.

"지나가는 늑대를 본 적이 있어요." 세르다가 밝혔다. "그러나 동물들이나 인간을 공격한 적은 없어요. 심하게 굶주린 녀석들이나 그러니까요."

"그러면 도축하는 경우도 있나요?"

"매년 새끼를 낳기 때문에 가축화된 말의 개체 수가 너무 많아지면 그래야지요. 육가공품을 만들기 위해 고기를 원하는 기업이나 중개인에게 팔기도 해요. 그런 돈으로 이 프로젝트에 필요한 자금을 자체적으로 조달하는 거죠. 지원을 받지 않기 때문에, 우리는 지속 가능한 방법을 찾아야 해요. 수입원 중하나가 젊은 수컷들을 파는 것이고요." 떡갈나무 사이로 난 아주 좁은 길로 들어가며 세르다가 설명을 했다.

우리가 차에서 멀어지고 있다는 사실을 조심스럽게 확인했다. 폭우가 쏟아지기 시작하면 (지금도 여기저기에 빗방울이 한 방울씩 계속 떨어지고 있었다) 우리는 무방비로 비에 쫄딱 젖을 수밖에 없을 것 같았다.

"로빈 후드의 셔우드의 숲 같아요." 아르수아가는 공기 중의 오존에 자극을 받은 것 같았다.

우리는 위협적인 모습의 인간을 연상시키는, 엄청나게 많은 가지를 가진 비대칭적인 거대한 촛대 모양의 떡갈나무 앞에서 잠시 걸음을 멈추었다. 만일 밤에 봤다면 놀라서 죽었을 것 같다는 생각이 들었다. 떡갈나무 잎들은 상당히 두툼한 양탄자처럼 바닥에 깔린 채 우리 구두 아래에서 바스락거리는 소리를 내며, 잘려 나간 손처럼 부서져 바닥에 차곡차곡 쌓이고 있었다. 마른 낙엽을 거두는지 물어보자, 아니라고 아무도 건드리지 않는다고 했다.

"떨어진 것은 썩게 내버려 두지요. 자연적인 필터가 존재하는 것이 중요하니까요. 잎이 썩으면 땅이 기름져져서 심토가 강화되지요."

잠시 후 우리는 수백 년 수령의 기이하게 뒤틀린 떡갈나무 예닐곱 그루가 만들어 낸, 신비로운 원 비슷한 곳에 도착했는데, 습기에 심하게 노출된 쪽은 이끼투성이였다. 빗방울이 나뭇가지에 떨어지는 소리가 들려왔다. 그러나 물방울은 우리 머리에 닿지 않고 길을 따라 사라져 갔다. 모두 추위 때문에 코가 빨개져 혈액 순환을 위해 손을 열심히 비볐다. 돌아가자고 제안하고 싶었지만, 말을 꺼내지도 못했다. 나에게 뭔가를 보여 주고 싶은 것 같다는 인상을 받았다.

"세 사람이 팔을 펼쳐도 안을 수 없는 이 굵은 떡갈나무는 분명히 콜럼버스가 아메리카를 향해 출발했던 시기에도 여기 있었을 것 같아요. 거의 600세는 됐을 텐데도 아직도 잎이 무성해요."

우리가 목초지에 도착했을 때 비는 그쳤지만, 추위는 숲에 있을 때보다 훨씬 심해졌다는 느낌이었다. 아르수아가는 나에게 다가와 팔을 잡더니 초원 반대쪽 한 지점을 가리켰다.

"저기 뭐가 보여요?"

"선사 시대의 들소 아니에요?" 내가 놀라 소리쳤다.

"맞아요." 아르수아가가 확인해 주었다. "들소가 있어요. 프리제발스키처럼 사실상 완전히 멸종된 또 하나의 동물인 셈이지요."

우리가 상당히 멀리 떨어져 있었음에도, 윤곽은 비교적 선명했다. 우리가 놀란 가슴을 안고 알타미라 동굴의 하이퍼리얼리즘 기법으로 그려진 들소를 목격했던 그 순간부터 모든 사람의 기억 속에 새겨져 있었다. 우리 모두 들소를 마음속에 담아 두고 있었는데, 구석기 시대 같은 느낌을 주는 가을의 불순한 날씨 속에 상상력이 그려놓은 듯한 들소를, 동굴을 나와 선사 시대의 풍경 속을 거닐고 있는 들소를 보자, 비록 마음속으로만 느낀 것이었지만, 나 역시 선사시대의 한 부분이 된 것 같다는 감동이 피어오르기 시작했다. 우리 조상들의 가슴 위를 달려 내 가슴속까지 파고든 감동이었다. 수천 년 전 초원에 모습을 드러냈던 남녀의 탯줄과 내 탯줄 사이에는 그 어떤 단절도 느껴지지 않았고, 평소와는 달리 그들 몸에 흘렀던 피와 지금 내 심장에서 거세게 펌프질하는 피가 하나가 된 것 같았다.

우리에게 윤곽을 드러낸 들소의 몸뚱이는 또 다른 들소들과 하나가 되었는데, 비 내리는 잿빛 하루를 배경으로 늘어선 숯으로 그린 듯한 들소 떼들의 실루엣은 너무 선명했다.

"이거야말로 진짜 선사 시대의 풍경이네요. 이 녀석들은 선사 시대의 목초지와 똑같은 곳을 거니는 것 같아요." 아르수아가가 이야기했다.

"특정 종을 자연으로, 다시 말해 그들이 살았던 자연으로 되돌려 보내는 거죠." 세르다가 이야기했다. "플라이스토세에는 이곳에 들소가 살았어요. 당시의 들소들은 지금과는 다른 품종이었지만 이곳 환경에 잘 적응했었고 번식도 많이 했어요.

우리는 다른 자연 공원과 연대하여 프르제발스키와 들소의 번식과 보존을 위한 일종의 네트워크를 만들었지요. 이 동물들은 소수의 살아남은 것들로부터 내려온 것이기 때문에 아주 가까운 혈연관계예요. 그래서 모두 한자리에 있으면 전염병이 돌았을 때 몰살당할 수밖에 없어요. 유전적으로 다양성이 없어서 한 마리 한 마리씩 차례로 다 죽을 테니까요. 좀 떨어진 곳에서 키워야, 여기 있는 들소들에게 전염병이 돌아도 들소 떼 주류가 사는 폴란드까지는 전염병이 옮아가지 않을 테고, 그래야 위험을 피할 수 있으니까요."

"당신들도 전 세계 공원 네트워크에 속해 있나요?" 나는 깜짝 놀라 물어보았다.

"물론이지요. 모든 종을 다 관리하는 기구가 있어요."

아르수아가가 나에게 다가서며 이야기했다.

"이제는 단성 생식을 하는 동물도 있는데 왜 성이 존재하는지 이해했을 거예요. 많은 동물의 번식 방법이기도 한 단성 생식에서는 수컷이 개입하지 않아요. 수컷이라는 것 자체가 없죠. 예를 들어 몇몇 도롱뇽들이 여기에 해당하는데, 수정하지 않아도 엄마의 배아가 똑같이 만들어지지요. 배아는 자기 부모와 유전적으로 똑같은 개체에 적용할 수 있는 개념이에요. 그러나 이 개념이 처음 생겼을 때는, 유전적으로 똑같은 개체들의 집단, 즉 하나의 계통을 가리키지요. 지금은 유행이 되어 개체를 가리키는 데 더 많이 사용하고 있어요. 클론은 유전적으로 바뀌지 않고 오래 영속할 수 있어요. 수천수만 년 이어 갈 수 있는 거죠."

"그런데 왜 성이 없을까요? 짜증을 유발하긴 하지만 엄청난 쾌락을 느끼게도 해 주는데 말이에요." 내가 질문을 던졌다.

"암컷이 단성 생식을 할 때는 모든 유전자가 고스란히 딸에게 가요. 반면에 수컷과 함께 번식하면 후손은 각각 절반씩의 유전자만 가지게 되죠. 개체의 유전적인 이해관계를 다룬 다원주의자들의 관점에서 보면, 성이란 것은 후손들에게는 유전자의 절반을 포기한다는 것을 의미해요. 다른 절반은 다른 성의 개체가 주니까요."

"왜 포기하는 거죠?" 나는 끈덕지게 물었다.

"유전적인 다양성이 없으면, 유전적으로 계통이 같으면 유전자가 언제나 똑같아요. 병원균에 맞선 군비 경쟁이란 측면에서 봤을 때, 원생동물*, 박테리아, 바이러스 등은 진화하고 있어요. 그런데 어떤 종이 개량된 병원균에 맞서 자기 몸을 지키기 위한 진화를 포기했다면 조만간에 그 종은 사라질 거예요."

"그렇군요." 주변의 축축한 공기를 들이마시며 고개를 끄덕였다. 그 와중에도 혹시라도 우리를 예의주시하고 있다가 공격해 올까 봐 눈으로는 계속해서 들소를 쫓고 있었다.

---

*　단세포로 된 가장 하등한 원시적인 동물. 세포 분열이나 발아에 의하여 번식한다.

"모든 살아 있는 존재는 병원균에 맞서 계속해서 군비 경쟁 체제를 유지해요. 우리는 이를 코비드 경우에서 봤어요. 백신이 나오지 않았다면 질병에 취약한 사람들은 상당수가 죽었을 거예요."

"살아남은 사람들이 후손들을 만들 때 면역 체계를 전달해 줬을 거예요." 나도 한마디 덧붙였다.

"바로 그거예요." 아르수아가가 단정적으로 이야기했다. "정확하게 스페인 독감에도 이것이 일어났어요. 이 바이러스에 약했던 사람들은 다 죽었어요. 그런데도 인간은 씩씩하게 앞으로 전진했어요. 문제가 끝난 거죠. 인간이란 종 차원에서 보면, 특정 사회 공동체에 일어난 재난이었다는 거죠."

"그런데 성은 정말 위대한 발명품이에요." 내가 이야기했다.

"병원균이 무장을 강화하자 맞서 싸우기 위해 발명한 것이지요. 성의 출현으로 다양한 유전자가 만들어졌어요. 이는 유전적으로는 서로 다른 조합으로 이루어졌기 때문에 똑같은 두 사람이 있을 수 없다는 것을 의미하지요. 유전적으로 똑같은 쌍둥이를 제외하고는 모두 유일한 존재라는 의미예요. 스페인 독감이 발생해도 버틸 수 있는 사람이 있을 테고, 못 버티는 사람도 있을 거예요. 그러면 버티는 사람이 후손에게 면역력을 전달하겠죠. 그런데 바이러스 또한 다시 돌연변이를 만들 거예요."

"성은 개체보다는 종에 훨씬 더 유리하네요." 용기를 내어 이야기했다.

"사실 그래요. 개체는 단성 생식에 더 관심이 있으니까요. 병원균에 관해 이야기했는데요, 병원균에게 유효한 것은 환경에도 유효해요. 기후가 바뀌었다고 상상해 보세요. 만일 클론인 경우, 모두 다 소멸할 거예요. 그런데 만약 유전적인 다양성이 있다면 몇 마리는 버틸 수 있을 거예요. 물론 못 버티는 것도 있을 테지만 말이에요. 다른 말로 하면 진화할 수 있다는 거죠. 여기에서 기억해야 할 점은 종 차원의 유전적인 다양성과 진화 속도는 직접적인 관계가 있다는 것이에요. 유전적인 다양성이 적으면 다양성이 많은 종보다 더 천천히 진화하지요."

"자연 선택은 개체에만 관심이 있다는 다윈주의자들의 이론과 종에 유리한 성의 출현 사이에는 모순이 있지 않나요? 다윈주의에서는 이런 모순을 어떻게 설명하죠?"

"사실 개체 차원의 선택보다 더 위에 있는 것이 있기 때문이에요. 그룹 차원의 선택이요."

"다윈주의에서는 이를 받아들이나요?"

"달리 방법이 있겠어요? 성에 대한 문제를 이해하기 위해서는 사용 가능한 유일한 설명인데요."

"성은 개인에게 필요해서 존재하는 것이 아니라 종에게 유리하기 때문이라는 거죠. 그럼 우리가 왜 섹스를 하는지 알겠네요."

"들소들이 클론이라고 가정하여 진화하지 않는다고 상상해 보세요. 결과적으로 혈연관계 때문에 거의 똑같을 거예요. 성적인 교배는 있을 수 있지만, 유전적인 다양성은 없어요. 수컷의 유전자도 암컷의 유전자와 거의 같은 거죠. 그러면 모두 클론이라고 할 수 있어요."

"다시 비가 내리기 시작했어요." 나는 빨리 벗어나려는 자세를 취했다. "비에 젖겠어요."

"상관없어요. 곧 마를 테니까요. 이걸 잘 들어 두세요. 들소들 주변에 있는 것들은 모든 것이 변할 수밖에 없어요. 예를 들어, 늑대는 더 빠르고 강한 쪽으로 개량될 거예요. 기후가 변하면 떡갈나무 같은 활엽수 대신에 침엽수가 번식을 해요. 물론 다른 것을 대가로 살아가고 번식하는 곰팡이균, 원생동물, 박테리아, 기생충, 그리고 바이러스 등도 자기 나름대로 효율성을 추구하기 위해 진화를 하지요."

"그러나 들소는 여전히 똑같은 모습인데요." 내가 대화에 속도를 붙이려고 끼어들었다.

"그래서 군비 경쟁 차원에서는 날이 갈수록 약해지는 거예요."

"그렇군요."

"붉은 여왕 이론이라고 하지요. 《이상한 나라의 엘리스》에는 붉은 체스의 말 중의 하나인 여왕이 등장해요. 언젠가 엘리스와 붉은 여왕이 나무 옆에 있었어요. 여왕은 엘리스의 손을 잡고 이렇게 말했지요. '우리 달리자.'라고요. 엘리스와 여왕은 달리고 또 달렸어요. 점점 더 빠르게요. 앨리스는 숨이 막혀 이렇게 소리쳤지요. '이젠 더는 못 달리겠어요. 그만 멈춰요.' 두 사람은 멈췄고 앨리스는 너무 놀란 나머지 큰 소리로 이야기했지요. '그런데 아직도 우리는 똑같은 곳에, 나무 옆에 있잖아요.' '뭐가 이상한데?'라고 여왕이 물었어요. '내가 있던 나라에서는 열심히 달리는 경우에는 다른 곳에 가 있어야 해요.' '너희 나라는 분명히 너무 느린 나라일 거야.'라고 여왕이 말했지요."

"그러니까 진화의 관점에서 본다면 똑같은 곳에 있기 위해서라도 빨리 달려야 한다는 거죠."

"바로 그거예요. 모두가 달리는데, 선생님만 가만히 서 있다면 유성 생식을 하는 모든 동물이 선생님을 잡아먹을 거예요. 가장 좋은 것들이, 가장 좋은 조합이 선택되기 위해서는 반드시 다양성이 있어야 해요. 가만히 있다는 것은 '고장 났다'라는 거나 마찬가지예요."

"그런데 당신은 계속해서 자연 선택은 개체만 중요시한다고 이야기해 왔잖아요. 그런데 결론적으로는 종에도 관심이 있다는 거네요."

"아니에요! 아니죠! 종에게는 호의를 베풀지 않아요. 대립적으로만 생각하면 아무것도 할 수 없어요. 거꾸로 생각해야 해요. 성은 종에게는 호의를 베풀지 않아요. 그것은 목적론이에요. 마술적인 생각이죠. 성은 아무에게도 호의를 베풀지 않아요. 자연에서는 의도도 없고, 선호도 없지요. 단 한 번만 잠깐 에피쿠로스주의자가 되는 거죠. 서로 결합했다가 분리하는 원자만 있는 셈이지요."

"그렇지만 조금 전만 해도 나에게 그렇게 말했잖아요. 젠장!"

"그렇게 말하지 않았어요."

"그렇게 했어요!"

"같은 곳에 있기 위해서는 계속해서 달려야 한다고 말했을 뿐이에요." 그는 빗속에서 빙그레 웃으며 덧붙였다.

"개체 선택 위에 집단 선택이 있다고 이야기했잖아요."

"그건 맞아요. 자크 모노는 프랑수아 자코브 그리고 앙드레 루오프와 함께 노벨상을 받았어요. 자코브는 동물에게는 세 가지 종류의 기억이 있다고 말했죠. 신경계의 기억(뉴런에 저장되는 경험), 면역계의 기억(병원체에 감염되었다가 살아남으면 백신 형태로 남아 있는 기억인데 병원체에 대한 방어력을 개발했다는 거죠) 그리고 계통 발생적인 기억으로 진화의 기억이지요. 여기에서 본 그 계통수Phylogenetic Tree*는 유전자 속에 조상에 대한 기억을 가지고 있어요. 수없이 바뀐 조상들로부터 온 것이죠. 이 세 종류의 기억 사이에는 중요한 차이가 있어요. 신경계와 면역계에 저장되는 기억은 실수에서 배워요. 소는 전기 목동에게 충격

✽   동물이나 식물의 진화 과정을 나무 모양의 줄기와 가지의 관계로 나타낸 것으로 각 생물간 유연 관계를 보여 준다.

을 받으면 다시는 접근하지 않아요. 만일 감기에 걸리면 면역계는 바이러스를 방어하는 법을 배우지요. 그러나 진화의 기억은 성공에서만 배워요. 실수에서는 배우지 않지요."

"실수는 죽음이니까요."

"멸종이지요. 종의 유전 부호[✿]는 조상들의 결과물이에요. 성공을 통해, 오로지 성공을 통해서만 배운 것들이지요. 두 번째 기회는 없어요. 그렇지만 성은 다른 어떤 것을 '위해서' 나타나지 않아요. 이 순간부터라도 '위해서'라는 것은 완전히 잊어버리세요. 유성인 종도 있고 무성인 종도 있어요. 이건 중요한 거예요. 특정 시기는 무성인 종들에게 진화 차원에서 별로 좋지 않지요. 출현했다가도 조만간에 기후 변화가 일어나거나 적응할 수 없는 병원체가 나타나면 사라질 수밖에 없어요. 수백만 년 후에 기후 변화가 만들어지는 경우를 대비하여 성이 존재하는 것은 아니에요. 이건 아니라고요. 진화는 미래를 내다보는 눈이 없어요. 기후 변화가 생기거나 병원체가 출현하면 유전자 차원에서 다양성이 없는, 즉 유성 생식을 하지 않는 종은 사라지지요."

"내가 제대로 이해했는지 모르겠어요." 혹시라도 죽을 수도 있으니까 폐렴에는 걸리기 싫어 얼굴에 묻은 빗방울을 닦아 내

✿　단백질 분자의 아미노산의 배열을 결정하는 DNA 또는 RNA 분자 내의 염기의 배열.

며 이야기했다. 이 책을 마무리하는 데 한 장밖에 남지 않았다는 생각에, 그리고 이 부분은 고생물학자가 쓸 수도 있다는 생각에 조금은 위로가 되었다. 편집자 입장에서는 폭탄이 될 수도 있었다. 죽은 자의 눈으로 죽음을 다루고 있는 이 책의 성공을 볼 수 있도록 얼음처럼 차가운 비가 더 강하게 쏟아졌으면 좋겠다는 생각이 스쳤다.

"알았어요." 아르수아가는 조금 짜증스럽게 대답했다. "지질학 시대에는 개체보다는 더 위쪽에 있는 선택이 있었다고 말해주길 원한다면, 그렇다고 할게요. 지질학 시대에는 개체보다 더 위쪽의 선택이 있었어요. 여기에서 나는 '지질학 시대'라는 말에 밑줄을 긋고 싶어요. 선생님이 감을 잡을 수 있게 말한다면, 지질학 시대는 대충 수백만 년일 거예요."

그 순간 '살아 있는 구석기' 프로젝트를 책임지고 있는 생물학자인 에스테파니아 무로가 빗속을 뚫고 도착했다. 유럽 들소와 마찬가지로 거의 다 멸종되어 몇 마리 남지 않은 탓에 유전적인 다양성이 없던 아메리카들소 한 마리가 음경과 귀두에 영향을 미치는 아주 희한한 바이러스성 병에 걸려 고생하고 있는데, 이로 인해 많은 개체가 희생될 수 있을 뿐만 아니라 자칫 멸종 단계까지 내몰릴 수도 있다고 이야기했다.

"병에 걸린 들소를 다 죽이는 것이 유일한 해결책이에요." 아르수아가가 말했다. "바이러스들이 자기만의 길을 따라서 변이도 하고 진화도 하는데, 들소들은 언제나 똑같은 모습으로 바이러스에 노출되어 있으니까요. 붉은 여왕 이론인 셈이죠."

"사실 유전적인 다양성이 완성되는 동안에는, 이 프로젝트가 내놓은 아이디어 중 하나는 개체들을 위한 다양한 거점을 만드는 것이었어요." 에스테파니아가 설명을 시작했다. "예를 들어, 모든 들소가 폴란드에만 머무르지 않고 다양한 곳에 분산되어 있다면 폴란드에 바이러스가 창궐해도 폴란드에 있는 들소만 죽을 테니까 유전자를 보유한 들소를 보존할 수 있지 않겠어요. 이곳에서는 프르제발스키의 경우 근친 교배*라는 문제가 있어요. 예전의 우두머리 수컷의 새끼는 힘줄이 제 기능을 다하지 못했어요. 어떤 망아지들은 태어나자마자 죽거나 머리가 빠져나오지 못해 어미와 새끼가 함께 죽는 경우도 있었고요. 우리가 그 수컷을 제거하고 다른 수컷을 넣었더니 이제는 그런 문제가 없어졌어요."

그 순간 구름이 다시 열리며 가느다란 햇살이 모습을 드러냈는데, 엄마의 뱃속에서 머리를 막 내민 망아지 머리를 연상시켰다. 그럼에도 불구하고, 좀 가늘어지긴 했지만 비는 계속 내리고 있었다. 덕분에 무지개가 나타났는데, 자연은 가끔 멋지게 꾸민 모습을 보여 준다는 생각이 들었다. 정말 많은 자연 현상이 감상할 만한 가치가 있었다.

"올해는 새 수컷을 통해 얻은 첫 번째 암컷 망아지가 태어났

✿　계통이 같은 생물끼리의 교배.

어요." 에스테파니아가 말을 이어 갔다. "수컷은 네 살짜리인데 이때부터는 수태를 시킬 수 있어요. 수컷이 마운팅을 하지 못하게 딸을 다른 보호 구역으로 옮겼어요. 이번에는 팔렌시아로 옮겼지요. 들소의 경우에도 똑같은 문제가 있어요. 아빠가 마운팅을 하지 못하게 첫 번째 새끼를 꺼냈어요."

딸을 마운팅하려는 아버지가 그렇게 많다는 사실에 걱정이 되었다. 근친 교배에 대해서도 걱정되었고, 유전자, 유성 생식, 단성 생식 복제, 화려한 무지개 등도 걱정되었다. 비가 와도, 해가 나도, 추위도 걱정되었다. 붉은 여왕 이론 때문에 병원균에 노출될 수밖에 없었던 몇 마리 남지 않은 선사 시대의 불쌍한 들소도 걱정되었다. 시시포스의 바위를 연상시키는 성가신 일을 짊어진 대장 수컷은 비록 우리와는 멀리 떨어져 있었지만, 가끔 한 번씩 고개를 돌려 21세기 사람이 네 명이나 어떻게 석기 시대에 들어왔는지 물어보고 싶다는 듯이 우리 일행을 바라보았다. 나는 들소에게 반대라고, 선사 시대의 네 마리 동물이 컴퓨터 시대로 여행 온 것이라고 이야기해 주고 싶었다.

생물학자는 들소 무리를 향해 나아갔다. 초원에서 바라본 숲의 활기에 마음이 들떠 나머지 사람들도 그녀의 뒤를 따랐다.

들소 가까이 갔을 때 나는 에스테파니아에게 온순한지 아닌지 물어보았다.

"경우에 따라서요. 자기들만의 시간이 있거든요. 그렇지만 배도 부르고, 발정기의 암컷도 없으면 괜찮아요. 저길 좀 보세요. 수컷 세 마리가 있는데, 그중 한 마리가 우두머리예요. 다른 두 마리는 별로 달갑지 않은 삶을 살아야 해요."

"정상적인 상황이라면, 다시 말해 보호 공원이 아니라 순수한 의미의 자연이라면 저런 두 마리는 대체로 무리를 떠나나요?"

"분명히 자기 무리를 만들려고 했을 거예요. 요즘 나는 저 중에 한 마리를 여기에서 내보내려고 싸우고 있어요. 잘 지내게 하려고 노력했는데 실패했거든요. 계속해서 불안한 모습을 보이고 있어요."

불안해하는 들소를 바라보니 왜 그렇게 심적으로 불안해하는지 쉽게 알 수 있었다. 우두머리와 덩치를 비교했을 때 뭔가 많이 부족하다는 생각이 들었다.

"기생충을 제거해 주었고 비타민도 공급하고 있는데, 왠지 더 크질 않아요." 생물학자가 이야기했다.

"자연에서는 밖에 나가면 힘든 시간을 보낼 거예요." 아르수아가가 이야기했다. "집에서 나간다는 것이 쉬운 일은 아니거든요. 무리를 벗어나면 굉장히 추워요. 보통은 우두머리 수컷이 가장 좋은 곳을, 가장 좋은 풀밭을 차지해요. 그래서 우두머리 수컷 옆에 있으면 스트레스는 받지만 맛있는 풀을 뜯으며 편하게 지낼 수 있어요. 무리에서 벗어난다는 것은 가장 살기 어려운 곳으로 내몰린다는 것을 의미해요."

"우두머리는 섹스를 가장 많이 하나요? 아니면 섹스를 할 수 있는 유일한 수컷인가요?"

"우리가 조심해야 하는 것은 섹스를 하겠다고 우리에게 달려드는 거예요." 아르수아가가 이야기했다. "선생님이라면 어떻게 할래요?"

"기분 나쁘겠죠."

세르다와 에스테파니아가 피식 웃었다.

"그의 길에서 벗어나기로 합시다." 생물학자가 충고했다.

"그의 길에서 벗어나면 아무 일도 없나요?" 내가 물었다.

"곧 알게 될 거예요."

옆에서 들소의 모습을 찬찬히 살펴보았다. 재미있게도 선사시대 동굴에 그려진 들소에서 볼 수 있었던 것과 똑같은 인간의 다양한 성격을 여기에서도 엿볼 수 있었다.

"이 암컷은 굉장히 사교적이에요." 가장 가까운 곳에 있던 들소를 가리키며 에스테파니아가 말했다. "우두머리 수컷이 제일 좋아하는 암컷으로 전체 들소 떼를 지배하는 녀석이지요."

다시 비는 그쳤지만, 무지개를 만드는데 협조했던 가느다란 햇살을 내보냈던 틈새도 어느새 닫혔는지, 무지개 역시 거품처럼 사라져 버렸다. 너무 무거워 더는 빗방울을 머금고만 있을 수는 없다는 듯이 천장처럼 하늘을 덮고 있던 검은 구름이 우리 머리 바로 위까지 내려와 있었다.

우리는 공원을 완전히는 돌아보지는 못했지만, 하늘이 우리에게 문을 열기 전에 그만 물러나는 것이 좋겠다는 내 생각에 동의하게 했다. 모두 나보다는 더 적합한 옷을 입고 있었다.

차를 향해 돌아오며 아르수아가가 나에게 이야기했다.

"성 문제는 개체의 자연 선택이라는 관점에서 보면 설명할수 없고 지질학적인 단계에서만 이해할 수 있는 것과 같이, 죽음도 마찬가지라고 주장하는 생물학자들도 있어요. 자연 선택은 성공에만 우호적인데, 죽음은 실패인 셈이니까요. 죽고 싶은 것은 없거든요."

"당연히 설명할 수 없을 거예요. 그렇지만 우리는 죽을 수밖에 없으니까 유전 정보의 일익이라도 담당해야겠네요." 내가 말했다.

"그것은 프로그램된 죽음을 주장하는 사람들이 하는 종의 적응을 말하는 거예요. 그러나 나는 믿지 않아요. 첫 번째 이유는 죽음의 원인이 다양하기 때문에 죽음을 프로그램한 메커니즘이 있는 것 같지는 않아요. 가장 좋은 예는 암이에요. 암의 유형이 너무 많아서 일일이 다 제거할 수 없어요. 만일 죽음이 프로그램되어 있다면 모두 똑같은 이유로 죽어야 해요. 그리고 프로그램된 죽음의 장점도 찾아볼 수 없어요."

"다음에 올 사람들에게 공간을 비워 줘야지요." 내가 말했다.

"그것을 좀 더 구체화해야 해요. 죽음이 인구의 절대적인 크기를 통제한다는 점에서 일종의 적응이라고 할 수 있어요. 그런데 우리는 카바네로스에서 그렇지 않다는 것을 보았어요. 사슴들은 스스로 조절을 하지 못하거든요. 모든 것을 다 먹어

치울 때까지 번식을 계속해요. 옐로스톤에 늑대를 다시 들여 왔더니 사슴이 개체 수가 얼마나 격감했는지 다큐멘터리에서 못 봤어요? 덕분에 거의 바닥을 드러낼 뻔 했던 식물들도 다시 회복할 수 있었다고 해요."

"그렇지만 예를 들어 초파리도 인간과 매우 유사한 방식으로 노화되지 않나요?"

"맞아요. 문어와 태평양 연어도 번식을 마치면 바로 죽는 것 또한 사실이에요. 그러나 그때 늙었다는 흔적이 다 나타나요. 글자 그대로 늙어서 죽는 거예요."

"그렇다면 늙음이 프로그램되어 있다고 할 수 있는 것 아닌 가요?"

"논란의 여지가 있는데, 선생님은 그중 하나를 주장하는 거 예요. 파차마마를 믿는 사람들에게도 공간을 남겨 줘야 해요." 조금은 빈정대는 투였다. "아무튼 프로그램된 죽음이란 가설 은 프로그래밍을 책임지고 있는 유전적인 알고리즘이 존재한 다는 것을 내포하고 있다는 사실을 잊지 마세요. 영원한 생명 을 얻기 위해서는 그것을 해킹할 수밖에는 없다는 것도요. 만 일 프로그램된 죽음이 없고, 우리에게 죽음을 안겨 주는 수천 수만 가지 질병들이 다양한 유전적인 알고리즘에 의지한다면, 모든 것을 다 해킹해야 할 거예요. 그러면 너무 복잡해요. 프로 그램된 죽음을 믿는 사람들은 결국에는 종교가 약속했던 영원 한 생명을 다시 약속하고 있는 셈이에요. 객체가 아니라 공급자를 바꿨어요."

우리는 '로스 클라벨레스'에서 맛있는 식사를 했다. 다른 것들과 마찬가지로 아타푸에르카 프로젝트의 열기 덕분에 커지고 있던 지역의 레스토랑이었다. 고생물학자가 유적지에서 일하기 시작한 40년 전부터 레스토랑 사람들은 고생물학자를 알고 지냈다. 가족이 다 함께 우리에게 인사하러 와서 최고의 메뉴를 추천했다. 식탁에 앉기 전에 나는 화장실에서 드라이어로 머리를 말린 다음 간단하게 몸단장을 했다. '살아 있는 선사시대'에서 바로 왔기 때문에 여행으로 인해 온통 먼지투성이여서, 사람들이 이상한 눈으로 바라봤기 때문이다. 임시로 기관지 상태를 점검하기 위해 빠르게 호흡기를 체크했다. 기적적으로 상태가 좋았다. 폐렴 초기 증상도 없었고, 일반적인 감기 증상도 전혀 없었다. 어쩌면 젖어도 잠시 젖는 것뿐이고 마르면 금세 괜찮을 거라던 아르수아가의 말이 옳은지도 몰랐다.

춥기도 하고 비를 맞았음에도 불구하고 여전히 건강 상태도 놀랄 만큼 좋았고, 여기에 더하여 식사와 포도주는 기분을 한층 더 북돋아 주었다. 덕분에 이어진 일에도 기분 좋게 빠져들 수 있었는데, 다름 아니라 전 세계에서 인간을 소재로 한 유일한 박물관이자 아르수아가가 직접 전시물을 책임지고 있던 부르고스의 인간 진화 박물관에서의 일이었다.

이 박물관에서 제일 먼저 내 관심을 끈 것은 건축가인 후안 나바로 발데웨그가 설계한, 4층으로 된 거대한 유리 상자 모양의 건물이었는데, 이곳에서 몇 킬로미터 떨어지지 않은 아타푸에르카 유적지에 있던 산을 잘라 만든 길의 구석구석을 연상하게 했다. 건물의 장점은 확실히 각 부분이 맡아야 할 기능을 고려해서 만들었다는 점이었는데, 박물관이 제공할 다양한 정보를 즐기기 위해서라도 한 번쯤은 방문할 만한 가치가 있는 곳이었다. 박물관 공간이 빛과 관계를 맺는 방식은 인간과 태양의 관계 방식을 따르고 있었다. 잠들기 직전 구석에 숨어 있던 생각을 찾아, 조상에 대한 경외심 혹은 의심할 수 없는 먼 옛날의 어떤 존재를 향한 따뜻한 마음을 찾아, 우리 안으로 침잠해들어가는 것처럼, 박물관 안에서 길을 잃고 싶다는 생각이 드는 곳이었다. 자기 자신과 자신이 속한 종에 대한 호기심이 조금이라도 있는 사람이라면 절대로 놓쳐서는 안 될 그런 곳을 찾아온 것이었다. 들어갈 때의 자기 모습을 포기하지 않고도 이곳을 둘러보는 동안 자신의 정체성에, 남자와 여자로 구체화되기 위한 힘든 노동에서 우리를 선행했던 사람들의 존재가 지녔던 무게를 더한 것처럼 박물관에서 나설 때는 다른 사람이되어 나가게 될 것이다.

　박물관을 방문한다는 것은 대부분이 책임감에 대한 훈련과 연결되어 있다.

　아르수아가와 나는, 묘한 원을 그리고 선 채 진화의 다양한 단계를 전해 주고 있는 하이퍼리얼리티를 담보한 열 사람의 라

텍스로 만든 이미지가 전시된 전시실로 직접 갔다. 원은 오스트랄로피테쿠스인 루시에서 시작하여 호모 하빌리스와 호모 에렉투스 등을 거쳐 호모 사피엔스로 끝이 났다. 조각품의 사실성이 너무 뛰어나, 살과 뼈를 가진 살아 있는 방문객도 조각품들 옆에 조용히 서 있으면 박물관의 조각 중 하나로, 즉 호모 디지털리스로 볼 것 같았다.

우리도 가족의 일부인 것처럼 한 무리의 조상들 한 가운데서 있었는데, 마침 고생물학자가 입을 열었다.

"최근 2년 동안 우리는 인간의 수명 연장의 가능성에 관해 이야기했어요. 이제는 그 이야기를 다 마쳤다는 것을 알려 드리려고, 그리고 그 이야기를 다시 할 수도 있을 거란 것도 알려 드리려고 이곳으로 모시고 온 거예요. 이제 방법을 한번 살펴볼까요? 여기 320만 년 전에 살았던 호미니드인 루시를, 오스트랄로피테쿠스 아파렌시스를 주목해 보세요. 우리는 그녀가 40~50년 동안 자연 한가운데에서 침팬지처럼 살았던 사실을 잘 알고 있습니다. 그렇지만 알타미라 동굴 시대에는 운이 좋으면 70세까지도 살 수 있었어요."

"믿기 어려운 도약이네요." 우리를 바라보고 있는 인형들이 혹시라도 들을까 봐 작은 소리로 이야기했다.

"우리 인간은 그것을 해냈어요." 아르수아가가 다시 한 번 강조했다. "우리는 수명을 40여 세 정도에서 70세 전후로 늘렸어요. 다시 말해서 50대에서 70대까지로 늘린 거죠. 우리가 밝혀야 하는 것은 루시에서 1만 4000년 전에 알타미라 동굴에 살던 사람들까지 진화하면서 일어난 일이에요. 잘 알고 있듯이 루시는 이족 보행을 했어요. 그리고 죽었을 당시 12~13세 정도였는데, 임신했거나 아니면 막 출산을 했을 거예요. 그런데 성장을 다 하지는 않았어요. 뼈가 완전히 굳지 않았거든요."

"키가 얼마나 되었죠?"

"1미터가 조금 넘었어요. 몸무게는 27킬로그램 정도 되었고요. 루시가 비록 젊은 나이에 죽기는 했지만, 그녀의 동족인 오스트랄로피테쿠스의 어른들은 45세까지는 살았을 거예요. 운이 좋았거나 자연환경에 잘 적응했다면 50세 가까이 살았을 테고요. 진화한 오스트랄로피테쿠스는 어떻게 수명을 늘릴 수 있었을까요? 메커니즘은 바로 여기에 있어요. 이유가 뭐든 많은 개체가 55세까지 갔다면 이 그룹은 자연 선택의 레이더에 들어가게 되는 거고, 그러면 자연 선택이 그들에게 작용하여 가장 오래 산 사람들이 적게 산 사람들보다 더 많은 장점을 보유하게 되는 거죠. 이유는 간단해요. 자식을 하나나 둘을 더 갖게 될 테니까요. 나는 야생 상태에서 살았던 45세의 침팬지 암컷을 알고 있는데, 이 침팬지는 두 살 먹은 아들을 보살피고 있었어요. 55세까지 간다는 것은 아주 중요한 장점이에요. 50세가 넘은 사람은 일반적으로 그 나이까지 가지 못한 사람들보다 더 좋은 유전자를 가지고 있다고 생각할 수 있어요. 적응도 더 잘하겠죠. 이런 개체의 유전자는 다음 세대에 더 많이 나타날 거예요. 하나나 둘 정도의 자식을 더 가질 테니까요. 이런 식으로 세대가 반복될수록 50세가 넘어서도 살아남는 개체가 더 많은 종이 나올 거예요. 내 친구인 자연 선택은 이런 식으로 작용해요. 바로 모든 것을 걸러내는 체인 셈이죠."

"그렇지만 불리한 유전자의 발현이 늦춰지려면 많은 사람이 그 나이까지, 다시 말해 55세까지 가야 해요. 장수하는 사람이 한두 명이 있다고 해도 변하는 것은 아무것도 없어요. 그들의 유전자가 아무리 훌륭하다고 해도 종들이 속한 유전자의 바다에 들어가면 희석되어 버리니까요."

"맞아요. 수명이 50에서 60으로 넘어가기 위해서는 많은 사람이 50년 이상을 살아야 하는 것은 틀림없어요."

"생명 연장에 이족 보행이 영향을 미쳤을까요?"

"아뇨. 루시는 이족 보행을 했지만, 침팬지보다 더 오래 살지는 못했어요. 이족 보행이라는 자세가 아니라 다른 이유일 거예요." 다른 조각상을 가리키며 말을 이어 갔다. "여기에 오스트랄로피테쿠스 수드-아프리카누스*가 있어요. 루시와는 다른 곳에서 발견되었죠. 그러나 루시나 침팬지와 비슷하게 45세 정도를, 잘하면 50세 정도를 살았어요."

"도약은 아직 이루어지지 않았군요." 내가 이야기했다.

✿   일반적으로 아프리카누스라고 명명하는데, 이 책에서는 남쪽을 의미하는 '수드'를 덧붙여 '수드-아프리카누스'라고 적고 있다.

"아직은요. 이족 보행을 했을 뿐만 아니라, 잘 보면 손도 상당히 우리와 닮았다는 것을 알 수 있어요. 그러나 수명은 아직 길어지지 않았어요."

"그럼 이것은요?" 글을 읽을 때처럼 왼쪽에서 오른쪽으로 가고 있다는 것을 고려해서 다음 조각상을 가리키며 물어보았다.

"이 사람은 호모 하빌리스예요. 모습은 여전히 오스트랄로피테쿠스를 닮았지요. 그러나 뇌는 조금 더 커졌어요. 기술을 개발한 첫 번째 인간이지요. 우리는 이들에 대해 아는 것이 별로 없어요. 그러나 다음에 볼 인간들보다는 지금까지 봤던 인간에 더 가깝지요."

"수명의 차원에서 본다면 아직 도약이 없었군요?"

"뭔가 있기는 해요. 그러나 질적인 변화는 여기에서 일어나요." 아르수아가는 호모 에렉투스를 표현한 하이퍼리얼리티를 살린 조각상을 가리켰다. "대략 200만 년 전의 이야기를 하고 있어요. 호모 에렉투스부터는 뇌에 영향을 미치는 신장이 커지기 시작했어요. 앞의 사람들과 크기를 비교해 보세요."

"그렇네요." 나에게 뭔가를 이야기하고픈 표정을 짓고 있는 호모 에렉투스의 시선을 애써 피했다.

"이 호미니드는 호모 하빌리스보다 더 많은 기술을 사용할 줄 알았고 수명도 침팬지보다 더 길었어요."

"그렇군요!"

"자, 여기는 호모 사피엔스예요." 원형으로 서 있는 사람 중에서 마지막 사람을 가리키며 이야기했다. 고생물학자와 나로 재현된 두 명의 호모 디지털리스가 원 한가운데 서 있었다. 시간만 따지면 1000년에서 수백만 년까지 거리가 있었지만, 공간적으로 2~3미터밖에 안 되는 거리에서 우리를 지켜보고 있는 라텍스로 만든 조각상과 우리 몸은 비슷한 모양을 하고 있었다. "박물관에 오는 사람들은 인간의 진화가 두 가지 유형으로 나뉜다는 사실을 직관적으로 깨닫게 되지요. 침팬지에 가까운 이족 보행을 하는 종과 호모 에렉투스부터 시작되는 우리와 비슷한 유형으로 말이에요. 수명의 연장은 호모 에렉투스에서부터 시작되었어요. 여기에서부터 키와 뇌의 크기가 현저히 증가하지요. 앞에서는 볼 수 없었던 기술적인 자산과 사회의 복잡성도 마찬가지예요."

"그렇군요. 그런데 어디까지 가서 멈출 거죠?"

"200만 년 전부터 수명의 연장이 시작되었다니까요. 생각해 보면 상당히 빨랐어요. 지질학적인 시간으로 이야기하자면, 우리는 거의 200만 년 동안 20년에 가까운 수명이 증가했어요. 100만 년에 10년씩 늘어난 거죠. 지질학적인 시간으로 따지면 눈 깜짝할 사이에 침팬지의 수명에서 우리 인간의 수명으로 넘어온 거죠."

"이것은 무엇을 의미하는 거죠?"

"우리 인간이 이미 수명의 연장을 이뤄 냈기 때문에, 다시 수명을 연장하기 위해 누를 수 있는 버튼이 생겼다는 거죠."

"버튼은 유전자를 가리키는 것인가요? 다시 말해 어떤 유전자를 바꾸는 문제인가요?"

"이건 잘 적어 놓으세요. 침팬지와 우리 인간은 유전자 수가 똑같아요. 2만 개 정도 되지요. 두 종 사이의 차이점은 유전자의 1퍼센트에서 찾아볼 수 있고 나머지 99퍼센트는 똑같아요. 얼마 전까지만 해도 초파리와 인간의 차이는 말할 것도 없고, 침팬지와 우리의 유전자 차이도 엄청나게 크다고 생각했어요. 그러나 이제는 아니라는 것을 잘 알고 있지요. 초파리와의 차이도 그리 크지 않아요. 여기에서 추론할 수 있는 것은 인간의 수명이 늘어난 것은 통제된 유전자 수나 변이가 일어난 유전자의 수에 그렇게까지 의존하지 않는다는 사실이에요."

"우리는 통제에 대해서 어떻게 이해해야 하나요?"

"유전자는 전기 스위치와 똑같아요. '켜짐'에 있을 수도 있고 '꺼짐'에 있을 수도 있지요. 여기에서는 발현된 '켜짐'의 상태에 있는 것을 이야기하는 거예요. 그래서 꺼진 유전자와 켜진 유전자가, 발현된 유전자와 발현되지 않은 유전자가 있어요. 침팬지와 인간의 유전자 차이가 그렇게 크지 않은데도 해부학적 측면이나 행동에서 왜 이렇게 차이가 엄청난지 어떻게 설명해야 할까요?"

"우리에게는 발현되었는데 침팬지들에게는 발현되지 않아서 그런 것 아닐까요?"

"성장 과정에서 유전자가 언제, 어디에서, 어떤 유전자가 발현되었는지를 따져봐야 해요. 이것이 우리와 침팬지의 차이를 설명할 수 있는 열쇠인 셈이지요. 우리가 가지고 있는 1퍼센트의 서로 다른 유전자를 제외한다면요. 유전자는 우리의 DNA, 즉 게놈의 일부이기는 한데, 우리 DNA의 대부분이 발현되지 않기 때문에 아주 작은 부분일 뿐이지요. 다시 말해서 효소로 바뀌지는 않아요. 유전자가 하는 일은 효소에 지시하는 것이죠."

"일종의 암흑 물질인가요?"

"무엇을 위한 것인지는 모르는데, 분명히 거기에 뭔가 있어요."

"일부 사람들이 쓰레기 DNA라고 부르는 것인가요?"

"그렇게 부르기도 했는데, 지금은 아니에요. 유명한 자크 모노와 프랑수아 제이콥은 유전자들이 스위치를 넣을 수도 있고 끌 수도 있다는 사실을 발견한 사람들이에요. 예전에는 유전자들이 끌 수도 있고 켤 수도 있다는 사실이 알려지지 않았어요. 발달은 여기 있는 유전자나 저기 있는 유전자를 언제 켤 것인가에 달려 있어요. 선생님이 이야기한 암흑 물질이라고 했던, 발현되지 않은 DNA에 유전자 통제의 열쇠가 있을지 몰라요."

"요약하자면" 나는 용기를 내 연결시켜 보고 싶었다. "수명을 늘리기 위해서 고쳐야 할 DNA가 그리 많은 것은 아니군요."

"지금은 거기까지 접근하려면 아직 거리가 멀었어요. 발달 유전학에 대한 우리의 빈약한 지식으로는 가능하지 않아요. 그러나 이제 꿈을 꾸기 시작했으니까, 수명을 연장할 수 있다는 생각도 그리 터무니없는 것은 아니에요. 말씀드렸듯이 우리 인간은 이미 수명을 한번 연장했어요. 그것도 얼마 안 되는 짧은 시간에요. 몇 개 안 되는 유전자를 바꾸고 통제하여 오스트랄로피테쿠스에서 호모 사피엔스로 도약을 일궈 냈지요. 모든 것에, 그러니까 수명에까지 영향을 미친 도약이었어요. 그렇다면 또 할 수 있을 거예요."

"유토피아와 같은 영원성 말이죠?"

"영원이라고 할 수 있을지는 잘 모르겠어요. 그러나 이미 우리는 수명을 연장한 적이 있다는 사실을 반복해서 말씀드리고 싶어요. 이미 수명을 많이 늘렸어요. 그것도 아주 짧은 시간에 마술을 부리지 않고도 말이에요. 이것은 순수한 분자생물학 차원의 문제예요. 언젠가는 인간의 유전자를 완벽하게 이해하는 날이 올 테고, 그러면 인위적으로 유전자의 발현을 통제할 수도 있을 거예요…."

그날 밤 비가 억수로 쏟아졌기 때문에 우리는 닛산 주크의 와이퍼를 열심히 돌리며 마드리드로 돌아왔다. 트럭의 불빛, 가끔 젖은 빗길을 밝혀 주는 번개, 몇 년 전부터 다양한 기후 조건에서 매주 함께 여행하고 있는 아르수아가의 판단력 등의 도움을 받아가며 칠흑같이 어두운 소모시에라 산마루에 도착했다. 그가 이야기를 꺼냈다.

"언제가 선생님에게 제안했던 운동을 다시 해 보시죠."

"말만 해요."

"미래에는 죽음의 수많은 내적 원인을 억제할 수 있을 거라고 상상해 보시죠. 순수한 의미에서의 구조적인 원인을요. 수정체는 안경으로 바꾸고, 심장은 기계나 돼지의 심장으로 대체하고요. 알츠하이머는 치료하는 방법이 나오거나, 곧 준비될 거예요. 진짜 뼈를 대신할 수 있는 인공 관절 덕분에 관절도 교체할 수 있을 테고요. 암은 면역 체계를 강화해서 해결할 테고요. 모든 원인이 하나씩 사라지겠지요. 여기에 신경 변성 장애도 포함시킬 수 있지요. 신경 세포가 죽기만 하고 분열하지 않기 때문에, 잃어버린 것을 회복할 수 없어서 정말 성가시죠. 메커니즘적으로 모든 것을 하나씩 해결할 거고, 면역 체계도 기운을 잃는 일이 없이 더 효율적으로 작용하겠지요. 그렇다고 도를 넘는 일도 없어질 거예요. 면역 체계가 지나치게 강해지면 자기 몸의 세포를 파괴할 수도 있으니까요. 경찰이 있으면 좋은데, 경찰국가는 원치 않는 것과 마찬가지지요. 마지막으로 텔로미어가 줄어드는 등의 산화 스트레스를 비롯한 여타 문제를 제거함으로써, 세포 차원의 문제도 조종할 수 있을 거예요. 종양이 발생하는 문제도 조심스럽게 피할 수 있을 테고요."

"그러면 결국 죽음도 외적인 원인만 남겠네요."

"맞아요. 그러나 그런 외적인 원인도 제거해 나갈 거예요. 굶주림, 추위, 더위, 갈증, 기생충, 병원균 등도 제거할 테니까요. 그럼 뭐가 남을까요? 폭력만 남지 않을까요? 우리는 폭력도 제거하려고 할 거예요. 유엔도 전 지구 차원의 질서를 확립하려고 들 거고요. 빅 브라더와 같은 질서가 아니라 폭력만 끝내는, 그런 전 지구적 차원의 질서 말이에요. 유토피아라고 할 수 있을 테고, 이런 유토피아가 제대로 기능을 할 수 있도록 만들 거예요."

"그럼 이젠 뭐가 남았죠?"

"저처럼 나이 먹고 피곤한 사람이, 반응 능력이 떨어져 엉망이 된 시력을 가진 사람이 오늘처럼 비 내리는 날 자정에 운전대를 잡고 소모시에라 산마루에 있다는 사실, 이것밖에는 남지 않았어요. 다시 말해 우리에게는 이제 예기치 않은 사고만 남을 거예요."

"그럼 조심해서 운전하세요! 이 장을 어떻게 쓸 건인지 재료는 충분히 모았으니까요."

"잠깐만요." 자동차 지붕을 두들기던 빗방울이 내는 콩 볶는 듯한 소리를 듣고 있는데, 그가 심각한 목소리로 입을 열었다. "잠깐만요. 이런 때 선생님에게 암송해 드리려고 아민 말루프가 쓴 《아프리카인 레온》에서 한 문장을 외웠어요. 한 단어 한 단어 정확하게 적어 놓으세요."

"준비했어요."

"아프리카 북부에서 이슬람교도가 죽자, 매장할 준비를 하던 울라마*가 이렇게 이야기했다는 거예요. '만일 죽음이 불가피한 것이 아니라면 인간은 죽음을 피하는 데 평생을 다 바칠 것입니다. 위험을 감수하지도 않을 테고, 무엇을 시도하거나 무엇에 맞서 싸우지도 않을 겁니다. 물론 무엇을 발명하려고 들지도, 건설하지도 않을 테고요. 생명은 끝없이 이어지는 회복과 같은 것입니다. 그렇습니다, 형제들이여. 삶이 의미를 가질 수 있도록 우리에게 죽음이라는 선물을 준 신에게 감사합시다. 낮이 의미를 가질 수 있도록 밤이 있으며, 말이 의미를 가질 수 있도록 침묵이 있으며, 건강이 의미를 가질 수 있도록 병이 있으며, 평화가 의미를 가질 수 있도록 전쟁이 있는 것입니다. 휴식과 기쁨이 의미를 가질 수 있도록 우리에게 피곤과 고통을 준 신에게 고맙다고 해야 합니다. 신에게 감사합시다. 신의 지혜는 끝이 없습니다.'"

나를 위해 외웠던 이 구절을 너무 진지하게 암송한 탓에 우리는 종교적인 침묵 속에서 나머지 구간을 여행해야 했다. 침묵이란 커다란 공기 방울 안에서 죽음이 피할 수 있는 것이라면, 그날 밤처럼 일기가 불순한 겨울밤에 부르고스에서 마드리드로 여행을 하는 위험을 감수하지는 않았을 거란 생각을 했다. 죽음을 피하기 위해 포기해야 할 것이 움직이는 것이라면,

---

✻　기본적으로 '학자'를 의미하는데 주로 이슬람 법의 법학자를 가리킨다.

혹시라도 머리에 기와가 떨어지거나 벼락이 떨어질까 두려워 아무도 자기 집에서 나가지 않을 것이다.

다행히 아르수아가는 나를 무사히 집 앞에 내려 주었다. 그리고 그도 무사히 자기 집까지 갈 수 있었다. 우리가 이 책, 이 장의 마지막까지 무사히 올 수 있었던 것처럼.

그러나 작별이 나에게 참을 수 없는 상실감을 불러일으켰기 때문인지는 잘 모르겠는데, 다음 날 나는 그에게 전화했다.

"아직 이타주의에 대해서는 충분히 이야기를 나누지 못한 것 같아요."

"협력과 이타주의요? 물론 존경하는 크로폿킨도 남았어요. 그리고 의식이라는 것도 있고요. 과학의 정말 중요한 문제는 양심과 사회의식, 선생님과 '나'라는 존재 등이에요. 사회의식의 출현은 협력과 연결해서 봐야 해요. 그렇지만 우리가 계속 서로를 참고 견딜 수 있다면 다음 책에서 다루기로 하죠."

"인공 지능에 관한 책이요?"

"사회의식, 지혜, 협력에 관한 책이죠. 거기에 모든 것을 포함할 수 있어요. 인공 지능까지도요."

"좋아요!" 나는 이 말로 긴 여정을 마무리했다.

옮긴이의 글

소설가와 고생물학자의
죽음 탐구 여행이 남긴 것

세월호와 10·29 이태원 참사는 죽음과 관련하여 많은 것을 생각해 보게 하는 사건이었다. 선실에 차분하게 앉아 기다리라는 말을 너무나 충실하게 따랐던 아이들, 코로나로 인해 강제로 억눌린 삶을 살아야 했던 젊은이들이 오랜만에 맞이한 축제가 예기치 않은 죽음을 불러와 많은 사람의 가슴을 아프게 했다. 가까운 사람들의, 조금 전까지도 내 옆에 있었던 사람들의 죽음뿐만 아니라 전혀 일면식도 없는 사람들의 이렇듯 예기치 않은 죽음까지도 언제나 사람들에게 많은 생각을 던져 주곤 한다.

신에게 질문할 수 있다면 우리는 분명 죽음을 제일 먼저 꺼내들 것이다. 인간의 능력으론 죽음 이후의 세계에 대한 의문을 풀기엔 제한적일 수밖에 없었기에 우리 인간에게 죽음은 언제나 두려움의 대상이었고, 덕분에 여기에서 모든 철학과 종교가 비롯되었다. 기나긴 역사에서 인간은 모든 지혜를 다 짜

내 이에 대해 자연과학적인 혹은 인문학적인 대답을 시도했다. 자연과학적인 접근은 우리에게 명확하면서도 단순한 대답을 안겨 주기도 했다. 여러 가지 원소로 구성된 물질의 탄생에서 소멸까지 전 과정을 논리적으로 설명할 수 있을 정도로 물리학과 생물학의 수준은 올라갔고, 이를 토대로 인간을 돌아볼수 있게 해 주었다. 그리고 현대의 종교는 과학이라는 사고까지도 당연하게 받아들이다 보니, 인간에 부여했던 무거운 존재감에 대해서도 다시 생각하게 되었고, 어쩌면 쾌락주의자로 하루하루를 즐겁게 살아야 할 뿐 죽음 이후를 생각한다는 것 자체가 난센스일 수도 있다는 생각까지 이르렀다.

그러나 물질의 탄생과 소멸로 단순하게 설명하기엔 인간의 삶 혹은 생명은 너무 복잡하고 미묘하다. 물질로 환원하여 인간의 삶을 설명한다면 삶의 의미를, 다시 말해 왜 살아야 하는지를 설명할 수 없을 것이다. 그래서 인문학이 필요한지도 모르겠다. 삶에 의미를 부여하는 것은 죽음이라는, 따라서 죽음이 없으면 그것 자체가 사형선고와 같다는 보르헤스의 역설적인 이야기가 또 다른 의미로 다가올 수 있는 것 아닐까. 물론 인간이라는 존재에 대한 지나친 의미 부여가 자꾸만 삶에 대한 지나친 의미로 연결되는지 모르겠지만, 무슨 의미든 의미를 생산하고픈 인간의 욕망이 존재하는 현재보다는 물질로서의 존재가 끝난 다음에 이어질 수도 있는 또 다른 존재의 의미를 자꾸만 만들어 내는지도 모른다.

이 책은 죽음과 노화에 대한 논의를 중심으로 다양한 지식과 논점을 제시해 주고 있다. 다시 말해 늙음과 죽음의 집을 안과 밖에서, 예컨대 생물학자는 건물 외관을, 소설가는 건물의 배관과 난방 등의 상태를 살펴보겠다는 역할 분담을 통해 죽음과 노화에 관한 이야기를 풀어 나간다. 노화와 죽음에 대한 다양한 생물학적 지식을, 구글이 투자하고 있는 두더지쥐에 관한 연구, 대사성 질환과 노화와의 관계, 할머니 가설, 붉은 여왕 이론과 같이 비교적 많이 알려진 이론부터 '곡물 섭취 가설'이나 '길항적 다면발현'과 같이 다소 생소한 이론까지 알기 쉽게 다양한 비유와 예시를 통해 전해 주는 것이다. 그뿐만이 아니다. 모든 동물의 수명이 왜 다른지, 어떻게 다른지, 연어나 하루살이처럼 단회번식을 하는 동물과 인간처럼 여러 번 번식에 참여할 수 있는 '이테로파러스'에 해당하는 동물의 차이는 뭔지, 왜 동물의 세계엔 노화 현상이 나타나지 않는지 등의 무심코 지나쳤던 문제까지도 재미있게 설명해 준다.

그렇지만 이런 생물학 지식의 전달은 단순한 과학 지식의 전수에서 끝내지 않는다. 이타적인 삶과 이기적인 삶, 공동체와 개인의 대립적 가치, 늙어 가는 사람과 늙은 사람에 대한 관점, 진보와 보수의 문제 등의 사회 공동체 안에서 일어나는 모든 문제를 결국은 생물학적인 토대 위에서 생각해 볼 수 있으니까 말이다. 어쩌면 우리 인간은 개미나 벌과 같은 다양한 진사회성 동물의 삶에서 교훈을 얻어야 할지도 모를 뿐만 아니라 궁극적인 삶의 가치 또한 여기에서부터 다시 생각해야 할지도 모른다. 한 걸음 더 나아가 인류의 등장 이래 최고의 욕망인 영원한 젊음 혹은 불멸이라는 욕망을 과연 생물학이 해결해 줄 수 있을지, 또 이런 욕망이 해소된다면, 영원히 청춘을 구가할 수 있고, 죽음을 미룰 수 있다면 우리에게 삶은 어떤 의미로 다가오게 될지 다시 생각해 볼 수 있는 단초 또한 여기에서 나올 것이다.

생물학이 관심을 받는 세상이다. 과학 기술의 발전이 환경, 기후 변화와 같은 치명적인 변화까지 불러오고 있다. 남극과 북극의 얼음이 녹는, 폭염·가뭄·홍수 등 세계 각지에서 일어나는 재앙에 가까운 기후 변화가 인간을 위협하고 있다. 이는 결국 인간의 생존과 연계될 수밖에 없을 것이고, 또 다른 삶의 방식을 요구할 것이다. 죽음과 노화 그리고 삶의 의미에 대해 새로운 성찰이 절실한 시대다. 그런 의미에서 《사피엔스의 죽음》은 많은 생각거리를 안겨 줄 수 있는 좋은 책이다. 공동 저자인 미야스와 아르수아가는 여기에서 그치지 않고 인공 지능을 비롯한 과학의 발전이 인간에게 미칠 수 있는 영향, 사회의식, 협력, 이타주의 등에 대한 논의를 계속하겠다는 약속으로 이 책을 마무리하고 있다. 현실 세계에 절실히 필요한 것이 바로 공동체 의식, 공감, 이타성, 협력이라는 점에서 우리에게 어떤 좋은 이야기를 들려줄지 기대가 크다.

남진희

틈새책방의 책들

★ 국기에 그려진 세계사
김유석 지음 | 김혜련 그림 | 2017 | 19,000원

방대한 역사적 사실 앞에 늘 주눅이 들 수밖에 없는 세계사. 한 국가의 정체성을 압축해 놓은 국기라는 상징을 통해 각 나라의 역사를 살펴본다. 세계사를 본격적으로 알아가기에 앞서 뼈대를 세우는 입문서로 제격이다.

★ 국가로 듣는 세계사
알렉스 마셜 지음 | 박미준 옮김 | 2021 | 22,000원

영국인 저널리스트가 쓴 국가(國歌) 여행기다. 전쟁의 상흔이 가시지 않은 코소보부터, 국가의 대명사 '라 마르세예즈'의 나라 프랑스, 위기의 순간 만들어진 미국의 '성조기', 우리가 몰랐던 국가 논쟁을 겪은 일본, 독재자가 만든 노래를 부르는 카자흐스탄 등 국가와 관련된 흥미로운 이야기가 숨 쉴 틈 없이 펼쳐진다. 저자의 영국식 유머는 다소 무거운 주제인 국가 이야기를 유쾌한 여행기로 엮어 독자들이 책을 끝까지 잡게 만든다.

★ 지혜가 열리는 한국사
옥재원 지음 | 박태연 그림 | 2018 | 18,000원

국립중앙박물관, 국립고궁박물관에서 초등학생들에게 한국사를 가르친 저자의 노하우를 담았다. 어린이용과 어른용, 두 권의 책으로 구성되어 있는 이 책은 어린이와 어른이 따로 읽고, 함께 대화를 나누는 콘셉트를 갖고 있다. 한국사를 잘 모르는 어른들도 충분히 아이들과 역사를 소재로 대화할 수 있도록 만들었다.

★ 루시의 발자국
후안 호세 미야스 · 후안 루이스 아르수아가 지음 | 남진희 옮김 | 2021 | 16,000원

인간과 진화를 주제로 이야기한 책이다. 2020년 스페인에서 논픽션 분야 베스트셀러에 오른 이 책은 고생물학자가 이야기하는 인류의 생물학적 토대, 인류 전체의 사회사를 소설처럼 풀어낸 세련된 교양서다.

★ 소더비가 사랑한 책들
김유석 지음 | 2023 | 21,000원

세계 최고의 책과 고문서를 경매하는 회사 소더비를 흥분시킨 11편의 책과 고문서 이야기를 담았다. 황제 나폴레옹의 사라진 서재, 《신곡》을 둘러싼 영국과 독일의 문화 전쟁, 《이상한 나라의 앨리스》에 숨겨진 비밀, 마지막 연금술사 뉴턴의 비밀 노트, 세계에서 가장 비싼 종이가 된 미국의 〈헌법〉, 영국의 문화유산 〈마그나카르타〉가 미국의 보물이 된 사연, 마오쩌둥이 영국 노동당 당수에게 보낸 편지의 수수께끼 등이 그것이다. 인류가 만들어 낸 기록 문화가 어떻게 세상과 연결되는지, 그리고 그 과정에서 놀라운 가치가 어찌 부여되는지 보여 준다.

★ 당신은 지루함이 필요하다
마크 A. 호킨스 지음 | 서지민 옮김 | 박찬국 해제 | 2018 | 12,800원

눈코 뜰 새 없이 바쁜 삶을 살아가는 당신에게 '지루함'이 왜 필요한지 설파하는 실용 철학서. 지루함이 삶을 돌이켜 보고 그 전과는 다른 창조적인 삶을 살 수 있는 기회를 제공한다고 주장한다.

★ 만년필 탐심
박종진 지음 | 2018 | 15,000원

펜을 사랑하는 이들에게 만년필은 욕망의 대상이자 연구의 대상이다. 이 책은 어느 만년필 연구가의 '貪心'과 '探心'을 솔직하게 드러낸 글이다. 40년의 세월 동안 틈만 나면 만년필을 찾아 벼룩시장을 헤매거나, 취향에 맞는 잉크를 위해 직접 제조하는 수고를 마다하지 않으며, 골방에서 하루 종일 만년필을 써 보고 분해한 경험을 담담히 써 내려간 만년필 여행기다.

★ 라디오 탐심
김형호 지음 | 2021 | 16,500원

라디오라는 물건을 통해, 지난 100년간 인류가 거쳐 온 세월의 흔적을 읽는 책이다. 라디오라는 물건이 탄생과 성장, 전성기와 쇠퇴기를 거치는 동안 인간, 그리고 사회와 어떤 상호 작용을 하고 무슨 유산을 남겼는지에 대해 이야기한다. 그렇게 해서 모은 게 27가지의 에피소드다.

★ 지극히 사적인 이탈리아 《《이탈리아의 사생활》 개정증보판)
알베르토 몬디·이윤주 지음 | 2023 예정 | 18,000원

한국인이 가장 사랑하는 이탈리아인 중 한 명인 방송인 알베르토 몬디가 전하는 이탈리아 안내서. 커피, 음식, 연애, 종교, 언어와 문학, 마피아, 휴가, 밤 문화, 교육, 축구와 F1, 문화유산 등의 키워드로 이탈리아의 문화와 사회를 소개한다.

★ 지극히 사적인 프랑스 (개정증보판)
오헬리엉 루베르·윤여진 지음 | 2023 | 18,000원

부모가 가난해도 괜찮은 교육을 받을 수 있고, 어디에 가든 생산적인 정치적인 논쟁이 있으며, 이민자를 열린 마음으로 받아들이는 나라는 없다. 여전히 당신이 프랑스를 이렇게 떠올린다면, 그건 수십 년 전 이야기다. 현재 한국방송통신대학교 교수로 재직 중인 오헬리엉 루베르는 우리가 알고 있던 프랑스와 요즘 프랑스를 비교할 수 있도록 쉽고도 자세하게 설명한다.

★ 지극히 사적인 네팔
수잔 샤키야·홍성광 지음 | 2022 | 16,300원

JTBC '비정상회담'에 출연했던 수잔 샤키야가 전하는 네팔 이야기다. 우리에게는 기껏해야 '히말라야', '카스트 제도', '쿠마리' 등으로 알려진 작은 나라 네팔이지만, 실상 알고 보면 더불어 사는 비결을 알려 주는 나라다. '섞이지 않지만 밀어내지도 않는 사람들'이라는 부제를 단 이 책은 126개 민족이 갈등 없이 평화롭게 사는 비결을 담담하게 서술한다.

★ 지극히 사적인 러시아
벨랴코프 일리야 지음 | 2022 | 16,800원

냉전 시대를 경험한 세대에게는 '빨갱이의 나라', 인터넷 밈을 통해 이 나라를 알게 된 요즘

세대들에게는 '웃기고 괴이한 나라', 푸틴의 우크라이나 침공을 목도한 후에는 '악마의 나라'. 우리에게 러시아는 부정적 이미지로 점철된 나라다. 하지만 러시아는 19세기 말부터 한반도와 연을 맺기 시작했고, 이후 역사의 변곡점마다 이 땅에 존재감을 보인 나라다. 눈을 감는다고 해서 외면될 수 있는 나라가 아니다. 일리야가 들려주는 '지극히 사적인 러시아'에 귀를 기울여야 하는 이유다.

경영 및 경제

★ 본질의 발견
최장순 지음 | 2017 | 15,000원
업(業)의 방향성을 고민하는 이들을 위한 안내서. 삼성전자, 현대자동차, 이마트, 인천공항, GUCCI 등 국내외 유수 기업의 브랜드 전략, 네이밍, 디자인, 스토리, 인테리어, 마케팅 업무를 진행해 온 '브랜드 철학자' 최장순이 차별화된 컨셉션 방법론을 제시한다.

★ 의미의 발견
최장순 지음 | 2020 | 15,000원
위기의 시대에도 승승장구하는 브랜드들이 있다. 이들은 공통적으로 물건이 아니라 '의미'를 판다. 크리에이티브 디렉터 최장순이 제품과 서비스에서 어떻게 남다른 의미를 발견하고 소비자들에게 신앙과도 같은 브랜드가 되어갈 수 있을지 그 비밀을 파헤쳤다.

★ 밥벌이의 미래
이진오 지음 | 2018 | 15,000원
'4차 산업혁명'으로 우리 삶과 일자리가 어떻게 변화할지를 예측한 미래서. 망상에 가까운 낙관주의도, 쓸데없는 '기술 포비아'도 이 책에는 없다. 딱 반걸음만 앞서 나가 치밀하게 미래를 그린다.

★ 토마토 밭에서 꿈을 짓다
원승현 지음 | 2019 | 14,000원
이 시대의 농부는 투명인간이다. 멀쩡히 존재하지만 모두가 보이지 않는 것처럼 대한다. 우리 시대가 농업을 대하는 태도를 방증하는 일면이다. 《토마토 밭에서 꿈을 짓다》는 이에 반기를 든다. 새로운 산업의 상징인 디자이너에서 1차 산업의 파수꾼으로 변모한 저자는 자신의 토마토 농장의 사례를 통해 우리 농업의 놀라운 가능성과 존재감을 보여 준다.

★ 레드의 법칙
윤형준 지음 | 2021 | 14,000원
경영에 있어서 인문학이 왜 중요한지, 구체적으로 어떻게 활용할 수 있는지를 취재한 책이다. 그 바탕은 세계적인 경영 컨설턴트 회사인 레드 어소시에이츠(ReD Associates)의 CEO 미켈 라스무센과의 인터뷰다. 책은 레드 어소시에이츠가 철학의 한 분과인 현상학을 기본으로 고객을 분석하여 창의적인 솔루션을 제공하는 과정을 밝혀낸다. 레고를 비롯하여 삼성전자, 아디다스 같은 글로벌 대기업들, 산타마리아노벨라, 조셉조셉, 펭귄 출판사, 프라이탁, 볼보, 이솝, 시스코 등 세계적인 기업 CEO의 인터뷰가 등장한다.

★ 이럴 때, 연극
최여정 지음 | 2019 | 25,000원

연극 앞에 한없이 작아지는 당신을 위한 단 한 권의 책. 수천 년을 이어 온 연극의 매력을 알아가는 여정의 길잡이이다. 12가지의 상황과 감정 상태에 따라 볼 만한 연극을 소개한다. '2019 우수출판콘텐츠 제작지원사업 선정작'이다.

★ 당신의 세계는 안녕한가요
류과·로사·소피·왈라비·또아 지음 | 2023 | 16,000원

가위로 싹둑 자르고만 싶은 헝클어진 인생, 영화가 유일한 볕이었다고 고백하는 인기 팟캐스트 〈퇴근길 씨네마〉. 다섯 명 멤버들의 삶에 스며들어 버팀목이 되어 준 '인생 영화'를 말하며, 그 누구에게도 말하지 못한 속 깊은 이야기를 건넨다. 어쩌면 마지막 책장을 넘기면 이들보다 독자 자신이 영화보다 더 영화 같은 삶을 살고 있다고 느낄지도 모르겠다.

★ 널 보러 왔어
알베르토 몬디·이세아 지음 | 2019 | 15,000원

방송인 알베르토 몬디의 인생 여행 에세이. 이탈리아 베네치아를 떠나 중국 다롄에서 1년을 공부한 다음, 인생의 짝을 만나 한국에 정착하기까지의 이야기를 담았다. 백전백패 취업 준비생, 계약직 사원, 주류 및 자동차 영업 사원을 거쳐 방송인이 되기까지의 여정이 그려져 있다. 자신의 정체성을 잃지 않으려 노력하며, 남들이 뒤로 물러설 때 끊임없이 도전적인 선택을 하는 모습이 인상적이다. 책의 인세는 사회복지법인 '안나의집'에 전액 기부된다.

★ 사랑이라고 쓰고 나니 다음엔 아무것도 못 쓰겠다
최여정 지음 | 2023 | 15,000원

연극 관람 초보자를 위한 안내서 《이럴 때, 연극》으로 우리 삶의 대표적인 상황에 맞는 연극 처방전을 제시했던 최여정 작가가 이번에는 자신의 경험을 담은 사랑 에세이로 독자를 만난다. 연극에 진심인 저자는 사랑에 대해 쓰면서도 연극을 놓지 않는다. 이별로 고통스러웠던 시간 동안 연극에서 찾고 깨달은 사랑에 관한 이야기를 모았다. 사랑으로 길을 잃고 방황하던 저자를 치유한 아홉 편의 연극이 독자들에게도 다정한 위로를 건넨다.

사피엔스의 죽음

스페인 최고의 소설가와 고생물학자의 죽음 탐구 여행

1판 1쇄 발행　2023년 10월 16일
1판 2쇄 발행　2024년 5월 24일

지은이　　후안 호세 미야스·후안 루이스 아르수아가
옮긴이　　남진희
감수　　　김준홍

펴낸이　　이민선
편집　　　홍성광
디자인　　박은정
홍보　　　신단하
지원　　　이해진
제작　　　호호히히주니 아빠
인쇄　　　신성토탈시스템

펴낸곳　　틈새책방
등록　　　2016년 9월 29일 (제25100-2016-000085)
주소　　　08355 서울특별시 구로구 개봉로1길 170, 101-1305
전화　　　02-6397-9452
팩스　　　02-6000-9452
홈페이지　www.teumsaebooks.com
인스타그램　@teumsaebooks
페이스북　www.facebook.com/teumsaebook
포스트　　m.post.naver.com/teumsaebooks
유튜브　　www.youtube.com/틈새책방
전자우편　teumsaebooks@gmail.com

ISBN　979-11-88949-53-3 03470